BIBLIOTHÈQUE DES ÉCOLES ET DES

C. FLAMMARION

LES

MERVEILLES CÉLESTES

Prix: 2.60

PARIS

LIBRAIRIE HACHETTE ET Cie

79, BOULEVARD SAINT-GERMAIN, 79

LES

MERVEILLES CÉLESTES

OUVRAGES DU MÊME AUTEUR

ENSEIGNEMENT DE L'ASTRONOMIE

Les Merveilles célestes. 1 vol. in-8. 50° mille.

Astronomie populaire, Exposition des grandes découvertes de l'Astronomie. 1 vol. gr. in-8. 100° mille.

Les Étoiles et les Curiosités du Ciel. Supplément de l'*Astronomie populaire.* 1 vol. gr. in-8. 55° mille.

Les Terres du Ciel. Description des planètes de notre système. 1 vol. gr. in-8. 50° mille.

Petite Astronomie descriptive. 1 vol. in-12.

Qu'est-ce que le Ciel ? 1 vol. in-18.

Copernic et le Système du monde. 1 vol. in-18.

Petit Atlas astronomique de poche. 1 vol. in-24.

Annuaires astronomiques.

ASTRONOMIE PRATIQUE

La planète Mars et ses conditions d'habitabilité. Étude synthétique accompagnée de 580 dessins télescopiques et 23 cartes aérographiques. 1 vol. gr. in-8.

Les Étoiles doubles. Catalogue des étoiles multiples en mouvement, avec les positions et la discussion des orbites.

Études sur l'Astronomie. Recherches sur diverses questions. 9 vol. in-18.

Grand Atlas céleste, contenant plus de cent mille étoiles. In-folio.

Grande Carte céleste, contenant toutes les étoiles visibles à l'œil nu.

Planisphère mobile, donnant la position des étoiles pour chaque jour.

Carte générale de la Lune.

Globes de la Lune et de la planète Mars.

OUVRAGES PHILOSOPHIQUES

La Pluralité des Mondes habités. 1 vol. in-12. 37° édition.

Les Mondes imaginaires et les Mondes réels. 1 vol. in-12. 23° édition.

Uranie, roman sidéral. 1 vol. in-12. 30° mille.

Stella. Première édition, 1897. 1 vol. in-12.

La Fin du Monde. 1 vol. in-12. 16° mille.

Récits de l'Infini. Lumen. 1 vol. in-12. 13° édition.

Lumen. 1 vol. in-18. 52° mille.

Dieu dans la Nature. 1 vol. in-12. 25° édition.

Les Derniers jours d'un philosophe, de sir H. Davy. 1 vol. in-12.

SCIENCES GÉNÉRALES

Le Monde avant la création de l'Homme. 1 vol. gr. in-8. 56° mille.

L'Atmosphère. Météorologie populaire. 1 vol. gr. in-8. 28° mille.

Mes Voyages aériens, 1 vol. in-12.

Contemplations scientifiques. 2 vol. in-12.

L'Éruption du Krakatoa et les Tremblements de terre. 1 vol. in-18.

VARIÉTÉS LITTÉRAIRES

Dans le Ciel et sur la Terre. 1 vol. in-12.

Rêves étoilés. 1 vol. in-18. 24° mille.

Clairs de Lune. 1 vol. in-18. 11° mille.

Coulommiers. — Imp. Paul BRODARD. — 254-97.

BIBLIOTHÈQUE DES ÉCOLES ET DES FAMILLES

LES
MERVEILLES CÉLESTES

LECTURES DU SOIR

PAR

CAMILLE FLAMMARION

ÉDITION ILLUSTRÉE DE 107 GRAVURES

PARIS

LIBRAIRIE HACHETTE ET Cⁱᵉ

79, BOULEVARD SAINT-GERMAIN, 79

1897

Droits de traduction et de reproduction réservés.

PRÉFACE

CINQUANTE MILLE exemplaires de ce petit livre sont allés répandre la bonne semence un peu partout, et ouvrir devant les esprits les plus divers un coin du voile qui cache encore aujourd'hui à presque tous les yeux le sublime spectacle de la nature. Par la lecture de cette exposition tout élémentaire, on peut, en effet, déjà commencer à voir, à admirer, à comprendre la construction générale de l'univers, au sein duquel la Terre n'est qu'un atome. Et combien d'êtres vivent et meurent sans s'être doutés de la vérité! Notre but ici n'a pas été seulement d'enseigner, mais principalement de répandre le goût de l'étude, et de montrer combien il doit être agréable d'être instruit. Nous le demandons en effet à nos jeunes lecteurs : qu'ils permettent à leurs intelligences de s'approcher seulement au bord des panoramas révélés par la Science, ils ne tarderont pas à deviner que les plus pures jouissances de notre vie résident dans la contemplation de la nature ; et bientôt leur ardeur frémissante se sentira avide de comprendre les grandes vérités de la création.

Donner le goût des saines études, c'est là notre fervent désir. Nous espérons que le succès de cet ouvrage aura servi à créer ou à développer ce goût si noble dans les esprits qui s'ouvrent pour la première fois au spectacle des révélations scientifiques. Puissent *les Merveilles célestes* allumer dans l'âme de tous leurs lecteurs le feu de l'admiration pour les découvertes positives qui font la gloire de notre époque et l'indépendance de son progrès!

Cet ouvrage se doit à lui-même de se tenir constamment au niveau du progrès croissant des découvertes astronomiques, si rapides à notre époque. En comparant chaque édition, on pourrait facilement constater qu'à chaque réimpression l'ouvrage a été remanié et augmenté suivant la marche de la science. Il faut avouer cependant qu'il y a un quart de siècle on a pu craindre un instant voir s'arrêter, comme frappé de vertige, le moderne progrès des sciences exactes. Deux cent mille hommes sont tombés sur les champs de bataille et sur le pavé des guerres civiles; au lieu d'avancer, la civilisation a reculé de plus d'un siècle, et qui sait où nous mèneront ces redoublements d'efforts militaires nécessités par l'ambition des conquérants d'outre-Rhin? Malgré le prince de Bismarck et le maréchal de Moltke, toutefois, l'intelligence n'est pas encore éteinte sur cette planète. Il y a encore des âmes qui pensent et des cœurs qui palpitent. La force brutale n'y règne pas seule. On étudie encore les vérités spirituelles, qui, quoi qu'on en dise, constituent la vraie, *la seule* gloire de l'humanité. La connaissance de la grande et sainte nature se développe malgré tant d'obstacles.

Les hommes véritablement dignes de ce nom continuent de travailler dans les œuvres de l'esprit. La science se développe sans cesse. En relisant entièrement cet ouvrage pour cette nouvelle édition, nous avons pu ajouter certains documents aux sujets variés qui le constituent. Le chapitre du Soleil a été modifié d'après les dernières découvertes de l'analyse spectrale et l'étude des formidables explosions qui hérissent constamment sa surface de flammes gigantesques et tourmentées. Ceux des planètes Mars et Jupiter ont été développés. Celui des Comètes a été remanié et complété. Celui des Étoiles doubles a été retouché par suite de nos propres travaux sur ce curieux sujet. Les illustrations de ce livre ont suivi le même progrès que son texte.

Qui pourrait douter du progrès et de la victoire définitive de l'instruction positive? qui pourrait douter du développement actuel des goûts scientifiques dans toutes les classes de la société, lorsqu'on voit, par exemple, que cinquante mille exemplaires de ce modeste petit livre ont déjà été demandés par autant de lecteurs désireux de s'instruire, lorsqu'on voit un ouvrage philosophique comme *la Pluralité des Mondes habités* parvenu à sa trente-septième édition, et un traité complet d'astronomie, comme *l'Astronomie populaire*, acclamé par la sympathie de cent mille souscripteurs? L'auteur n'éprouve en ceci aucun sentiment de mesquine vanité personnelle; mais

il lui semble qu'on ne peut s'empêcher de reconnaître là un
signe manifeste de la transformation et de l'ascension de l'esprit vers les grandes et sublimes études qui sont la gloire de
l'humanité — et qui sont en même temps la lumière et le
bonheur de la vie.

Paris, juin 1897.

LES
MERVEILLES CÉLESTES

L'ENSEMBLE

I

LA NUIT

O Nuit! que ton langage est sublime pour moi,
Lorsque seul et pensif, aussi calme que toi,
Contemplant les soleils dont ta robe est parée,
J'erre et médite en paix sous ton ombre sacrée!

DE FONTANES.

O nuit, que ton langage est sublime pour moi!... Quelles sont
les âmes pour lesquelles le spectacle des nuits étoilées n'est pas
un éloquent discours? Quelles sont celles qui ne se sont pas arrê-
tées quelquefois en présence des mondes rayonnants qui planent
sur nos têtes, et qui n'ont pas cherché le mot de la grande énigme
de la création? Les heures solitaires de la nuit sont véritablement
les plus belles d'entre toutes nos heures, celles où nous avons la
faculté de nous mettre en communication intime avec la grande et
sainte nature. Loin de répandre des voiles sur l'univers, comme
on le dit quelquefois, elles écartent celles que le soleil étend dans
l'atmosphère. L'astre du jour nous dérobe les splendeurs du firmament : c'est pendant la nuit que les panoramas du ciel nous sont
ouverts. « A l'heure de minuit, disait lord Byron, la voûte des
cieux est parsemée d'étoiles semblables à des îles de lumière au

milieu d'un océan suspendu sur nos têtes. Qui peut les contempler et ramener ses regards sur la terre sans éprouver un triste regret, et sans désirer des ailes pour prendre l'essor et se confondre parmi leurs clartés immortelles? »

Au sein des ténèbres, nos regards s'élèvent librement dans le ciel, perçant l'azur foncé de la voûte apparente, au-dessus de laquelle les astres resplendissent. Ils traversent les blanches régions constellées, visitant les contrées lointaines de l'espace où les étoiles les plus brillantes perdent leur éclat par la distance; ils franchissent cette étendue inexplorée et gravissent plus haut encore, jusqu'à ces nébuleuses pâlissantes dont la clarté diffuse semble marquer les bornes du visible. Dans cet immense trajet du regard, la pensée aux ailes rapides accompagne le rayon visuel avant-coureur, se laissant porter par son essor et contemplant avec étonnement ces lointaines splendeurs. La grandeur du spectacle céleste réveille cette éternelle prédisposition à la mélancolie qui réside au fond de nos âmes, et bientôt cette contemplation nous absorbe dans une rêverie vague et indéfinissable. C'est alors que mille questions naissent dans notre esprit, et que mille points d'interrogation se dressent devant notre regard. Le problème de la création est un grand problème! La science des étoiles est une science immense; sa mission est d'embrasser l'universalité des choses créées! Au souvenir de ces impressions intimes, ne semble-t-il pas que l'homme qui ne ressent aucun sentiment d'admiration devant le tableau des splendeurs étoilées, n'est pas encore digne de recevoir sur son front la couronne de l'intelligence?

La nuit est véritablement l'heure de la solitude, où l'âme contemplative se régénère dans la paix universelle. On redevient soi-même, on s'isole de la vie factice du monde, on se met en communication plus intime avec la nature, avec la vérité. Une femme poète, Mme de Girardin, a décrit ces impressions avec une grande délicatesse.

> Voici l'heure où tombe le voile
> Qui, le jour, cache mon ennui :
> Mon cœur à la première étoile
> S'ouvre comme une fleur de nuit.

On nage, on plane dans l'espace,
Par l'esprit du soir emporté;
On n'est plus qu'une ombre qui passe,
Une âme dans l'immensité.

D'un monde trompeur rien ne reste!
Ni chaine, ni loi, ni douleur;
Et l'âme, papillon céleste,
Sans crime peut choisir sa fleur.

O nuit! pour moi brillante et sombre,
Je trouve tout dans ta beauté :
Tu réunis l'étoile et l'ombre,
Le mystère et la vérité.

Celui qui chanta *les Nuits* dans la langue de Newton, Édouard
Young, s'est quelquefois élevé dans ses hymnes à de magnifiques
pensées. « O Nuit majestueuse, s'écriait-il, auguste ancêtre de
l'univers, toi qui, née avant l'astre des jours, dois lui survivre
encore, toi que les mortels et les immortels ne contemplent qu'avec
respect, où commencerai-je, où dois-je finir ta louange? Ton front
ténébreux est couronné d'étoiles; les nuages nuancés par les
ombres et repliés en mille contours divers composent l'immense
draperie de ta robe éclatante; elle flotte sur tes pas et se déploie le
long des cieux azurés. O Nuit! ta sombre grandeur est ce que la
nature a de plus touchant et de plus auguste. Ma muse reconnais-
sante te doit des vers. Et quel sujet serait plus digne d'être chanté
par l'homme? En quel autre essai pourrions-nous mieux préparer
nos sens à soutenir les ravissements de la félicité céleste?...
J'élance ma pensée au-dessus de ce monde inférieur. Quel fastueux
appareil! quelle profusion de merveilles! quel luxe et quelle
pompe le Créateur a déployés sur ce théâtre! Quel œil peut en
embrasser l'étendue? Quel est cet art inconnu qui enchante l'âme,
l'attache à ce spectacle par un charme inépuisable et la force de
contempler sans cesse? Le jour n'a qu'un soleil; la nuit en a des
milliers, dont la clarté conduit nos regards jusqu'au sein de l'Éternel,
parmi les routes illimitées où sont empreints les magnifiques vestiges de sa puissance. Quels torrents de feu versés de ces urnes
innombrables tombent ensemble des hauteurs du firmament!

Transporté et confondu, je me sens à la fois terrassé dans la poussière et ravi dans les cieux. Oh! laissez-moi voir,... laissez-moi promener mes pensées.... Mais ma vue ne peut trouver de terme, et ma pensée s'égare dans un désert. Au milieu de son vol, mon imagination succombe. Elle veut encore se ranimer. Elle ne peut ni résister à l'attrait qui l'entraîne, ni atteindre au terme qui la fuit, tant son bonheur est grand, tant son voyage est immense.... Ambition, vante maintenant l'étendue de tes conquêtes sur cet atome où nous sommes perdus! »

De toutes les sciences, l'Astronomie est celle qui peut le mieux nous éclairer sur notre valeur relative et nous faire le mieux connaître les rapports qui relient la Terre au reste de la création. Sans elle, comme l'histoire des siècles passés en garde le témoignage, il nous est impossible de savoir où nous sommes ni qui nous sommes, ni d'établir une comparaison instructive entre le lieu que nous occupons dans l'espace et la totalité de l'univers : sans elle nous ignorons à la fois et l'étendue réelle de notre patrie, et sa nature, et l'ordre auquel elle appartient. Enfermés dans les langes ténébreux de l'ignorance, nous ne pouvons nous former la moindre idée de la disposition générale du monde; un brouillard épais couvre l'horizon qui nous enserre, et notre pensée demeure incapable de s'élever au-dessus du spectacle journalier de la vie, et de franchir la sphère étroite tracée par les limites de l'action de nos sens.

Au contraire, lorsque le flambeau de la science du monde nous illumine, la scène change : les vapeurs qui obscurcissent l'horizon s'évanouissent, nos yeux dessillés contemplent dans la sérénité d'un ciel pur l'immense panorama de la création. La Terre apparaît comme un globe se balançant sous nos pas; mille globes semblables sont bercés dans l'éther, le monde s'agrandit à mesure que s'accroît la puissance de notre regard, et dès lors la création universelle se développe devant nous dans sa réalité, établissant à la fois notre rang et notre relation avec la multitude de mondes semblables qui constituent l'univers.

C'est à la nuit qu'il faut demander ce spectacle, c'est la nuit qu'il faut invoquer, de concert avec les bardes sacrés dont la lyre est digne de chanter ces grandeurs :

O nuit! déroulez en silence
Les pages du livre des cieux;
Astres, gravitez en cadence
Dans vos sentiers harmonieux;
Durant ces heures solennelles,
Aquilons, repliez vos ailes;
Terre, assoupissez vos échos [1]....

Le silence et la profonde paix des nuits étoilées offrent à notre
faculté contemplative la scène qui lui convient, et nulle heure n'est
plus propice à l'élévation de l'âme vers les beautés du ciel. Mais
la poésie du spectacle de ces apparences sera bientôt surpassée par
la magnificence de la réalité. Et c'est sur ce point que nous allons
insister tout d'abord, afin d'effacer avant tout les illusions dues
à nos sens. Il me semble convenable d'éloigner les causes d'erreur qui peuvent laisser dans l'esprit de fausses impressions; il est
complètement inutile, sinon dangereux, de passer les premiers
instants d'une causerie astronomique à décrire des phénomènes
apparents dont il faudra ensuite démontrer la fausseté. Ne suivons
pas cette voie fâcheuse; éloignons-nous de cette marche ordinaire,
et commençons, au contraire, par lever le voile, afin de laisser la
réalité resplendir. La poésie, dont le souffle harmonieux berçait
tout à l'heure notre âme suspendue, ne s'évanouira pas pour cela;
elle reprendra, au contraire, un nouveau souffle, une nouvelle vie,
une force plus puissante. La fiction ne saurait être supérieure à la
réalité; celle-ci va devenir pour nous une source d'inspiration, plus
riche et plus féconde que la première.

1. LAMARTINE.

II

LE CIEL

Oh! depuis cette terre où rampent les mortels,
De l'espace fuyant les vides éternels,
Qui sondera des cieux l'insondable distance,
Quand, après l'infini, l'infini recommence?
. . . . 1859.

L'ombre répandue sur l'hémisphère en l'absence du soleil, de son coucher à son lever, n'est qu'un phénomène partiel circonscrit à la Terre, et auquel le reste de l'univers ne participe pas. Lorsque nous sommes enveloppés par le calme silencieux d'une nuit profonde, nous sommes portés à étendre à l'univers tout entier la scène qui nous entoure, comme si notre monde était le centre et le pivot de la création. Quelques instants de réflexion suffiront pour nous montrer combien cette illusion est grossière, et pour nous préparer à la conception de l'ensemble du monde.

Il est évident, en effet, que le soleil ne pouvant éclairer à la fois tous les côtés d'un même objet, mais seulement ceux qui sont tournés vers lui, n'éclaire à la fois que la moitié du globe terrestre; il suit de là que la nuit n'est autre chose que l'état de la partie non éclairée. Si nous considérons le globe terrestre suspendu dans le vide de l'espace, nous reconnaîtrons que le côté tourné vers le Soleil est le seul éclairé, tandis que l'autre côté est dans l'ombre produite par la Terre même à l'opposé du Soleil. De plus, comme notre globe tourne sur lui-même, toutes ses parties se présentent successivement au Soleil et passent successivement dans cette ombre, et c'est là ce qui constitue la succession des jours et des nuits, pour chaque pays du monde. Ce simple coup d'œil suffit pour

montrer que le phénomène auquel nous donnons le nom de nuit
appartient en propre à la Terre, et que le ciel, le reste de l'univers,
en est indépendant.

C'est pourquoi, si, à une heure quelconque de la nuit, nous nous
élevons en esprit au-dessus de la surface terrestre, il arrivera que,
loin de rester toujours dans la nuit, nous retrouverons le Soleil
versant ses flots de lumière dans l'étendue. Si nous nous élevons
jusqu'à l'une des planètes qui, comme la Terre, roulent dans la
contrée de l'espace où nous sommes, nous reconnaîtrons que la
nuit de la Terre ne s'étend pas jusqu'en ces autres mondes, et que
la période qui chez nous est consacrée au repos n'étend pas jusque-
là son influence. Tandis qu'ici les êtres sont ensevelis dans l'immobilité d'une nuit silencieuse, là-haut les forces de la nature
continuent l'exercice de leurs fonctions brillantes, le soleil
luit, la vie rayonne, le mouvement ne se laisse point suspendre,
et le règne de la lumière poursuit son action dominante dans les cieux
(comme sur l'hémisphère opposé au nôtre) à la même heure où la
nuit immobilise tous les êtres sur l'hémisphère que nous habitons.

Il est très important que nous sachions tout d'abord nous habi-
tuer à cette idée de l'*isolement* de la Terre au sein de l'étendue, et
à penser que tous les phénomènes que nous observons sur ce globe
lui sont spéciaux, étrangers à tout le reste de l'univers. Mille et
mille globes semblables roulent comme lui dans l'espace. — Je ne
démontre pas encore maintenant la vérité de mes assertions ; mais,
comme mes lecteurs sont de bonne compagnie, ils ne les mettront
pas en doute et voudront bien me croire sur parole, sauf à me rappeler plus tard que mon devoir sera de justifier tout ce que j'aurai
avancé. Du reste, je leur promets de le faire le plus tôt possible ;
mais je leur demande la permission de développer tout de suite
devant leurs yeux une esquisse générale de l'univers.

L'une des plus funestes illusions dont il soit urgent de nous
désabuser tout d'abord, c'est celle qui nous présente la Terre comme
la moitié inférieure de l'univers, et le ciel comme sa moitié supérieure. Il n'y a rien au monde de plus faux. Le ciel et la Terre ne
font pas deux créations séparées, comme on nous l'a répété mille
et mille fois : ils ne sont qu'un. La Terre est dans le ciel. Le ciel,

c'est l'espace immense, l'étendue indéfinie, le vide sans bornes;
nulle frontière ne le circonscrit, il n'a ni commencement ni
fin, ni haut ni bas, ni gauche ni droite : c'est l'infini des espaces
qui se succèdent éternellement dans tous les sens. La Terre, c'est
un petit globe de matière, placé dans cet espace, sans soutien
d'aucune sorte, comme un boulet qui se tiendrait seul dans l'air,
comme ces petits ballons qui s'élèvent et planent dans l'atmosphère, lorsqu'on a coupé le mince cordon qui les retenait.

La Terre est un astre du ciel, elle en fait
partie, elle le peuple, en compagnie d'un
grand nombre de globes semblables à
elle, elle est isolée en lui, et tous ces
autres globes planent de même isolément
dans l'espace. Cette conception de l'univers
est non seulement très importante, mais
c'est encore une vérité qu'il est éminemment nécessaire de se bien fixer dans
l'esprit. Autrement, les trois quarts des
découvertes astronomiques resteraient
incompréhensibles. Ainsi voilà ce premier
point bien entendu et surtout bien établi
dans notre pensée : le ciel, c'est l'espace qui
nous environne de toutes parts ; la Terre
est un globe suspendu dans cet espace.

Fig. 1. — La nuit et le jour.

Mais la Terre n'est pas seule dans cet espace. Toutes ces étoiles
qui scintillent dans les cieux sont des globes isolés, des soleils
brillant de leur propre lumière; elles sont très éloignées d'ici, à des
distances inimaginables. Il y a, plus près de nous, des astres qui
ressemblent davantage à celui que nous habitons, en ce sens qu'ils
ne sont point des soleils, mais des terres obscures recevant comme
la nôtre la lumière de notre Soleil. Ces mondes, nommés planètes,
sont groupés en famille; le nôtre est l'un des membres de cette
famille. Au centre de ce groupe brille notre Soleil, source de la
lumière qui les illumine et de la chaleur qui les échauffe. Planant
au sein du vide qui l'entoure de toutes parts, ce groupe est comme
une flotte d'embarcations diverses bercée dans l'océan des cieux.

Ainsi, autour du Soleil circulent les planètes, au nombre de huit principales, et plus loin, beaucoup plus loin, dans l'immensité, brillent d'autres soleils que la distance réduit pour nous à l'aspect de simples étoiles. Malgré l'apparence causée par la perspective de l'éloignement, d'immenses distances séparent tous ces soleils du nôtre, distances telles, que les plus hauts chiffres de notre numération si puissante sont à peine en état de dénombrer les plus faibles d'entre elles.

Ces soleils sont en nombre si considérable, que leur énumération surpasse encore elle-même tous nos moyens; les millions joints aux millions ne parviennent pas non plus à en dénombrer la multitude!... Que la pensée essaye, s'il lui est possible, de se représenter à la fois ce nombre considérable de systèmes et les distances qui les séparent les uns des autres! Confondue et bientôt anéantie à l'aspect de cette richesse infinie, elle ne saura qu'admirer en silence cette indescriptible merveille. S'élevant sans cesse par delà les cieux, franchissant les plages lointaines de cet océan sans bornes, elle découvrira toujours un nouvel espace, et toujours de nouveaux mondes se révéleront à son avidité;... les cieux succéderont aux cieux, les sphères aux sphères;... après les déserts de l'étendue, s'ouvriront d'autres déserts; après des immensités, d'autres immensités;... et lors même que, emportée sans trève pendant des siècles avec la rapidité de la pensée, l'âme perpétuerait son essor au delà des bornes les plus inaccessibles que l'imagination puisse concevoir, là même l'infini d'une étendue inexplorée resterait encore ouvert devant elle,... l'infini de l'espace s'opposerait à l'infini du temps, rivalisant sans cesse, sans que jamais l'un puisse l'emporter sur l'autre,... et l'esprit s'arrêtera exténué de fatigue, n'étant encore qu'au vestibule de la création infinie, et comme s'il n'avait pas avancé d'un seul pas dans l'espace!

L'imagination suspend son vol et s'arrête anéantie. « Étoiles, légions brillantes qui avant tous les âges avez dressé vos tentes dans vos plaines de saphir, qui dira vos myriades brûlantes, si ce n'est Celui qui commande à vos chars dorés de rouler par les cieux? Quel est l'habitant de cette terre qui, devant vos armées, peut ne pas ressentir tes émotions immortelles, ò Éternité? Qu'y a-t-il de merveilleux à ce que l'âme, succombant sous le poids de ses propres pensées, et que l'œil perdu dans l'abîme, voient dans vos lumières la destinée d'une gloire sans sommeil [1] ? »

L'immensité des cieux a été chantée sur plusieurs lyres; mais comment le chant de l'homme pourrait-il rendre une telle réalité? Les poètes ont essayé de l'exprimer dans des vers où l'on sent l'insuffisance de la parole pour noter les pensers immenses que développe en nous cette contemplation merveilleuse.

N'étais-je pas fondé à avancer plus haut que la réalité est supérieure à la fiction, même au point de vue du sentiment poétique, et que la contemplation de la nature réelle renferme une somme d'inspirations plus riche et plus féconde que l'illusion du spectacle offert par nos sens? Au lieu d'une nuit immense s'étendant jusqu'à la voûte d'azur, au lieu d'une robe diaprée de broderies d'or ou d'un voile orné d'ornements éclatants, nous sommes au sein de la vie et du rayonnement universels. La nuit n'est plus qu'un accident, un accident heureux qui permet à nos regards de s'étendre au delà des bornes que le jour nous trace; nous sommes semblables au voyageur qui, se reposant dans l'ombre d'une colline, contemple le paysage éclairé qui se développe jusqu'à l'horizon lointain. Au lieu de l'immobilité, du silence, de la mort, nous assistons au spectacle de la vie sur les mondes. A la lumière de la vérité, les voûtes arbitraires disparaissent et le ciel nous ouvre ses profondeurs; l'infini de la création se révèle avec l'infini des espaces, et notre Terre, perdant la prépondérance dont nos prétentions l'avaient gratifiée, se recule sous nos pas et disparaît dans l'ombre, allant se perdre au sein d'une multitude de mondes semblables. Dans la liberté de notre essor, nous franchissons les célestes campagnes et nous prenons une première esquisse de l'univers. C'est ainsi que, nous désabusant dès le premier pas de l'erreur antique trop longuement consacrée par les apparences, et nous nous plaçons en de bonnes conditions d'étude, et nous nous préparons à recevoir facilement les vérités nouvelles que la Nature doit successivement révéler à notre studieuse ardeur.

1. CROLY. *The Stars.*

Laissez-moi, en terminant ce chapitre, vous rapporter un épisode digne d'être plus connu qu'il ne l'est encore, parce qu'il montre combien le monde réel renferme plus de puissance que l'empire des fictions. Il est tiré de la vie du grand mathématicien Euler, et c'est Arago qui en est le narrateur.

Euler, le grand Euler, était très pieux. Un de ses amis, ministre dans une église de Berlin, vint lui dire un jour : « La religion est perdue, la foi n'a plus de bases, le cœur ne se laisse plus émouvoir, même par le spectacle des merveilles de la création. Le croiriez-vous? J'ai représenté cette création dans tout ce qu'elle a de plus beau, de plus poétique et de plus touchant : j'ai cité les anciens philosophes et la Bible elle-même : la moitié de l'auditoire ne m'a pas écouté, l'autre moitié a dormi ou a quitté le temple.

— Faites l'expérience que je vais vous indiquer, repartit Euler. Au lieu de prendre la description du monde dans les philosophes grecs ou dans la Bible, prenez le monde des astronomes, dévoilez-le tel que les recherches astronomiques l'ont constitué. Dans le sermon qui a été si peu écouté, vous avez probablement, en suivant Anaxagore, fait du Soleil une masse égale au Péloponèse. Eh bien, dites à votre auditoire que, suivant des mesures exactes, incontestables, notre Soleil est 1 300 000 fois plus grand que la terre.

« Vous avez sans doute parlé de cieux de cristal : dites qu'ils n'existent pas, que les comètes les briseraient. Les planètes, dans vos explications, ne se sont distinguées des étoiles que par le mouvement : avertissez que ce sont des mondes; que Jupiter est 1 300 fois plus grand que la terre, et Saturne 900 fois; décrivez les merveilles de l'anneau; parlez des lunes multiples de ces mondes éloignés.

« En arrivant aux étoiles, à leurs distances, ne citez pas de lieues : les nombres seraient trop grands, on ne les apprécierait pas; prenez pour échelle la vitesse de la lumière : dites qu'elle parcourt 75 000 lieues par seconde; ajoutez ensuite qu'il n'existe aucune étoile dont la lumière nous vienne en moins de trois ans; qu'il en est d'autres dont la lumière ne nous arrive pas en moins de dix, vingt, cinquante et cent ans.

« En passant des résultats certains à ceux qui n'ont qu'une grande probabilité, montrez que, suivant toute apparence, certaines étoiles pourraient être visibles plusieurs milliers d'années après avoir été anéanties; car la lumière qui en émane emploie plusieurs milliers d'années à franchir l'espace qui les sépare de la terre. »

Tel est le conseil que donna Euler. Ce conseil fut suivi : au lieu du monde de la Fable, le ministre découvrit le monde de la Science. Euler attendait son ami avec impatience. Il arrive enfin, l'œil terne et dans une tenue qui paraissait indiquer le désespoir. L'astronome, fort étonné, s'écrie : « Qu'est-il donc arrivé? — Ah! monsieur Euler, répond le ministre, je suis bien malheureux, ils ont oublié le respect qu'ils devaient au saint temple, ils m'ont applaudi! »

L'univers de la science était de cent coudées plus grand que le monde rêvé par les imaginations les plus ardentes. Il y avait incomparablement plus de poésie dans la réalité que dans la Fable.

III

L'ESPACE UNIVERSEL

Insensé, je croyais embrasser d'un coup d'œil
Ces déserts où Newton, sur l'aile du génie,
Planait, tenant en main le compas d'Uranie,
Je voulais révéler quels sublimes accords
Répandent dans l'éther tous les célestes corps :
Mais devant eux s'abîme et s'éteint ma pensée.

BORCHEN.

Il y a des vérités devant lesquelles la pensée humaine se sent humiliée et confondue, qu'elle contemple avec effroi et sans pouvoir les regarder en face, quoiqu'elle comprenne leur existence et leur nécessité : telles sont celles de l'infini de l'espace et de l'éternité de la durée.

Impossibles à définir, car toute définition ne pourrait qu'obscurcir l'idée primitive qui est en nous, ces vérités s'imposent à nous et nous dominent. Chercher à les expliquer serait une peine stérile : il suffit de les mettre en face de notre attention pour qu'elles nous révèlent à l'instant toute l'immensité de leur valeur. Mille définitions en ont été données ; nous ne voulons en citer ni même en rappeler une seule. Mais nous voulons ouvrir devant nous l'espace, et nous y engager pour essayer d'en pénétrer la profondeur.

La vitesse d'un boulet de canon à sa sortie de la bouche à feu est une bonne marche : 400 mètres par seconde. Mais cette marche serait encore trop lente pour notre voyage dans l'espace, car notre vitesse ne serait guère que de 1 440 kilomètres à l'heure. C'est trop peu. Il y a, dans la nature, des mouvements incomparablement plus rapides, par exemple la vitesse de la lumière. Cette vitesse est de 300 000 kilomètres *par seconde*. Ceci vaut mieux : aussi prendrons-nous ce moyen de transport. Permettez-moi donc, par une comparaison vulgaire, de vous dire que nous nous mettons à cheval sur un rayon de lumière, et que nous nous laissons emporter par sa course rapide.

Prenant la Terre pour point de départ, nous nous dirigerons en droite ligne vers un point quelconque du ciel. Nous partons.

A la fin de la première seconde, nous avons déjà parcouru 300 000 kilomètres; à la fin de la deuxième, 600 000. Nous continuons. Dix secondes, une minute, dix minutes sont écoulées,... cent quatre-vingts millions de kilomètres ont passé.

Poursuivons, pendant une heure, pendant un jour, pendant une semaine, sans jamais ralentir notre marche; pendant des mois entiers, pendant un an.... La ligne que nous avons parcourue est déjà si longue, qu'exprimée en kilomètres, le nombre qui la mesure surpasse notre faculté de compréhension et n'indique plus rien à notre esprit : ce sont des trillions, des millions de millions.

Mais ne suspendons pas notre essor. Emportés sans arrêt par cette même rapidité de 300 000 kilomètres par chaque seconde, perçons l'étendue en ligne droite pendant des années entières, pendant cinquante ans, pendant un siècle,... pendant mille ans,... pendant dix mille ans,... pendant un million d'années!...

Où sommes-nous? Depuis longtemps nous avons franchi les dernières régions étoilées que l'on aperçoit de la Terre, les dernières que l'œil du télescope a visitées; depuis longtemps nous marchons en d'autres domaines, inconnus, inexplorés. Nulle pensée n'est capable de suivre le chemin parcouru; les milliards joints aux milliards ne signifient plus rien; à l'aspect de cette étendue prodigieuse l'imagination s'arrête, anéantie.... Eh bien, et c'est ici le point merveilleux du problème, *nous n'avons pas avancé d'un seul pas dans l'espace.*

Nous ne sommes pas plus rapprochés d'une limite que si nous étions restés à la même place; nous pourrions recommencer la même course à partir du même point où nous sommes, et ajouter à notre voyage un voyage de même étendue; nous pourrions joindre les siècles aux siècles dans le même itinéraire, avec la même

vitesse, — continuer le voyage sans fin ni trêve ; — nous pourrions
nous diriger vers quelque endroit de l'espace que ce soit, à gauche,
à droite, en avant, en arrière, en haut, en bas, dans tous les sens ;
et lorsque, après des siècles employés à cette course vertigineuse,
nous nous arrêterions fascinés ou désespérés devant l'immensité
éternellement ouverte, éternellement renouvelée, nous reconnaîtrions, stupéfaits, que notre vol séculaire ne nous a pas fait mesurer
la plus petite partie de l'espace, et que nous ne sommes pas plus
avancés qu'à notre point de départ. En réalité, c'est l'infini qui
nous enveloppe : nous pourrions voguer *pendant l'éternité* sans
jamais trouver autre chose devant nous qu'un infini éternellement
ouvert.

Il suit de là que toutes nos idées sur l'espace n'ont qu'une valeur
purement relative. Lorsque nous disons, par exemple, monter au
ciel, descendre sous la terre, ces expressions sont fausses en elles-
mêmes, car, étant situés au sein de l'infini, nous ne pouvons ni
monter ni descendre : il n'y a ni *haut* ni *bas* ; ces mots n'ont qu'une
acception relative à la surface terrestre que nous habitons.

Nous devons donc nous représenter l'univers comme une étendue
sans bornes, sans rivages, illimitée, infinie, dans le sein de laquelle
planent des soleils comme celui qui nous éclaire et des terres
comme celle qui se balance sous nos pas. Ni dôme, ni voûte, ni
limites d'aucune espèce : le vide dans tous les sens, et dans ce vide
infini une quantité prodigieuse de mondes, que bientôt nous allons
décrire. C'est cet espace universel que l'auteur du *Génie de l'homme*,
Chênedollé, a voulu célébrer dans les images suivantes :

> Oui, quand je m'armerais des ailes de l'Aurore,
> Pour compter les soleils dont le ciel se décore,
> Quand, de l'immensité sondant les profondeurs,
> Ma pensée unirait les nombres aux grandeurs :
> Sous ces gouffres sacrés égarant mon audace,
> Quand j'userais le temps à mesurer l'espace,
> Je verrais s'écouler les siècles réunis,
> Et pressé, sans espoir, entre deux infinis,
> Je me serais toujours écarté de moi-même,
> Sans jamais m'approcher de ce vaste problème.

IV

ORGANISATION GÉNÉRALE DE L'UNIVERS

LES ÉTOILES SONT DISTRIBUÉES PAR AGGLOMÉRATIONS

> . . . . On a sondé ces régions voilées.
> Les bornes du possible ont été reculées !
> Un mortel a pu voir, armé d'un œil géant,
> Osciller des lueurs aux confins du néant.
> C'est vous dont notre Herschel, ô pâles nébuleuses,
> Découvrit des clartés qu'on dirait fabuleuses !
> Il aperçut en vous des germes d'univers,
> Qui, selon leurs aspects et leurs âges divers,
> On contenaient encor leurs semences fécondes,
> Ou déjà répandaient leurs poussières de mondes !
> Eh bien, de ces lueurs blanchâtres, que les yeux
> Discernent vaguement aux limites des cieux.
> L'une contient le ciel et le monde où nous sommes. —
> Ah ! la terre est trop loin ! je ne vois plus les hommes.
>
> J. J. ANPÈRE.

Au sein de l'espace illimité dont nous avons essayé de concevoir l'insondable étendue, planent d'opulentes agglomérations d'étoiles, séparées entre elles par des vides immenses. Nous montrerons bientôt que toutes les étoiles sont des soleils comme le nôtre, brillant de leur propre lumière, foyers d'autant de systèmes de mondes. Or les étoiles ne sont pas disséminées au hasard en tous les points de l'espace : elles sont groupées comme les membres de plusieurs familles.

Si nous comparions l'océan des cieux aux océans de la terre, nous dirions que les îles qui parsèment cet océan ne s'élèvent pas isolément en tous les endroits de la mer, mais qu'elles sont réunies çà et là en archipels plus ou moins riches. Une puissance aussi ancienne que l'existence de la matière a présidé à l'éclosion de ces îles dont chaque archipel compte un grand nombre; nulle d'entre elles ne s'est élevée spontanément en une région isolée; elles sont toutes agglomérées par tribus, dont la plupart comptent leur nombre par millions.

Ces groupements d'étoiles diffèrent en densité et en étendue. Il en est où les étoiles sont très écartées, comme par exemple les pléiades. Il en est d'autres qui ressemblent à de petits nuages et ont reçu le nom de *nébuleuses*. Cette désignation vient de ce qu'à l'invention des lunettes astronomiques on ne distinguait ces tribus étoilées que sous un aspect diffus, nuageux, qui ne permettait pas à l'œil de séparer les étoiles composantes. Cette apparence n'éveillant en aucune façon l'idée d'amas solaires, on pensait qu'il y avait seulement là des vapeurs cosmiques phosphorescentes, des tourbillons de substances lumineuses, peut-être des fluides primitifs dont la condensation progressive amènerait dans l'avenir la formation d'astres nouveaux. On croyait assister à la création de mondes lointains, et parfois, en remarquant ces aspects parvenus à des degrés divers de luminosité, on crut pouvoir en inférer leurs âges relatifs, comme dans une forêt on peut reconnaître, par approximation, l'âge des arbres de la même espèce, selon leur grosseur, ou selon les cercles concentriques qui se forment chaque année sous l'écorce. Ainsi, la première nébuleuse observée à l'aide d'un télescope et signalée comme un objet d'une nature particulière, la nébuleuse d'Andromède, fut considérée pendant trois siècles et demi comme entièrement dépourvue d'étoiles. Simon Marius, de Franconie, qui de musicien était devenu astronome — goûts très compatibles du reste, — décrivant cette apparence ovale et blanchâtre, qui, plus brillante au centre, s'affaiblissait sur les bords, disait qu'elle ressemblait « à la lumière d'une chandelle (*candela*) vue de loin à travers une feuille de corne ». Il y a quelques années, un astronome de Cambridge a compté dans les limites de cette nébuleuse 1 500 petites étoiles, et pourtant le centre garde encore, malgré les meilleurs instruments, l'aspect d'une clarté diffuse. Plus tard, l'astronome Halley ne songeait pas davantage à des agglomérations d'étoiles. « En réalité, disait-il, ces taches ne sont rien autre chose que la lumière venant d'un espace immense situé dans les régions de l'éther, rempli d'un milieu diffus et lumineux par lui-même. » D'autres penseurs s'imaginèrent même que c'était là la clarté du ciel empyrée, vue à travers une ouverture du firmament. C'est ce que disait Derham, l'auteur de l'*Astrotheology*.

Mais lorsque les instruments d'optique furent perfectionnés, cette apparence d'une clarté diffuse se transforma en un pointillé brillant ; à mesure que la puissance du télescope devint plus perçante, le nombre des nébuleuses apparentes diminua, et aujourd'hui presque toutes celles qui, du temps de Galilée, étaient regardées comme des nuages cosmiques, sont résolues en étoiles. Pour être juste, il faut ajouter qu'en révélant la composition stellaire des premières nébuleuses, le télescope en a découvert d'autres dont il n'a pas encore dévoilé la nature ; mais l'analogie nous porte à croire que, semblables aux premières, ces nébuleuses ne restent à l'état indistinct qu'à cause de leur éloignement prodigieux, que les instruments les plus puissants ne sont pas encore parvenus à vaincre, et que le jour viendra où, cette distance étant franchie, nous découvrirons là aussi d'immenses rassemblements d'étoiles.

Il y a, en réalité, de vraies nébuleuses gazeuses, dont le spectroscope révèle actuellement la nature, mais cela n'empêche pas les nébuleuses dont nous parlons d'être de véritables amas d'étoiles. On réserve généralement maintenant le nom de nébuleuses à ces formations gazeuses.

Ainsi, l'on doit se représenter l'espace infini comme un vide immense au sein duquel sont suspendus des archipels d'étoiles. Ces archipels sont eux-mêmes en nombre prodigieux ; ils comptent par millions les étoiles qui les constituent, et de l'un à l'autre la distance est incalculable. Ils sont distribués dans l'étendue à toutes les profondeurs, dans tous les sens, suivant toutes les directions imaginables, et revêtent eux-mêmes toutes les formes possibles, comme nous allons en être témoins.

L'un des amas les plus remarquables et les plus réguliers, celui qui peut en même temps servir le mieux à l'illustration des raisonnements qui précèdent, c'est l'amas du Centaure. — Nous étudierons plus loin l'aspect des constellations, et la méthode la plus simple pour trouver les objets célestes les plus dignes de notre

2

attention. — Cet amas se présente au télescope sous l'aspect reproduit par notre figure 2.

A l'œil nu, on le distingue à peine, comme un point d'une faible clarté; dans le télescope, on voit briller sous ses yeux une multitude prodigieuse d'étoiles fortement condensées vers le centre. Cette condensation est une preuve manifeste que l'amas d'étoiles n'est pas seulement circulaire, mais encore sphérique. Un instant d'attention suffit, en effet, pour montrer que, si l'on regarde de loin une sphère d'étoiles, le rayon visuel traversera une longueur moindre s'il regarde les bords de la sphère que s'il regarde le centre, et rencontrera moins d'étoiles sur son chemin vers les bords que vers le centre. A mesure que ce rayon visuel se rapprochera du centre, sa partie comprise dans la sphère deviendra plus longue et le nombre d'étoiles qu'il rencontrera ira en augmentant. Le

Fig. 2. — Amas stellaire du Centaure.

maximum sera au centre même. C'est cet effet d'optique qui avait fait croire à une condensation de la matière nébuleuse. Cet amas du Centaure a été découvert par l'astronome anglais Halley, en 1679, pendant qu'il travaillait au catalogue des étoiles du ciel austral. On ne le voit pas de nos latitudes.

L'amas stellaire d'Hercule (fig. 3) est de même ordre que le précédent, et il a pour nous l'avantage d'être presque constamment visible au-dessus de nos têtes. Situé entre les étoiles η et ζ de cette constellation, il est l'un des plus magnifiques de notre ciel boréal. On le distingue à l'œil nu, dans les belles nuits, comme une tache lumineuse. Nous en offrons ici l'image d'après une *photographie* que nous avons prise en 1895 à notre observatoire de Juvisy. Cet amas porte le n° 13 du Catalogue de Messier.

L'amas du Verseau (fig. 4), gravé ici d'après un dessin de lord

Fig. 3. — Amas stellaire d'Hercule.

Rosse, donne aussi une grande idée de ces splendides agglomérations de soleils.

Certains amas d'étoiles offrent un aspect parfaitement circulaire ou elliptique, indiquant leur sphéricité ou leur forme lenticulaire. On en trouvera ici (fig. 5) quelques types choisis.

De ces amas d'étoiles, les premiers sont certainement sphériques; les autres, allongés, dont nous voyons l'épaisseur diminuer de plus

Fig. 4. — Amas stellaire du Verseau.

en plus, sont probablement encore circulaires, mais aplatis sous la forme de lentilles; au lieu de se présenter à nous de face, ils se présentent par la tranche.

A la vue de ces amas glóbulaires, on peut se demander quel est le nombre des étoiles contenues dans ces lointains univers. Il serait impossible de compter en détail et avec exactitude le nombre total d'étoiles dont plusieurs de ces magnifiques amas se composent, mais on a pu arriver à des limites. En appréciant l'espacement angulaire des étoiles situées près des bords, c'est-à-dire dans la région où elles ne se projettent pas les unes sur les autres, et en le comparant avec le diamètre total du groupe, on s'est assuré qu'un amas dont l'étendue superficielle apparente est à peine égale au dixième de celle du disque lunaire, ne renferme pas moins de 20 000 étoiles : c'est là le minimum. Les conditions dynamiques propres à assurer la conservation indéfinie d'une semblable fourmilière d'étoiles ne semblent pas faciles à

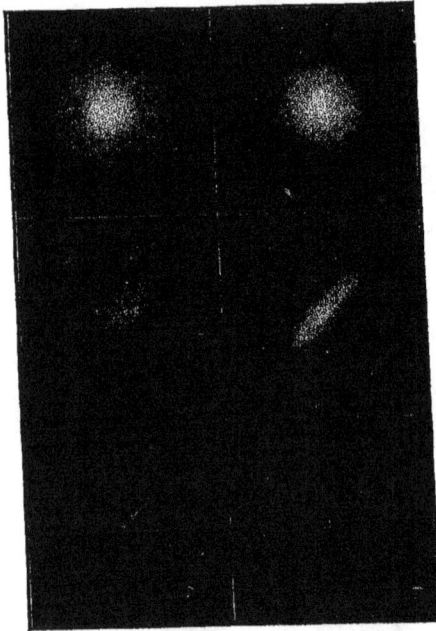

Fig. 5. — Nébuleuses globulaires.

imaginer. Suppose-t-on le système en repos, les étoiles à la longue tomberont les unes sur les autres. Lui donne-t-on un mouvement de rotation autour d'un seul axe, des chocs deviendront inévitables. L'examen des changements survenus dans d'autres systèmes porte à croire qu'il n'y a là rien d'indéfiniment stable, et que le mouvement gouverne ces agglomérations de soleils aussi bien qu'il gouverne chacun des soleils et chacun des petits mondes qui les composent.

Les nébuleuses les plus régulières ne sont pas les plus curieuses ;
pourtant il en est quelques-unes dont l'aspect laisse un certain
étonnement dans l'esprit : ce sont des créations qui, au lieu d'être
condensées en un globe immense, sont distribuées en couronne,
offrant l'apparence d'une nébuleuse circulaire ou ovale, mais
percée à son centre.
Notre figure 6 donne le
tableau des plus com-
plètes. La première est
la nébuleuse annulaire
du Cygne, située entre
cette constellation et
celle du Renard ; la
deuxième, sa voisine
de droite, est celle de la
Lyre, d'après le téles-
cope de lord Rosse : elle
est située non loin de
Véga, entre β et γ. On
y remarque des bor-
dures étincelantes d'é-
toiles rapprochées, et
des franges lumineuses
dentelant le bord exté-
rieur. Avant l'usage de
ce télescope, on la
voyait simplement sous
la forme représentée

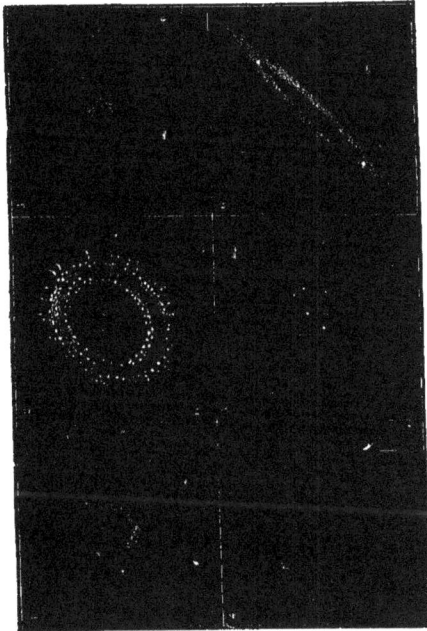

Fig. 6. — Nébuleuses annulaires.

au-dessous. La troisième est la nébuleuse d'Andromède, que l'on
peut admirer non loin de la belle étoile triple γ. L'anneau est très
allongé, et deux étoiles brillent à la poupe et à la proue de
l'ellipse, semblant destinées au gouvernement de ce système dans
sa marche à travers l'espace. Enfin la quatrième de ces nébuleuses perforées est celle du Scorpion, et la sixième celle d'Ophiuchus. « Les nébuleuses perforées, dit Humboldt, sont une des curiosités les plus rares du ciel. Celle de la Lyre est la plus célèbre :

elle a été découverte en 1779, à Toulouse, par d'Arquier, au moment où la comète signalée par Bode s'approcha de la région qu'elle occupe. Elle a environ la grandeur apparente du disque de Jupiter, et forme june jellipse dont les deux diamètres sont dans le rapport de 4 à 5. L'intérieur de l'anneau n'est pas noir, mais faiblement éclairé. Cette partie vide est au contraire d'un noir très foncé dans les belles nébuleuses perforées de l'hémisphère austral. »

La nébuleuse intéressante représentée par notre figure 7 nous servira de transition entre les nébuleuses régulières et les nébuleuses irrégulières : c'est

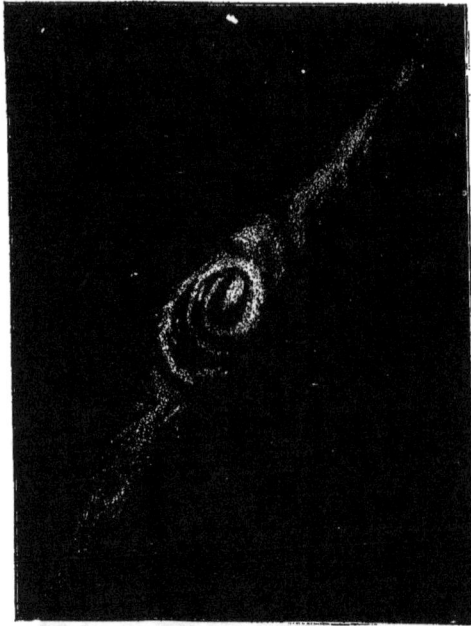

Fig. 7. — Nébuleuse du Lion.

l'amas annulaire elliptique de la constellation du Lion. Il semble qu'elle possède un noyau central de plus forte condensation, que ce noyau est enveloppé de sphères concentriques plus ou moins chargées d'étoiles, séparées entre elles par des vides relatifs, et que ces enveloppes, se succédant suivant un grand axe, s'éloignent également du centre de part et d'autre, en diminuant d'étendue jusqu'au point où elles s'éteignent en cône.

V

NÉBULEUSES ET AMAS D'ÉTOILES

« Quand la nuit aux ailes noires et parsemées
d'étoiles obscurcit la terre et le ciel, semblable
au bel oiseau dont le sombre plumage étincelle
d'yeux innombrables, cette sainte obscurité, ces
feux divins, imposants, infinis, émanent de toi,
ô Créateur! »

THOMAS MOORE.

A mesure que s'accroît le pouvoir amplificateur des télescopes,
les contours des nébuleuses et des amas d'étoiles, comme leur
aspect intérieur, se présentent sous une forme de plus en plus irrégulière. Tels de ces objets qui semblaient autrefois purement
circulaires ou purement elliptiques, ont offert, depuis, une grande
irrégularité dans leurs formes aussi bien que dans leur degré de
luminosité. Là où des nuages pâles et blanchâtres brillaient d'un
éclat calme et uniforme, l'*œil géant* du télescope a vu s'ouvrir des
régions alternativement sombres et lumineuses. Les figures que
nous venons d'observer viennent toutes à l'appui de cette
remarque; d'autres la confirment d'une manière plus éclatante
encore. Il y a par exemple, dans la constellation zodiacale du Taureau, une nébuleuse uniforme et ovale qui n'offre d'abord aucun
caractère de singularité dans les instruments de faible puissance.
Or, quand pour la première fois lord Rosse dirigea sur elle son
grand télescope, il ne put s'empêcher de lui donner immédiatement le nom singulier de *Crab Nebula*, que sa forme lui décernait
d'elle-même. L'ellipse s'était transformée en poisson, ou en crabe,
les antennes, les pattes, la queue étaient figurées sur le ciel noir

par la silhouette blanche que dessinaient de longues traînées
d'étoiles.

Il y a des nébuleuses irrégulières de toutes les formes possibles,
et sur les milliers que l'on a déjà observées, décrites et dessinées,
on ne saurait en trouver deux qui se ressemblent. Elles ont revêtu
les formes les plus
extraordinaires. Les
unes offrent l'aspect
de véritables co-
mètes; le noyau est
accompagné d'une
abondante chevelure
et suivi d'une longue
traînée lumineuse :
telles sont celles de
la Licorne, du fleuve
Éridan, de la Grande
Ourse; telle est sur-
tout celle du Navire
(fig. 9), dans laquelle
on retrouve le type
classique des co-
mètes les plus régu-
lières. D'autres,
comme celle d'Orion,
l'une des plus célè-
bres par les études
qui l'ont illustrée, ou

Fig. 8. — Nébuleuse du Taureau.

comme celle des Nuées de Magellan, semblent d'immenses nuages
vaporeux tourmentés jadis par quelque vent tumultueux, percés
de déchirures profondes, et brisés par places en lambeaux. Celle
de la constellation du Renard ressemble à ces boulets doubles, à
ces haltères que l'on soulève pour exercer la force des bras; celle
de l'Écu de Sobieski (fig. 10) écrit au milieu d'une page du ciel la
dernière majuscule de l'alphabet grec, l'oméga : Ω.

D'autres nébuleuses se sont offertes en groupe, comme si deux ou plusieurs de ces vastes systèmes avaient associé leurs destinées. Plusieurs sont doubles : on voit deux amas sphériques réunis par

la couronne diffuse qui les enveloppe, ou séparés par une faible distance angulaire, ou quelquefois même enveloppés dans des couches concentriques lumineuses, comme deux œufs de neige au milieu d'un nid de lumière. Ailleurs encore, dans les Nuées de Magellan, sous l'hémisphère austral, on voit quatre nébuleuses circulaires disposées aux quatre angles d'un losange

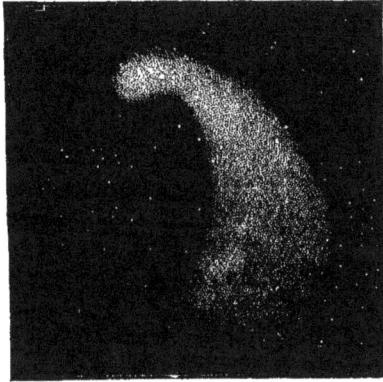

Fig. 9. — Nébuleuse du Navire.

illuminé lui-même d'une fine poussière d'étoiles; à l'un des angles

extrêmes, la nébuleuse se divise elle-même en quatre globes de sorte qu'en réalité on a sous les yeux une immense agglomération d'étoiles, dont les limites extrêmes présentent sept conden-sations prin-

Fig. 10. — Nébuleuse de l'Écu de Sobieski.

cipales. On la voit dessinée dans la sixième nébuleuse de notre figure 11. — La première et la quatrième nébuleuse de cette figure appartiennent à la Vierge, la seconde et la cinquième à la Chevelure de Bérénice; la troisième appartient au Verseau.

Il est difficile de rendre l'impression que l'aspect de ces lointains univers fait naître dans l'âme, lorsqu'on les contemple à travers ces merveilleux télescopes qui rapprochent les distances. Les rayons de lumière qui nous arrivent de si loin nous mettent temporairement en communication avec ces créations étrangères, et le sentiment de la vie terrestre, assoupi dans le silence des nuits profondes, semble dominé par l'ascendant que la contemplation céleste exerce si facilement sur l'âme captivée. Les choses de la terre perdent leur prestige, et l'on s'écrie volontiers avec le poète des *Mélodies irlandaises* : « Il n'est rien de brillant que le ciel. L'éclat des ailes de la gloire est faux et passager comme les teintes pâlissantes du soir; les fleurs de l'amour, de l'espérance, de la beauté s'épanouissent pour la tombe : il n'est rien de brillant que le ciel. »

On sent que, malgré l'éloignement insondable qui sépare notre séjour de ces lointaines régions, il y a là des foyers lumineux et des centres de mouvement; ce n'est pas le vide, ce n'est pas le désert, c'est « quelque chose », et ce quelque chose suffit pour attacher notre attention et pour éveiller notre rêverie. Une impression indéfinissable nous est communiquée par les rayons stellaires qui descendent silencieusement des abîmes inexplorés, on la subit sans l'analyser, et les traces en restent ineffaçables, comme celles que le voyageur ressent lorsqu'il aborde de nouvelles terres et voit de nouveaux cieux se lever sur sa tête.

C'est ce que décrit l'illustre auteur du *Cosmos*, lorsqu'il présente les Nuées de Magellan, vastes nébuleuses avoisinant le pôle austral, comme un objet unique dans le monde des phénomènes célestes. « Les magnifiques zones du ciel austral comprises entre les parallèles du 50° et du 80° degré, dit-il, sont les plus riches en étoiles nébuleuses et en amas de nébulosités irréductibles. Des deux nuages magellaniques qui tournent autour du pôle austral, de ce pôle si pauvre en étoiles, qu'on dirait une contrée dévastée, le plus grand surtout paraît être, d'après des recherches récentes, une étonnante agglomération d'amas sphériques, d'étoiles plus ou moins grandes et de nébuleuses irréductibles, dont l'éclat général illumine le champ de la vision et forme comme le fond du tableau. L'aspect de ces nuages, la brillante constellation du Navire Argo, la Voie lactée, qui s'étend entre le Scorpion, le Centaure et, la Croix, et, j'ose le dire, l'aspect si pittoresque de tout le ciel austral, ont produit sur mon âme une impression ineffaçable. »

Cependant l'aspect le plus magnifique et le plus éloquent des nébuleuses ne s'est pas encore révélé dans celles qui précèdent.

Fig. 11. — Nébuleuses doubles, multiples.

Pour se former une idée de l'importance de ces amas d'étoiles et pour apprécier un peu leur valeur au point de vue de l'espace qu'ils occupent comme au point de vue du temps qui a présidé à leur formation, il faut avoir sous les yeux les splendides nébuleuses en spirale que le puissant télescope de Parsontown nous a dévoilées là où les instruments ordinaires ne montraient que des apparences semblables à celles que nous avons passées en revue.

Lord Rosse, en effet, a reconnu le premier que de vastes systèmes de soleils sont agglomérés, non plus simplement autour d'un centre de condensation, non plus en amas plus ou moins réguliers, mais suivant une distribution qui révèle l'existence de forces gigantesques en action parmi eux. Il observa d'immenses agglomérations dont les étoiles composantes sont distribuées en longues courbes dans un système général de lignes spirales.

Dans la plus merveilleuse de ces nébuleuses, on remarque que du centre principal partent une multitude de spires lumineuses, formées d'une innombrable quantité de soleils, contournant le noyau resplendissant d'où elles sont issues, pour se perdre au loin en affaiblissant insensiblement leur éclat et en s'éteignant comme des traînées de vapeurs phosphorescentes. Un noyau secondaire rallie d'un côté les extrémités du plus long rayonnement. Ce sont de splendides rubans de lumière constellés, terminés par deux nœuds arrondis. Cette riche nébuleuse en spirale appartient à la constellation des *Chiens de chasse*, située au-dessous de la Grande Ourse. Nous l'avons représentée figure 12. Avant la découverte due au puissant télescope qui a fait disparaître le voile dont elle restait encore enveloppée, les meilleurs instruments ne la montraient que sous la forme d'un anneau dédoublé sur la moitié de son contour, enroulant une nébuleuse globulaire très brillante à son centre. En dehors de l'anneau on remarquait une seconde nébuleuse plus petite, de forme ronde. Jamais changement de forme ne fut plus manifeste entre les aspects révélés par les télescopes de différentes puissances.

Imaginer les myriades de siècles qui furent nécessaires à la formation de ces systèmes serait une vaine entreprise. C'est avec lenteur que s'accomplissent les actions les plus formidables de la nature. Pour que la matière cosmique ou le prodigieux assemblage de tant d'étoiles ait pu se distribuer suivant les lignes révélées par le télescope, et s'enrouler en gigantesques spirales sous l'action dominante de l'attraction combinée de toutes les parties qui composent cet univers, il a fallu l'incalculable série des siècles amoncelés sur sa tête. C'est ici surtout qu'il est vrai de dire que les rayons lumineux qui descendent des créations lointaines sont pour nous le témoignage le plus ancien de l'existence de la matière.

La nébuleuse en spirale des Chiens de chasse n'est pas la seule de cette forme. Dans les constellations de la Vierge, du Lion et de Pégase on admire aussi de semblables systèmes. Celle de la Vierge, située dans une aile de cette figure, s'offre sous l'aspect

de ces fusées tournantesquel'on voit aux feux d'artifice ; du centre
lumineux s'élèvent tout autour de blanches traînées de lumière,
se dirigeant et se courbant toutes dans le même sens ; des vides

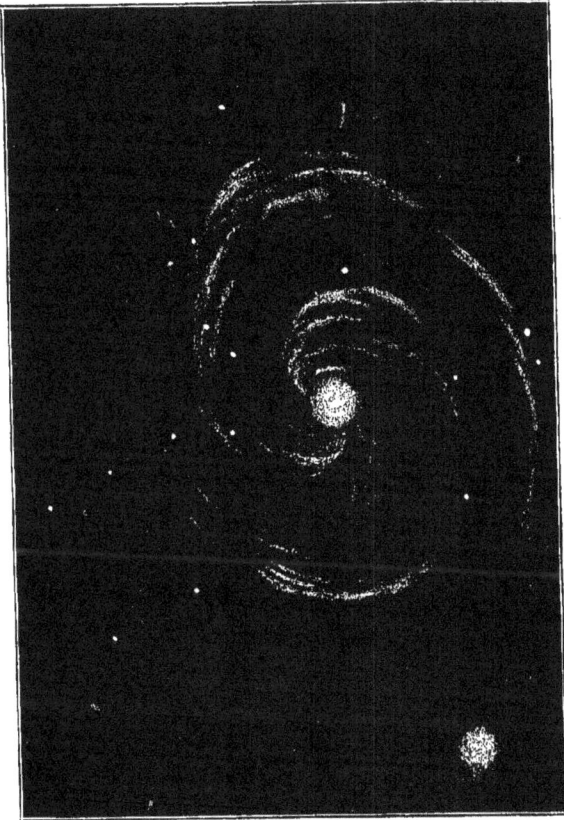

Fig. 12. — Nébuleuse en spirale de la constellation des Chiens de chasse.

obscurs les séparent et donnent plus de netteté au dessin de leur
direction (fig. 13). Celle du Lion (fig. 7) présente une suite de
zones concentriques ovales enveloppant le centre, également plus

lumineux ; une multitude d'étoiles resplendissent en ce centre. La
nébuleuse en spirale de Pégase, marquée d'une belle étoile à sa
partie centrale, est circulaire et composée de cercles successivement lumineux et obscurs ; d'un côté, la circonférence est coupée
par une tangente, ligne de lumière large et plus longue que
la nébuleuse
elle-même, à
laquelle celle-
ci semble atta-
chée comme
de petits nids
soyeux d'in-
sectes au flanc
des branches.

Après ces
magnificences
stellaires [1] dé-
couvertes au
fond des es-
paces par la
merveilleuse
puissance du
télescope,
notre curiosité
garde encore
une ambition,
celle de con-
naître les for-
midables instruments à l'aide desquels l'astronomie moderne s'est
enrichie de telles connaissances. Il est tout naturel que nous fas-
sions en même temps une petite excursion d'un instant parmi les
observatoires.

Nous signalerons d'abord ici les deux télescopes qui ont le plus
servi à l'étude de ces lointains systèmes, celui d'Herschel, qui lui

Fig. 13. — Nébuleuse en spirale de la Vierge.

1. Pour les détails, voir notre ouvrage *les Étoiles et les Curiosités du Ciel*, qui
donne la description du ciel étoile par étoile (400 figures et cartes), etc.

fit découvrir les principales nébuleuses à la fin du siècle dernier.
et celui de lord Rosse, qui en fit reconnaître la forme si curieuse
au milieu de notre siècle.

William Herschel s'était construit un télescope monté sur un
gigantesque assemblage d'échelles massives, de cordes et de pou-
lies (fig. 14). Le miroir de ce télescope mesurait 1 m. 47 de diamètre, et le tube avait 12 mètres
de longueur. Lord Rosse a établi
au château de Parsonstown
(Irlande), encastré dans des
constructions monumentales,
un télescope de 17 mètres de
hauteur, c'est-à-dire 17 mètres de distance focale entre
le miroir qui est au fond et
l'oculaire qui est en
haut. Le miroir me-
sure 1 m. 83 de dia-
mètre. Pour
observer, on
se place sur
la plate-forme
supérieure, et
l'on regarde,
à l'aide d'un
microscope
l'image for-
mée au fond

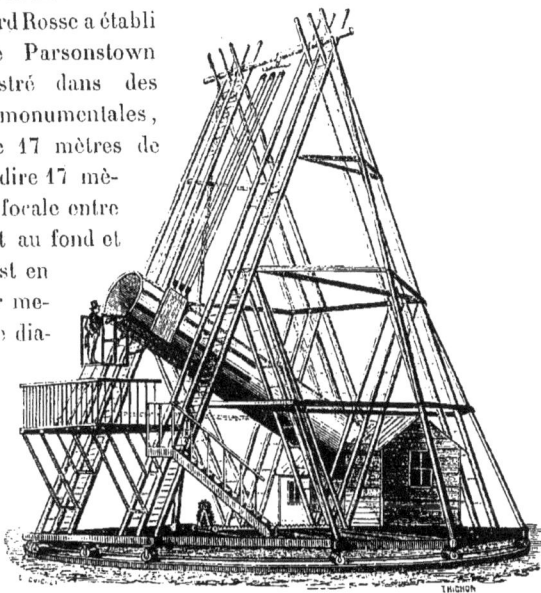

Fig. 14. — Ancien télescope d'Herschel.

de l'appareil, qui se réfléchit sur un petit miroir à angle droit ou
sur un prisme, et qui peut supporter des grossissements de 2 000 à
3 000 fois. Cette construction monumentale est représentée fig. 15.

Un autre grand et curieux télescope, également anglais, est
celui qui a été installé à l'observatoire de Melbourne, en Australie.
Le tube a été construit en partie à jour pour alléger le poids
de l'instrument, qui est encore de 8 240 kilogrammes. Il est si parfaitement équilibré que vingt secondes suffisent pour l'élever de

l'horizontale à la verticale. Le miroir mesure 4 pieds anglais (1 m. 22)
de diamètre et la distance focale est de 27 pieds, soit 8 m. 20.

Nous pouvons encore remarquer, parmi les plus grands télescopes, celui de l'observatoire de Paris, dont le diamètre est de 1 m. 20

Fig. 15. — Le grand télescope de lord Rosse.

et la longueur de 7 m. 30, et celui que Lassell avait installé à
l'île de Malte (1 m. 22 de diamètre et 11 m. 40 de longueur).

Les *télescopes* ne sont guère employés qu'en Angleterre. En
France, en Europe en général, de même qu'aux États-Unis, on
leur préfère les *lunettes*, dans lesquelles il y a moins de lumière
perdue que dans les réflexions sur deux miroirs. C'est ici le lieu
de remarquer la différence essentielle qui existe entre les téles-

copes et les lunettes. Dans les premiers, les rayons des astres
arrivent sur un grand miroir, qui est à l'extrémité inférieure
du tube, et de là sont réfléchis sur un petit miroir, ou un
prisme, qui renvoie l'image au foyer d'un microscope où l'on

Fig. 16. -- La plus grande lunette du monde (Exposition de Chicago, en 1894).

observe. Dans les lunettes, au contraire, les rayons de l'astre
observé arrivent sur une lentille placée à l'extrémité supérieure du tube et la traversent en se réfractant pour arriver
à l'oculaire placé à l'extrémité inférieure. La puissance des
télescopes comme des lunettes dépend généralement de leur dia-

3

mètre. A égalité de diamètre, les lunettes sont supérieures aux télescopes.

Les plus grandes et plus puissantes lunettes du monde sont actuellement celles de l'observatoire Yerkess, près de Chicago, de

Fig. 17. — Le grand équatorial de l'observatoire Lick, au mont Hamilton.

l'observatoire de Meudon, de l'observatoire de Nice, de l'observatoire Lick, près de San Francisco, et de l'observatoire de Poulkovo, près de Saint-Pétersbourg.

Un millionnaire américain, M. Yerkess, de Chicago, épris, à juste titre, des beautés de l'Astronomie, a voulu donner à l'université de Chicago la plus grande lunette qu'il soit possible de construire dans l'état actuel de l'optique. L'objectif, construit par MM. Feil et Mantois, de Paris, et taillé par M. Alvan Clark, mesure 1 m. 05 de diamètre et la longueur de la lunette est de 19 mètres. Le poids total de l'instrument monté en équatorial est de 75 tonnes.

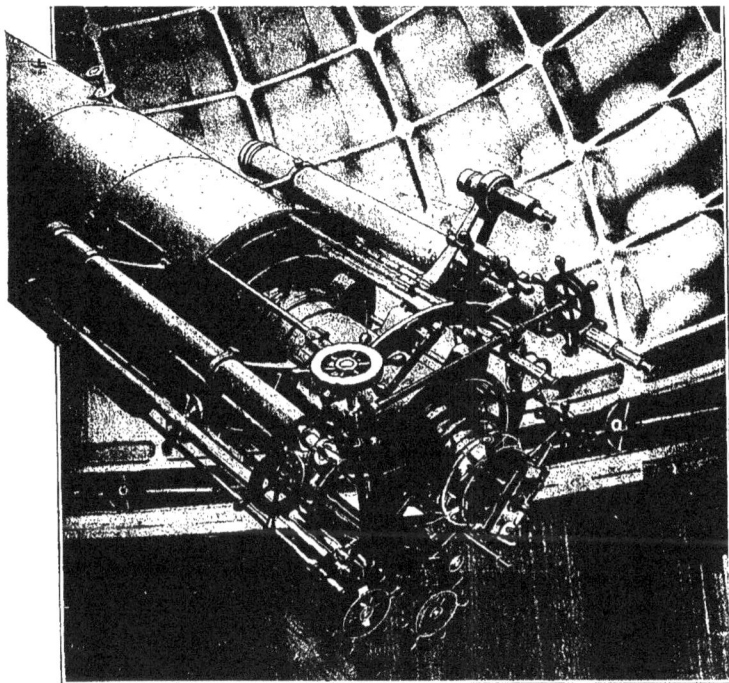

Fig. 18. — L'oculaire du grand équatorial de l'observatoire Lick d'après une photographie.

On termine actuellement (1897) sur les bords du lac de Geneva, non loin de Chicago, l'observatoire doté de ce magnifique instrument, dont la puissance optique est, paraît-il, tout à fait parfaite.

Les États-Unis possédaient déjà la plus puissante lunette avant

celle-ci. Un millionnaire américain, M. Lick, qui a fondé un observatoire sur le mont Hamilton, près de San Francisco, l'a doté, en
1888, d'un équatorial dont l'objectif mesure 0 m. 97 de diamètre
(0 m. 91 dans son cadre) et 15 mètres de distance focale. C'est à
l'aide de ce puissant instrument que M. Barnard a découvert, le
9 septembre 1892, le 5e satellite de Jupiter, et que M. Burnham a
découvert un grand nombre d'étoiles doubles.

Fig. 19. — L'observatoire Lick, au mont Hamilton.

La grande lunette de Nice mesure 0 m. 76 de diamètre et
18 mètres de longueur. Celle de Meudon mesure 0 m. 83 de diamètre et 16 mètres de distance focale.

Ces puissants instruments peuvent supporter des grossissements
de 2 000. C'est-à-dire, par exemple, que la lune, qui est à 384 000 kilomètres d'ici, est rapprochée à 192.

La nouvelle lunette de Chicago peut supporter des grossissements de 3 000, c'est-à-dire rapprocher la lune à 128 kilomètres.

Ce n'est pas ici le lieu d'entrer dans aucun détail sur la construction de ces grands instruments de l'optique moderne. Ce sont

des merveilles d'organisation. Qu'il nous suffise, pour donner une idée de certains organes, de mettre ici sous les yeux de nos lecteurs (fig. 18) une photographie de la partie inférieure de la grande lunette de l'observatoire Lick, dans laquelle se trouvent l'oculaire muni de son micromètre, les chercheurs, les pièces qui servent au pointage de l'astre observé, etc. Ces immenses instruments sont

Fig. 20. — L'observatoire de Paris.

en même temps de véritables bijoux, et l'on met des soins plus précis à leur construction que dans celle des ornements les plus précieux de la toilette ou de l'ameublement.

Cet observatoire Lick, situé à 1 420 mètres d'altitude au-dessus de l'océan Pacifique, peut être atteint de San Francisco par une route construite spécialement à son usage. On aura une idée de sa situation par la photographie ci-dessus.

Mais nous sommes en France, et nous sommes Français. Le développement de la science dans tous les pays du monde ne doit pas nous faire oublier notre observatoire national de Paris, cons-

truit sous Louis XIV, en 1666, par Perrault; nous nous faisons
un devoir et un plaisir d'en offrir ici une photographie faite tout
récemment, prise de la terrasse sud (fig. 20). C'est la véritable
façade. Celle qui regarde Paris et le Luxembourg, et qui est
tournée au nord, n'est pas la vraie façade, quoiqu'elle soit la plus
connue.

En dehors de l'observatoire de Paris, l'astronomie est cultivée en
France dans un certain nombre d'établissements où l'on travaille
sans cesse, en suivant divers programmes d'études plus ou moins
spéciales. J'ai fondé à Juvisy, en 1882, un observatoire où nous
étudions plus particulièrement les planètes de notre système et surtout notre voisin le monde de Mars, et où les étoiles doubles sont en
grand honneur. Loin des bruits du monde et des poussières de la
capitale, dont il est distant de 20 kilomètres, on jouit là d'une
tranquillité parfaite et d'une atmosphère très pure. Nous aurons
plusieurs fois à parler ici des observations faites en ce silencieux
sanctuaire d'Uranie. A l'observatoire de Meudon, M. Janssen a
surtout installé les recherches d'analyse spectrale et de photographie solaire. A Nice, M. Bischoffsheim a élevé un véritable
temple au culte d'Uranie. A Lyon, à Marseille, à Bordeaux, à
Toulouse, à Besançon, etc., le ciel est aussi constamment observé.
L'astronomie prend de plus en plus dans les études générales le
rang qui lui appartient.

Mais cette digression sur les instruments et les observatoires,
sans nous éloigner de notre sujet, nous fait oublier les nébuleuses
et les amas d'étoiles dont nous parlions.

Les nébuleuses ne sont pas uniformément répandues dans toutes
les régions du ciel. Sur la sphère étoilée, on observe de vastes
localités où nulle nébuleuse n'est visible, tandis qu'en d'autres
points elles paraissent véritablement entassées. La région du ciel
la plus riche se trouve dans le groupe suivant de constellations,
que l'on apprendra bientôt à reconnaître : la Grande Ourse, Cassiopée, la Chevelure de Bérénice, la Vierge. Dans la région zodiacale voisine de la Vierge, on peut voir passer en une heure plus de
trois cents nébuleuses, tandis que dans les régions opposées on
n'en rencontrerait pas une centaine. Les espaces qui précèdent ou

qui suivent les nébuleuses renferment généralement peu d'étoiles. Herschel trouvait cette règle constante. Aussi paraît-il que toutes les fois que, pendant un certain temps, aucune étoile n'était venue, par le mouvement du ciel, se ranger dans le champ de son téles- cope immobile, il avait l'habitude de dire au secrétaire qui l'assis- tait : « Préparez-vous à écrire, des nébuleuses vont arriver ».

De ce fait que les espaces les plus pauvres en étoiles sont voisins

Fig. 21. — L'observatoire de Juvisy.

des nébuleuses les plus riches, et de cet autre que les étoiles sont généralement plus condensées vers le centre des nébuleuses, résulte une confirmation de ce que nous disions plus haut du travail incessant, du grand nombre de siècles qu'il a fallu pour établir ces systèmes. Il n'y a rien d'étonnant à ce que ces réunions puissantes se soient formées, soit aux dépens de la matière cos- mique environnante, destinée à se condenser en étoiles, soit aux dépens des étoiles elles-mêmes, et à ce que les espaces qui les entourent ressemblent à de vastes déserts, à des régions ravagées.

A la vue des nébuleuses pâlissantes qui constellent l'étendue, l'âme se sent attirée comme au bord de ces abîmes dont la profondeur inconnue donne le vertige. A la grandeur du spectacle succède un sentiment de curiosité, d'attraction, pour ces beautés mystérieuses, et l'on comprend bientôt combien l'armée des étoiles surpasse les plus précieuses richesses de la terre.

« Étoiles! poésie du ciel! s'écriait lord Byron, si nous cherchons à lire dans vos pages étincelantes la destinée des hommes et des empires, nous sommes pardonnables, alors que dans notre désir de grandeur nous osons franchir notre sphère mortelle et aspirer à nous unir à vous; car vous êtes une beauté et un mystère, et vous nous inspirez de loin tant d'amour et de respect, que nous avons donné une étoile pour emblème à la fortune, à la gloire, à la puissance, à la vie. Le ciel et la terre se taisent. Ils ne dorment pas, mais leur haleine reste suspendue comme il arrive pour nous dans un moment d'émotion vive; ils sont silencieux comme nous quand notre pensée nous préoccupe trop profondément. Le ciel et la terre se taisent : du cortège lointain des étoiles jusqu'au lac assoupi et à la rive montagneuse, tout est concentré dans une vie intense, en laquelle il n'est pas un rayon, pas un souffle, pas une feuille qui n'ait sa part d'existence, et ne sente la présence de l'Être universel.

« Alors s'élève ce sentiment de l'infini que nous éprouvons dans la solitude, là où nous sommes *le moins seuls* ; c'est la vérité qui s'infuse dans notre être et le purifie du moi personnel ; c'est une vibration, âme et source de la musique, qui nous initie à l'éternelle harmonie, répand autour de nous un charme pareil à la ceinture fabuleuse de Cythérée, unissant toutes choses dans les liens de la beauté, et qui désarmerait jusqu'au spectre de la Mort.

« Ils eurent raison, les anciens Persans, de lui donner pour autels les hauts lieux et le sommet des monts sourcilleux, de ne point emprisonner dans des murailles le culte de l'esprit, qui n'est honoré qu'imparfaitement dans des sanctuaires élevés par la main des hommes. Osez donc comparer vos colonnes, vos temples grecs ou gothiques, destinés à abriter des idoles, avec l'air et la terre,

ces temples de la nature! Gardez-vous de circonscrire la prière
dans une étroite enceinte [1]. »

Nous avons vu que l'univers est formé de systèmes stellaires,
d'amas d'étoiles répandus dans l'immensité de l'espace, à toutes les
profondeurs imaginables et dans tous les sens possibles. Mais alors,
la Terre où nous sommes fait donc partie, elle aussi, de l'un de ces
immenses amas d'étoiles qui constituent les archipels de l'océan
céleste? et nous ne vivons donc pas, comme les apparences tendent
à le faire supposer, en dehors de cette création étoilée qui rayonne
sur nos têtes? En un mot, si tous les astres sont réunis en groupes,
la Terre appartient donc aussi à un groupe, à un système d'étoiles?
— Voyons!

1. *Childe Harold*, LXXXVIII-XCI.

VI

LA VOIE LACTÉE

O nuit majestueuse, arche immense et profonde
Où l'on entrevoit Dieu comme le fond sous l'onde,
Où tant d'astres en feux portant écrit son nom
Vont de ce nom splendide éclairer l'horizon.
Et jusqu'aux infinis où leur courbe est lancée,
Porter ses yeux, sa main, son ombre et sa pensée!
Et vous, vents palpitant la nuit sur ces hauts lieux,
Qui caressez la terre et parfumez les cieux!
Mystères de la nuit, que l'ange seul contemple,
Cette heure aussi pour moi lève un rideau du temple.

LAMARTINE, *Jocelyn*.

Oui, la Terre, comme tous les autres astres, fait partie d'une
agglomération d'étoiles. Elle n'est pas isolée dans les déserts de
l'infini, elle ne fait pas exception à la loi générale. La Terre,
comme les planètes qui l'avoisinent, appartient au Soleil. Ce soleil
les représente dans le recensement universel des astres, car ni
terre ni planètes ne comptent au nombre de ces splendeurs, et ce
soleil est l'une des étoiles composantes d'un immense amas.

Le Soleil n'est qu'une étoile : cette assertion peut étonner au
premier abord, à cause des illusions produites par les sens. Le
flambeau de notre lumière, le foyer de la chaleur, le gouverneur de
la vie terrestre nous apparaît sous le prestige légitime de son
unique puissance, et nous le saluons comme le prince des astres,
comme le premier d'entre les grands du ciel. Et pour nous, en effet,
il mérite souverainement ces titres, et tous ceux que notre juste
reconnaissance se plaît à lui attribuer. Mais si nous l'estimons
supérieur aux étoiles, si nous le trouvons plus important, plus
magnifique, plus nécessaire, c'est uniquement parce que nous

sommes auprès de lui, parce qu'en réalité nous sommes son loca-
taire, son sujet, et que, contrairement à ce qui se passe sur la
terre, nous reconnaissons avec bonheur la supériorité de nos maîtres dans l'ordre céleste. Lui appartenant, nous vivons à ses
dépens, en véritables parasites, et sans lui nous tomberions soudain dans les ténèbres de la mort. Le remercier et reconnaître sa
puissance n'est que trop juste. Cependant, pour juger les choses au
point de vue de l'absolu, il faut nous élever au-dessus de la dépen-
dance particulière qui peut s'opposer à la justesse de notre
jugement, comme celui qui, après avoir étudié l'intérieur d'un
édifice, voulant examiner le rang de cet édifice dans la ville, s'en
éloigne, et, se plaçant sur une hauteur, compare entre eux les
différents monuments de la cité. Il faut de même sortir de la domination solaire, et nous transporter en esprit dans un point reculé
de l'espace, d'où nous puissions reconnaître par comparaison le
rang occupé par notre soleil dans l'univers sidéral.

Or, en nous éloignant du Soleil, vers un point quelconque de
l'espace, nous verrons ce soleil diminuer de grandeur et perdre
l'importance capitale qui paraissait être son privilège. Quand nous
atteindrons les limites de son système, il ne nous offrira déjà
plus que l'aspect d'une grande étoile. En nous éloignant encore,
nous le verrons descendre au rang d'une simple étoile. Enfin, si,
nous dirigeant vers une étoile quelconque du ciel, nous continuons
d'assister à la décroissance de cet astre, qui s'enfonce derrière nous
dans les profondeurs de l'étendue, tandis qu'il deviendra petite
étoile, perdue bientôt dans la multitude des autres, celle vers
laquelle nous dirigeons notre vol perdra au contraire son aspect
modeste, grossira, resplendira, et, grandissant à mesure que nous
approcherons d'elle, deviendra un véritable soleil, non moins
important que le nôtre par sa puissance lumineuse et calorifique,
et par les dons qu'il dispense aux planètes de son domaine.

En passant au delà de ce nouveau soleil et en continuant notre
marche, nous assisterons à la transformation analogue d'autres
étoiles en soleils : toutes celles vers lesquelles nous passerons successivement nous apparaîtront sous cet aspect, nous montrant
ainsi qu'elles brillent de leur propre lumière et sont autant de

foyers planétaires. Enfin, lorsque nous aurons traversé ces plaines étoilées, nous atteindrons des plages où les soleils sont plus clair-semés, et bientôt un désert vide d'étoiles.

Aux milliards de milliards de kilomètres que nous venons de traverser, ajoutons encore une certaine quantité de milliards, et nous arriverons bientôt en un point favorable pour nous rendre compte du rang absolu de notre Soleil. Supposons donc que nous abordions enfin les premiers soleils constitutifs d'un amas, et qu'alors seulement, nous retournant du côté d'où nous venons, nous cherchions quelle place occupe notre soleil dans l'armée d'étoiles que nous avons laissée derrière nous. C'est de là seulement que nous pouvons bien juger les choses. Or voici ce qui nous apparaît :

Tous les astres qui peuplent nos nuits étoilées sont maintenant resserrés dans une étendue restreinte, et nous remarquons — maintenant que nous sommes sortis de leur ensemble — qu'ils forment une agglomération de petits points brillants, et qu'ils ressemblent à une île de lumière suspendue dans l'espace. Elle se dessine sous la forme que nos lecteurs n'ont pas manqué de remarquer à travers le ciel pendant les nuits limpides; car la *Voie lactée*, cette traînée blanchâtre qui traverse le ciel étoilé, dessine pour nous la forme de l'univers sidéral dont nous faisons partie. Contemplons, par exemple, le ciel de l'horizon de Paris pendant les nuits claires de l'hiver. Nous voyons, entre Orion et les Gémeaux, s'élever dans le ciel l'arche légère de la Voie lactée, véritable nuage d'étoiles.

Comme la Voie lactée entoure entièrement la Terre, nous savons par ce fait même que *nous sommes dedans*.

La Voie lactée, ce ruban irrégulier de nuages stellaires qui traverse le ciel, n'est pas autre chose, en effet, que la plus grande longueur d'une immense lentille (ou anneau) d'étoiles, dont notre soleil n'est qu'un atome. Si le ciel tout entier ne paraît pas nébuleux dans tous les sens, c'est précisément parce que l'amas auquel nous appartenons n'est pas sphérique, mais de forme lenticulaire, et que dans la largeur de la lentille il y a moins de profondeur et moins d'étoiles que dans le sens de la longueur.

Toutes les étoiles qui scintillent dans le ciel pendant la nuit profonde paraissent appartenir à une seule agglomération, dont la Voie lactée nous marque le sens longitudinal. Les étoiles ne sont pas isolées d'une manière absolue, au hasard, dans les déserts du vide; elles font partie d'un ensemble; le Soleil qui nous éclaire est l'une d'entre elles; elles sont réunies par millions dans un groupe gigantesque, analogue aux amas lointains dont nous parlions plus haut. Au lieu de ne voir qu'une lueur diffuse, qu'une clarté indistincte dans la Voie lactée, le télescope sépare les étoiles qui la composent et montre qu'elle est formée d'une multitude innombrable d'astres irrégulièrement rassemblés.

L'idée que nous devons nous faire de la Voie lactée est donc bien différente de celle que les apparences nous présentent et de celles dont les anciens se contentaient. Dès l'origine des âges, dès les premières observations d'une astronomie élémentaire, on avait remarqué cette traînée semi-lumineuse qui traverse le ciel, et la mythologie avait brodé sur elle les images dont elle ornait toutes choses. Un poète écossais du XVIᵉ siècle, George Buchanan, a retracé en quelques paroles cette histoire des singulières opinions émises sur la Voie lactée, en même temps qu'il s'est élevé à la cause véritable de cet aspect céleste.

« Pourrai-je te passer sous silence, dit-il en s'adressant à la Voie lactée, toi que les anciens poètes ont tant célébrée dans leurs chants ! toi qui partages le ciel par ta large ceinture et qui en es un des plus beaux ornements ! Tu brilles au sein de la nuit, et, sensible à tout l'univers, tu frappes les yeux des mortels ; tu répands ta douce lumière toutes les fois que l'air sans nuages nous laisse librement porter nos regards jusqu'à la voûte céleste. Cette blancheur éclatante qui te fait si aisément remarquer t'a fait donner le nom de Voie lactée, soit (si la Fable n'en a point imposé aux anciens poètes) parce que des gouttes de lait tombées des seins de Junon coulèrent obliquement à travers les astres et tracèrent sur l'azur des cieux cette bande si remarquable par sa blancheur; soit, selon d'autres, parce que c'est le chemin qui conduit à la demeure des dieux et aux palais du maître du tonnerre. Il en est qui croient que c'est le séjour qu'habitent les mânes des âmes heureuses; que là, exempts de tout travail, libres de tout souci, elles vivent

comme les dieux dans une éternelle félicité. D'autres veulent que
le pôle conserve encore les traces de l'incendie allumé par Phaéton,
lorsque le char de Phœbus, écarté de sa route par ce conducteur
novice, livra en proie aux flammes les demeures célestes, et
manqua d'embraser l'univers. Il y en a qui prétendent que lorsque
Dieu créa le monde et en assembla les différentes parties, lorsqu'il
réunit ses flancs immenses, les extrémités du ciel, en se liant
l'une à l'autre, laissèrent entre elles une espèce de suture et
comme une cicatrice toujours subsistante, qui marque le point de
réunion de toutes ces parties. Mais ceux qui se sont occupés de
rechercher les causes secrètes des phénomènes célestes, ont constaté que cette bande est produite par un amas de petites étoiles
contiguës, dont les clartés réunies forment cette blancheur lumineuse, semblable à celle que donne le crépuscule, ou à cette faible
lumière que conservent encore les astres lorsqu'ils pâlissent à
l'approche de Phœbus. »

Ces fantaisies de l'imagination, autorisées par les fables antiques, étaient bien loin de la réalité; et ici comme précédemment
la réalité est plus belle, plus grande, plus admirable que la fiction.
Depuis le jour où les premières lunettes astronomiques permirent
de distinguer les étoiles dont l'agglomération forme la blancheur
de cette zone, les astronomes portèrent leur attention sur sa construction et sur sa structure. William Herschel, à l'aide du puissant
télescope qu'il avait fabriqué de ses propres mains, résolut, vers la
fin du siècle dernier, de dénombrer les étoiles comprises dans cette
zone : il se mit à l'œuvre et divisa son travail parties par parties.
Sa longue persévérance fut couronnée d'un grand succès. Par une
comparaison très habile des parties où la condensation d'étoiles
atteint son maximum avec celle où elle est à son minimum, et par
l'examen de l'étendue occupée par ces anneaux immenses, le grand
observateur trouva que la Voie lactée ne renferme pas moins de
dix-huit millions d'étoiles !

Dix-huit millions d'étoiles dans la couche équatoriale de l'amas
auquel nous appartenons : ce n'est pas là le nombre total des
étoiles dont il se compose, puisqu'il ne s'agit pas ici des parties
latérales de cette masse gigantesque, et que toutes les étoiles du

ciel, situées de part et d'autre du plan de plus grande condensation, ne sont pas comprises dans cette énumération. Nous verrons un peu plus loin, au chapitre consacré à l'étude des étoiles, que le nombre total des membres de cette populeuse tribu est bien supérieur encore à dix-huit millions.

Quelle est l'étendue réelle occupée par cette formidable république de soleils? Le nombre des étoiles qui la composent, et les distances réciproques de ces étoiles entre elles, donnent pour cette étendue un nombre que l'esprit ne peut bien concevoir sans y être préparé, un nombre qu'il ne peut apprécier, s'il ne fait de grands efforts pour arriver à le saisir. Je ne veux pas donner ce nombre en kilomètres, parce qu'une suite immense de kilomètres dépasse les bornes de la vision de l'esprit même; il vaut mieux prendre la mesure dont on se sert habituellement pour les grandeurs astronomiques. Or donc, l'étendue de la Voie lactée, dans sa plus grande longueur, serait mesurée par un rayon de lumière qui, à raison de 300 000 kilomètres par chaque seconde, volerait en ligne droite et sans s'arrêter pendant quinze mille ans!

Ainsi, comme nous nous trouvons vers le centre de cette agglomération, lorsque ar le cha mp d'un puissant télescope nous observons les petites étoiles lointaines situées dans les profondeurs de la Voie lactée, notre rétine reçoit l'impression d'un rayon lumineux parti il y a sept ou huit mille ans d'un soleil analogue au nôtre et faisant partie du même groupe sidéral!

Si telle est l'étendue de l'univers étoilé dont nous sommes une infinitésimale partie constituante, les autres agglomérations semées dans l'espace sont-elles aussi opulentes et aussi vastes, ou bien notre contrée est-elle privilégiée et surpasse-t-elle les autres en richesses comme en étendue?

Il n'y a pas de raison pour s'arrêter à cette dernière idée, qu'un restant de vanité pourrait peut-être encore nous suggérer pour nous dédommager un peu de la médiocrité du rang naturel où nous sommes. La Voie lactée n'est pas unique; les amas d'étoiles sont autant de voies lactées, plus ou moins semblables à la nôtre. Quelques-uns peuvent être moins vastes; d'autres peuvent être beaucoup plus vastes encore, attendu que dans le domaine de l'infini l'espace ne compte plus. Le mieux pour nous est donc de prendre la moyenne, et de penser que les nébulosités pâlissantes et diffuses qui semblent trembler au loin dans les insondables immensités, sont des voies lactées peuplées d'autant de soleils que la nôtre. Mais alors, puisqu'elles nous paraissent si petites, il faut donc qu'elles soient bien éloignées de nous? Bien éloignées, en effet; car si nous cherchons à quelle distance il faudrait transporter notre Voie lactée pour qu'elle se réduisît à la limite d'une nébuleuse moyenne, nous trouvons qu'il faudrait l'éloigner à 334 fois sa longueur, distance telle, que notre agile messager, le rayon de lumière, emploierait plus de cinq millions d'années pour la franchir!...

Telle est la distance qui paraît séparer entre elles les gigantesques agglomérations de soleils dont l'univers sidéral est composé, et qui planent dans l'espace, suspendues dans toutes les profondeurs de l'immensité insondée!

En contemplant ces merveilleuses grandeurs, on comprend qu'elles aient été pour les poètes un sujet d'extase, et l'on redit avec émotion les belles pensées qu'elles ont inspirées.

« O toi, magnifique et inimaginable éther! ô vous, innombrables masses de lumière qui vous multipliez et vous multipliez sans cesse à nos yeux! qu'êtes-vous? Qu'est-ce que ce désert bleu et sans bornes des plaines éthérées où vous roulez comme les feuilles tombées sur les fleuves limpides d'Éden? Votre carrière vous est-elle tracée? ou parcourez-vous dans un joyeux désordre un univers aérien, infini par son étendue? Cette pensée afflige mon âme, enivrée d'amour pour l'Éternité. O Dieu ou Dieux, ou qui que vous soyez, que vous êtes beaux! que je trouve vos ouvrages parfaits!... Faites-moi mourir comme meurent les atomes (si toutefois ils meurent), ou révélez-vous à moi dans votre pouvoir et votre science. Mes pensées ne sont pas indignes de ce que je vois, quoique la poussière dont je suis formé le soit.... Esprit, accorde-moi d'expirer ou de voir ces merveilles de plus près [1]! »

----

1. Lord BYRON, *Caïn*.

NOTRE UNIVERS

I

LE MONDE SIDÉRAL

Un monde est assoupi sous la voûte des cieux :
Mais sous la voûte même où s'élèvent mes yeux,
Que de mondes nouveaux, que de soleils sans nombre
Trahis par leur splendeur étincellent dans l'ombre !
Les signes épuisés s'usent à les compter,
Et l'âme infatigable est lasse d'y monter !...
Là, l'antique Orion, des nuits perçant les voiles,
Dont Job a le premier nommé les sept étoiles ;
Le Navire fendant l'éther silencieux,
Le Bouvier dont le char se traîne dans les cieux,
La Lyre aux cordes d'or, le Cygne aux blanches ailes,
Le Coursier qui du ciel tire des étincelles,
La Balance inclinant son bassin incertain,
Les blonds Cheveux livrés au souffle du matin,
Le Bélier, le Taureau, l'Aigle, le Sagittaire,
Tout ce que les pasteurs contemplaient sur la terre,
Tout ce que les héros voulaient éterniser,
Tout ce que les amants ont pu diviniser,
N'a pu donner de noms à ces brillants systèmes.

LAMARTINE.

D'après ce qui précède, nous habitons au sein d'une vaste agglomération d'étoiles, dont la couche équatoriale, se projetant sur notre ciel, y décrit cette trace blanchâtre connue sous le nom de Voie lactée. Notre soleil est l'une des étoiles composantes de cette agglomération gigantesque, et toutes les étoiles qui scintillent durant nos nuits silencieuses font partie, comme lui, de cette même tribu. C'est là, à proprement parler, notre univers. Les autres amas peuvent être regardés par nous comme d'autres univers, étrangers à celui-ci, et dont nous n'avons contemplé l'ensemble que pour nous élever à une notion plus rapprochée de la grandeur

4

de la création, mais que nous laisserons désormais dans l'immensité inexplorée qu'ils habitent au fond des espaces. Descendant du grand au petit, procédant de l'ensemble à la partie, nous embrasserons maintenant de moins vastes proportions : nous nous arrêterons à notre univers sidéral, autrement dit à la description générale des îles qui constituent notre archipel céleste.

Nous ne parlerons pas encore ici de la nature des étoiles, ni de leurs distances, ni de leurs mouvements, ni de leur histoire particulière; avant de poursuivre la réalité, il sera bon pour nous de faire une digression sur les apparences. Nous sommes pourtant bien mal disposé contre les apparences, et nous leur préférons de beaucoup la réalité; mais il en est quelques-unes dont nous ne pouvons nous dispenser de parler, attendu qu'elles forment en quelque sorte la superficie des choses que nous devons approfondir, et qu'il faut passer par cette superficie avant d'arriver à la connaissance intime. Mais lorsque nous convenons bien entre nous que tel ou tel phénomène n'est qu'une apparence, il n'y a aucun inconvénient à nous occuper de lui : le principal est de s'entendre et de ne rien confondre.

Les étoiles paraissent disséminées comme au hasard dans les cieux. Par une belle nuit étoilée, quand notre regard s'élève vers ces hauteurs, il remarque une grande diversité dans l'éclat de ces lumières, en même temps qu'un désordre apparent dans leur disposition générale. Cette irrégularité et le nombre considérable des étoiles ont empêché de donner à chacune d'elles un nom particulier; et pour les reconnaître et en faciliter l'étude, on a partagé la sphère céleste en sections. L'astronomie des premiers peuples s'est bornée à quelques distinctions grossières : on a d'abord remarqué et nommé les planètes et les plus belles étoiles; mais quand on a voulu étudier avec plus de soin et qu'on a eu besoin de désigner les astres d'un éclat moindre, on n'a pu suivre une méthode dont on sentait l'imperfection. On s'est conduit comme le font les naturalistes, qui, pour dénommer les espèces des trois règnes, réunissent sous un nom commun un certain nombre d'individus, qu'ils distinguent ensuite entre eux par une qualification. Les astronomes ont réuni les étoiles en divers groupes, sur lesquels ils ont dessiné un animal ou un être fabuleux. On imposa à ces groupes ou *constellations* des noms tirés de la Fable, de l'histoire ou des règnes de la nature. Ces dénominations, consacrées par l'antiquité, ne sont pas absolument arbitraires, et, de même que l'imagination trouve parfois des figures dans les contours capricieux des nuages, de même nos aïeux ont cru reconnaître dans le ciel certaines ressemblances, auxquelles ils ont ajouté des allusions historiques et mythologiques suffisantes pour animer le ciel d'une sorte de vie fantastique [1].

La nécessité de se guider sur les mers obligea l'homme à choisir dans les cieux d'invariables points de repère sur lesquels il pût orienter sa course; et c'est là l'origine historique des constellations.

On forma des cartes représentatives du ciel, et, dès Hipparque, astronome grec, on put classer les étoiles, en les distinguant selon leur éclat, dans les positions occupées par chacune d'elles sur les figures dessinées.

Il était nécessaire de déterminer une méthode pour trouver facilement une étoile particulière au milieu d'un si grand nombre (quatre à cinq mille) que l'on distingue à l'œil nu. On ignore l'époque de la formation des constellations, mais on sait qu'elles ont été établies successivement. Le centaure Chiron, précepteur de Jason, a la réputation d'avoir le premier partagé le ciel sur la sphère des Argonautes; mais c'est une fable. Job vivait vers cette époque antique, et ce prophète parlait déjà d'Orion, des Pléiades, des Hyades, il y a trois mille trois cents ans. Homère parle également de ces constellations en décrivant le bouclier de Vulcain. « Sur la surface, dit-il, Vulcain, avec une divine intelligence, trace mille tableaux variés. Il y représente la terre, les cieux, la mer, le soleil infatigable, la lune dans son plein, et tous les astres dont se couronne le ciel; les Pléiades, les Hyades, le brillant Orion, l'Ourse, qu'on appelle aussi le Chariot, et qui tourne autour du pôle : c'est la seule constellation qui ne se plonge point dans les flots de l'Océan. » (*Iliade*, ch. XVIII.)

---

1. Nous avons exposé en détail ces origines si curieuses dans notre ouvrage spécial sur *les Étoiles*, supplément de l'*Astronomie populaire*.

C'est toujours la même division mythologique qui est en usage aujourd'hui. Depuis l'établissement du christianisme, il y eut plusieurs essais destinés à réformer ce système païen et à le remplacer par des dénominations chrétiennes, et l'on voit par exemple sur certaines cartes anciennes saint Pierre remplacer le Bélier, saint André le Taureau, etc. De ces tentatives, aucun nom n'est resté ; car le chariot de David, le sceau de Salomon, les trois Rois Mages, ou « le Bâton de Jacob », etc., datent de plus haut. Plus tard encore un Allemand proposa de donner aux douze signes du Zodiaque le blason des douze plus illustres maisons de la noblesse européenne. Ces essais particuliers restèrent stériles, et le règne de la mythologie s'est perpétué jusqu'à nos jours.

Comme on observe une grande diversité dans l'*éclat* des étoiles, pour en faciliter l'indication on a classé ces astres par ordre de *grandeur*. Ce mot de grandeur est impropre, attendu qu'il n'a aucun rapport avec les dimensions réelles des astres : il date d'une époque où l'on croyait que les étoiles les plus brillantes étaient les plus grosses, et c'est là l'origine de cette dénomination ; mais il importe de savoir que ce n'est point là son sens réel. Il correspond simplement à l'*éclat apparent* des étoiles. Ainsi, les étoiles de première grandeur sont celles qui brillent avec le plus de vivacité ; celles de seconde grandeur sont celles qui brillent moins, etc. Or cet éclat apparent tient à la fois à la grosseur réelle de l'étoile, à sa lumière intrinsèque et à sa distance ; il ne possède par conséquent qu'un sens essentiellement relatif.

Ainsi, lorsque nous parlerons de la grandeur des étoiles, il est convenu qu'il s'agira simplement de leur éclat apparent ; cet éclat facilite beaucoup les moyens de les reconnaître parmi les constellations. Il y a maintenant un autre fait qu'il n'importe pas moins de considérer comme relatif, et non comme absolu : c'est la disposition des étoiles, ou la forme des constellations. Nous savons déjà que le ciel n'est pas une sphère concave à laquelle des clous brillants seraient attachés, mais qu'il n'y a aucune espèce de voûte, que le vide immense, infini, enveloppe la terre de toutes parts, dans toutes les directions. Nous savons aussi que les étoiles, soleils de l'espace, sont disséminées à toutes les distances dans la vaste

immensité. Lors donc que nous remarquons dans le ciel deux
étoiles voisines, leur proximité apparente ne prouve en aucune
façon leur proximité réelle : elles peuvent être éloignées l'une de
l'autre, dans le sens de la profondeur, à une distance égale ou supérieure à celle qui nous sépare de la plus rapprochée. De même,
lorsqu'on réunit dans un même groupe quatre ou cinq étoiles, ou
davantage, cela n'implique pas que ces étoiles, formant une même
constellation, se trouvent sur un même plan et à une égale distance
de la terre. Nullement. Disséminées à toutes les profondeurs de
l'espace, tout autour de l'atome terrestre, l'arrangement qu'elles
présentent à nos yeux n'est qu'une apparence causée par la position de la terre vis-à-vis d'elles. C'est là une pure affaire de perspective. Quand nous nous trouvons pendant la nuit au milieu d'une
vaste place publique (soit, par exemple, sur la place de la Con-
corde, à Paris), dans laquelle un grand nombre de becs de gaz sont
dispersés, il nous est difficile de distinguer, à une certaine distance,
les lumières les plus éloignées de celles qui le sont moins : elles
paraissent toutes se projeter sur le fond plus obscur ; de plus, leur
disposition apparente, vue du point où nous sommes, dépend purement de ce point, et varie selon que nous marchons nous-mêmes
en long ou en large. Cette comparaison vulgaire peut nous servir
à comprendre comment les étoiles, lumières de l'espace obscur, ne
nous révèlent pas les distances qui peuvent les séparer en profondeur, et comment la disposition qu'elles affectent sous la voûte
apparente du ciel dépend uniquement du point où nous nous plaçons pour les considérer. En quittant la terre et en nous transportant en un lieu de l'espace suffisamment éloigné, nous serions
témoins, dans la disposition apparente des astres, d'une variation
d'autant plus grande que notre station d'observation serait plus
éloignée de celle où nous sommes. Mais il faudrait pour cela nous
en éloigner à des distances au moins égales à celles des étoiles
voisines. En effet, de la dernière planète de notre système, de Neptune, on voit les étoiles dans la même disposition qu'ici. Le changement ne s'opère qu'en se transportant d'une étoile à une autre.
Un instant de réflexion suffit pour se convaincre de ce fait et pour
nous dispenser d'insister davantage à son égard.

Une fois ces illusions. appréciées à leur juste valeur, on peut commencer sans crainte la description des figures dont la Fable antique a constellé la sphère. La connaissance des constellations est nécessaire pour l'observation du ciel, et pour les recherches que l'amour des sciences et la curiosité peuvent inspirer ; sans elle on se trouve dans un pays inconnu, dont la géographie ne serait pas faite, où il serait complètement impossible de se reconnaître. Faisons donc la géographie du ciel, l'uranographie. Les innombrables figures d'animaux, d'hommes, ou d'objets dont on a orné la sphère ne seront cependant pas dessinées ici, attendu qu'elles ne peuvent servir qu'à l'histoire, et non à l'astronomie pratique. Dans le temps, on gravait des atlas célestes où les figures étaient représentées avec un soin exquis, avec tant de soin même, qu'on avait fini par oublier les étoiles et que le ciel n'était plus qu'une ménagerie. Malgré l'intérêt des images, je ne veux pas suivre cet exemple. Je donnerai seulement plus loin, sur une carte spéciale, le tracé des constellations qui dominent dans notre hémisphère. A présent, voyons comment on s'oriente pour lire couramment dans le grand livre du ciel.

Il y a une constellation que tout le monde connaît ; pour plus de simplicité, nous commencerons par elle : elle voudra bien nous servir de point de départ pour aller vers les autres et de point de repère pour trouver ses compagnes. Cette constellation, c'est la *Grande Ourse*, que l'on a surnommée aussi le *Chariot de David*, que les Latins nommaient *Septemtriones*, ou les Sept bœufs de labourage (d'où est venu le nom de septentrion), ou encore *Helix*, *Plaustrum*, que les Grecs ont saluée sous le nom d'Ἄρκτος μεγάλη, ἑλίκη, etc., que les Arabes appellent *Aldebb al Akbar*, et que les Chinois ont honorée, il y a trois mille ans, dans le *Tcheou-pey*, comme la divinité du Nord. Ainsi elle peut se vanter d'être célèbre. Si pourtant, malgré son universelle notoriété, quelques-uns n'avaient pas encore eu l'occasion de lier connaissance avec elle, voici le signalement auquel on pourra toujours la reconnaître.

Tournez-vous vers le nord, c'est-à-dire à l'opposé du point où le soleil se trouve à midi. Quels que soient la saison de l'année, le jour du mois ou l'heure de la nuit, vous verrez toujours là, soit à

gauche, soit à droite, soit en haut, soit en bas, une grande constellation formée de sept belles étoiles, dont quatre en quadrilatère et
trois à l'angle d'un côté; le tout distribué comme on le voit sur
la figure suivante.

Vous l'avez tous déjà remarquée, n'est-ce pas? Elle ne se couche
jamais. Nuit et jour elle veille au-dessus de l'horizon du nord,
tournant lentement, en vingt-quatre heures, autour d'une étoile dont
nous allons parler tout à l'heure. Dans la figure de la Grande
Ourse, les
trois étoiles de
l'extrémité for-
ment la queue,
et les quatre en
quadrilatère se
trouvent dans
le corps. Dans
le Chariot, les

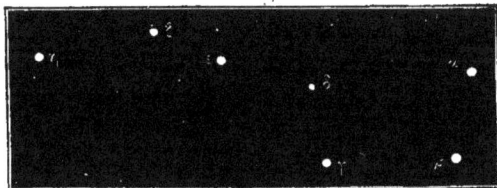

Fig. 22. — Les sept étoiles principales de la Grande Ourse.

quatre étoiles forment les roues, et les trois le timon. Au-dessus
de la seconde d'entre ces dernières, les bonnes vues distinguent une
toute petite étoile nommée Alcor, que l'on appelle aussi le Cava-
lier. Les Arabes l'appellent Saïdak, c'est-à-dire l'épreuve, parce
qu'ils s'en servent pour éprouver la portée de la vue. Des lettres grecques désignent chaque étoile; ce sont les premières de
l'alphabet : α et β marquent les deux premières étoiles, γ et δ les
deux autres, ε, ζ, η, les trois du timon[1]; on leur a également donné
des noms arabes, que je passerai sous silence, parce qu'ils sont
généralement inusités.

Cette brillante constellation septentrionale, composée (à l'exception de δ) d'étoiles de deuxième grandeur, a reçu depuis les temps
antiques le don de captiver l'attention des contemplateurs et de
personnifier les étoiles du nord. Plusieurs poètes l'ont chantée;
nous n'en rappellerons qu'un, dont les paroles sont dignes de la
majesté du ciel : c'est l'Américain Ware.

« Avec quels pas grandioses et majestueux, dit-il, cette glorieuse

1. α == alpha. β == bêta. γ == gamma. δ == delta. ε == epsilon. ζ == zêta. η
== êta.

Constellation du nord s'avance dans son cercle éternel, suivant parmi les étoiles sa voie royale dans une clarté lente et silencieuse! Création puissante, je te salue! J'aime te voir, errant dans les brillants sentiers, comme un géant superbe à la forte ceinture, — sévère, infatigable, résolu, dont les pieds ne s'arrêtent jamais devant le chemin qui les attend. Les autres tribus abandonnent leur course nocturne et reposent sous les vagues leurs orbes fatigués; mais toi, tu ne fermes jamais ton œil brûlant et ne suspends jamais ton pas déterminé. En avant, toujours en avant! Tandis que les systèmes changent, que les soleils se retirent, que les mondes s'endorment et se réveillent, tu poursuis ta marche sans fin. L'horizon prochain essaye de t'arrêter, mais en vain. Sentinelle vigilante, tu ne quittes jamais ta faction séculaire; mais, sans te laisser surprendre par le sommeil, tu gardes la lumière fixe de l'univers, empêchant le nord de jamais oublier sa place....

« Sept étoiles habitent dans cette brillante tribu; la vue les embrasse toutes ensemble; leurs distances respectives ne sont pas inférieures à leur éloignement de la terre. Et c'est encore là l'éloignement réciproque des foyers célestes. Des profondeurs du ciel, inexplorées par la pensée, les rayons perçants dardent à travers le vide, révélant aux sens les systèmes et les mondes sans nombre. Que notre vue s'arme du télescope et qu'elle explore les cieux! Les cieux s'ouvrent, une pluie de feux étincelants tombe sur nos têtes, les étoiles se resserrent, se condensent dans des régions si éloignées, que leurs rayons rapides (plus rapides que toute chose) ont voyagé pendant des siècles avant d'atteindre la terre. Terre, soleils et constellations plus voisines, qu'êtes-vous parmi cette immensité infinie? »

Ces pensées, inspirées par la vérité scientifique, sont bien supérieures à celles que l'antique mythologie avait répandues. Sans parler du nom d'*Ourse* donné à cette constellation et à la suivante, non seulement par les Grecs et les Latins, mais encore par d'autres peuples qui ne paraissent pas avoir eu de communication avec ceux-ci, comme les Iroquois qui la désignaient sous le même mot[1], nous

---

1. C'est un fait remarquable, et qui peut servir à l'histoire de l'astronomie antique en particulier comme à celle de l'origine des peuples en général, que cer-

dirons que, chez les Grecs, la Grande et la Petite Ourse étaient considérées comme Callisto et son chien. Jupiter avait eu de cette nymphe un fils, le Bouvier, dont nous parlerons plus tard; il les avait placés l'un et l'autre dans le ciel. Mais l'épouse officielle du roi des dieux, madame Junon (comme disait Virgile travesti), en avait été courroucée et avait obtenu de Téthys, la souveraine des ondes, que ces constellations perfides ne se baigneraient jamais dans l'Océan. — C'est ainsi qu'on expliquait leur présence perpétuelle au-dessus de l'horizon :

> Callisto, dont le char craint le flot de Téthys,
> Vers les glaces du nord brille auprès de son fils;
> Le Dragon les embrasse ainsi qu'un fleuve immense.

Selon d'autres poètes, les deux Ourses étaient des nymphes qui ont nourri Jupiter sur le mont Ida; selon d'autres encore, elles représentaient les bœufs d'Icare; mais ces fantaisies de la Fable ne nous intéressent pas plus qu'elles ne doivent le faire, et, maintenant que nous connaissons la Grande Ourse, il faut savoir en tirer le meilleur parti possible, afin qu'elle serve à nos voyages célestes et à nos recherches uranographiques.

Reportons-nous à la figure 22. Si l'on mène une ligne droite par les deux étoiles marquées α et β qui forment l'extrémité du carré, et qu'on la prolonge au delà de α d'une quantité égale à cinq fois la distance de β à α, ou, si l'on veut, d'une quantité égale à la distance de α à l'extrémité de la queue, η, on trouve

---

tains groupes d'étoiles aient été nommés du même nom par les peuples les plus divers. La constellation du nord a reçu le nom d'Ourse chez les peuples de la haute Asie, les Phéniciens, les Arabes, les Grecs, les Iroquois, quoique le carré et la queue dessinés par leur disposition ne rappellent guère cet animal. En Amérique, on donne le nom de « Mâchoire de Bœuf » aux Hyades placées sur la tête du Taureau. Chez les Arabes, la constellation d'Andromède est une femme enchaînée; chez les Perses, Cassiopée est sur une chaise et Hercule à genoux; les Indiens nomment « Petits de la Poule » les Pléiades, que nous nommons Poussinière; dans l'Inde et dans la Perse, Persée porte une tête; les brahmes ont sensiblement le même zodiaque que nous; la Voie lactée des Grecs est pour les Chinois le Fleuve Céleste, pour les Coptes et les Arabes le Chemin de Chaume, pour les sauvages de l'Amérique septentrionale le Chemin des Ames, et pour les habitants de nos provinces le Chemin de saint Jacques. A part les rares rapports qui, à la rigueur, pourraient expliquer ces désignations, ces coïncidences restent l'objet d'un grand mystère. Elles seraient en faveur de l'unité d'une souche humaine primitive.

une étoile un peu moins brillante que les précédentes, qui forme l'extrémité d'une figure pareille à la Grande Ourse, mais plus petite et dirigée en sens contraire. C'est la *Petite Ourse* ou le *Petit Chariot*, formée également de sept astres. L'étoile à laquelle notre ligne nous mène, celle qui est à l'extrémité de la queue de la Petite Ourse ou au bout du timon du Petit Chariot, c'est l'*étoile polaire*. La Petite Ourse ressemble à la Grande par la disposition des étoiles; seulement elles sont dans un autre sens.

L'étoile polaire jouit d'une certaine renommée, comme tous les personnages qui se distinguent du commun, parce que, seule parmi tous les astres qui scintillent dans nos nuits étoilées, elle reste immobile dans les cieux. A quelque moment de l'année, du jour ou de la nuit, que vous observiez le ciel au lieu permanent qu'elle occupe, vous la rencontrerez toujours. Toutes les étoiles, au contraire, tournent en vingt-quatre heures autour d'elle, prise pour centre de cette immense rotation. En quelque lieu qu'on habite,

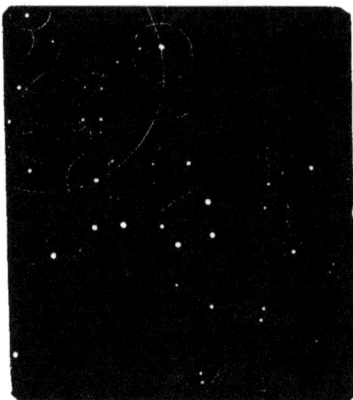

Fig. 23. — Les Ourses.

elle indique la hauteur du pôle. La Polaire demeure immobile sur un pôle du monde, d'où elle sert de point fixe aux navigateurs de l'Océan sans routes, comme aux voyageurs du désert inexploré.

Sur mille faits que je pourrais citer pour montrer combien l'étoile polaire et sa constellation, toujours visibles au nord, ont sauvé de fois la vie de voyageurs égarés dans les ténèbres, je me contenterai du suivant :

Le 4 avril 1799, le général anglais Baird, lors de la guerre contre Tippoo-Saïb, reçut l'ordre de marcher durant la nuit pour reconnaître une hauteur sur laquelle on supposait que l'ennemi avait placé un poste avancé; le capitaine Lambton l'accompagnait comme aide de camp. Après avoir traversé à plusieurs reprises cette hauteur sans y rencontrer personne, le général résolut de retourner au camp. Cependant, comme la nuit était claire et que la constellation de la Grande Ourse était près du méridien, le capitaine Lambton remarqua qu'au lieu de retourner au sud, comme il le fallait pour revenir au camp, la division s'avançait vers le nord, c'est-à-dire vers le gros de l'armée ennemie, et il avertit immédiatement le général de cette méprise. Mais cet officier, qui s'inquiétait fort peu de l'astronomie, répliqua qu'il savait très bien ce qu'il faisait sans consulter les étoiles. A l'instant même, le détachement tomba dans un avant-poste ennemi. Cette surprise ayant trop bien confirmé l'observation du capitaine, on se hâta d'abord de disperser les soldats de l'avant-poste, puis de rebrousser chemin. On se procura de la lumière, on consulta une boussole, et on trouva, comme le disait en riant l'officier astronome, que les étoiles avaient raison.

L'immobilité de l'étoile polaire au nord[1], et le mouvement du ciel entier autour d'elle, sont des apparences causées par le mouvement de la terre autour de son axe. Nous en donnerons plus tard la démonstration; mais, pendant que nous sommes à visiter le pays des étoiles, il ne faut pas quitter un aussi beau spectacle pour redescendre sur la terre. Continuons donc notre méthode d'arpentage et faisons plus ample connaissance avec la population du ciel étoilé.

1. L'étoile polaire n'est pas tout à fait au nord, et tourne en réalité autour de ce point mathématique. Mais pour cette description des constellations, nous devons la regarder comme marquant le nord.

LES CONSTELLATIONS DU NORD

Aux lieux où rayonnant des clartés éternelles
Les cieux sont toujours purs et les nuits toujours belles,
Où l'Euphrate, roulant au loin ses flots couverts
De l'ombrage fleuri des palmiers toujours verts,
Voit de feux plus puissants la nature animée
Prodiguer le cinname et la myrrhe embaumée.
Le pasteur de Babel en gardant ses troupeaux
Observa le premier les célestes flambeaux.
Et, la nuit, promenant ses tentes égarées,
Osa du firmament diviser les contrées.

CHÊNEDOLLÉ.

En regardant l'étoile polaire, immobile, comme nous l'avons vu, au milieu de la région septentrionale du ciel, on a le sud derrière soi, l'est à droite, l'ouest à gauche. Toutes les étoiles tournant autour de la Polaire doivent être reconnues d'après leurs positions respectives plutôt que rapportées aux points cardinaux.

De l'autre côté de la Polaire, par rapport à la Grande Ourse, se trouve une autre constellation facile à reconnaître. Si de l'étoile du milieu (δ) on mène une ligne au pôle, en prolongeant cette ligne d'une égale quantité (fig. 24), on traverse la figure de *Cassiopée*, formée de cinq étoiles principales, disposées un peu comme les jambages écartés de la lettre **M**. La petite étoile κ[1], qui termine le carré, lui donne aussi la forme d'une *chaise*. Ce groupe prend toutes les situations possibles en tournant autour du pôle, se trouvant tantôt au-dessus, tantôt au-dessous, tantôt à gauche, tantôt à droite; mais il est toujours facile à trouver, attendu que, comme

1. Suite de l'alphabet grec : θ = thêta, ι = iota, κ = cappa.

les précédents, il ne se couche jamais, et qu'il est toujours à l'opposé de la Grande Ourse. L'étoile polaire est l'essieu autour duquel tournent ces deux constellations.

Si nous tirons maintenant, des étoiles α et δ de la Grande Ourse, deux lignes se joignant au pôle, et que nous prolongions ces lignes au delà de Cassiopée, elles aboutiront au carré de *Pégase* (fig. 25), qui se termine d'un côté par un prolongement de trois étoiles

Fig. 24. — Grande Ourse, Petite Ourse, Étoile polaire, Cassiopée.

assez semblables à celles de la Grande Ourse. Ces trois étoiles appartiennent à *Andromède*, et aboutissent elles-mêmes à une constellation, à *Persée*.

La dernière étoile du carré de Pégase est, comme on le voit, la première, α, d'Andromède ; les trois autres se nomment : γ, Algenib ; α, Markab, et β, Scheat. Au nord de β d'Andromède se trouve, près d'une petite étoile, la nébuleuse oblongue

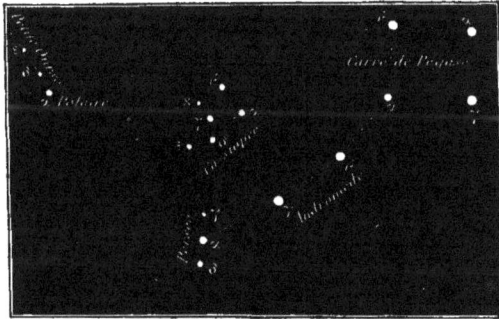

Fig. 25. — Cassiopée, Andromède, Pégase.

que l'on comparait à la lumière d'une chandelle vue à travers une feuille de corne, la première nébuleuse dont il soit fait mention dans les annales de l'astronomie. Dans Persée, α, la brillante, sur le prolongement des trois principales d'Andromède, se trouve entre deux autres moins éclatantes, qui forment avec elle un arc concave très

facile à distinguer. Cet arc va nous servir pour une nouvelle orien-
tation. En le prolongeant du côté de δ (fig. 26), on trouve une
étoile très brillante, de première grandeur : c'est la *Chèvre* ou
Capella. En formant un angle droit à cette prolongation du côté
du midi, on arrive aux *Pléiades*, brillant amas d'étoiles. A côté
est une étoile changeante, Algol ou la *Tête de Méduse*.

Cette étoile Algol, ou β de Persée, que l'on voit non loin de α,
appartient à une classe d'étoiles variables dont nous observerons
plus loin le singulier caractère. Au lieu de garder un éclat fixe,
comme les autres astres, elle est tantôt très brillante et tantôt très
pâle : elle passe de la seconde grandeur à la quatrième. C'est à la
fin du dix-septième siècle que l'on s'est aperçu
de cette variabilité pour la première fois. Les
observations faites depuis cette époque ont
montré qu'elle est périodique et régulière, et
que cette période est d'une étonnante rapidité.
Ainsi, pour s'élever de son minimum d'éclat à
son maximum, il ne lui faut qu'une heure trois
quarts, de sorte qu'en trois heures et demie
elle a accompli son cycle entier, et a passé par
tous les éclats intermédiaires de la quatrième
à la seconde grandeur et de la seconde à la
quatrième. Ensuite elle reste stationnaire. Ce curieux minimum,
produit par une éclipse, arrive aux intervalles réguliers de 2 jours
20 heures 49 minutes. L'étoile ζ de Persée est double. L'étoile γ
d'Andromède est l'une des plus belles étoiles doubles (elle est même
triple).

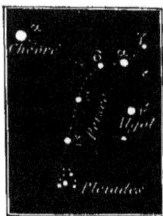

Fig. 26. — Chèvre,
Pléiades.

En prolongeant au delà du carré de Pégase la ligne courbe
d'Andromède, on atteint la Voie lactée et on rencontre dans
ces parages : le Cygne, pareil à une croix, la Lyre, où brille
Véga, l'Aigle (Altaïr avec deux satellites) et Hercule, constellation
vers laquelle le mouvement du Soleil dans l'espace nous emporte
tous.

Tels sont les principaux personnages qui habitent les régions
circompolaires, d'un côté; tout à l'heure nous ferons plus ample
connaissance avec eux. Pendant que nous sommes à tracer des

lignes de repère, gardons encore un peu de patience et terminons
notre revision sommaire de cette partie du ciel.

Voici maintenant le côté opposé à celui dont nous venons de
parler, toujours auprès du pôle. Revenons à la Grande Ourse. Prolongeant la queue dans sa courbe (fig. 27), nous trouverons à
quelque distance de là une étoile de première grandeur, *Arcturus*
ou α du *Bouvier*. Un petit cercle d'étoiles que l'on voit à gauche
du Bouvier constitue la *Couronne boréale*. Au mois de mai 1866,
on a vu briller là une petite étoile dont l'éclat n'a duré que quinze
jours.

La constellation du Bouvier est tracée en forme de pentagone.
Les étoiles qui
la composent
sont de troi-
sième gran-
deur, à l'excep-
tion de α, *Arc-
turus*, qui est
de première.
Celle-ci est

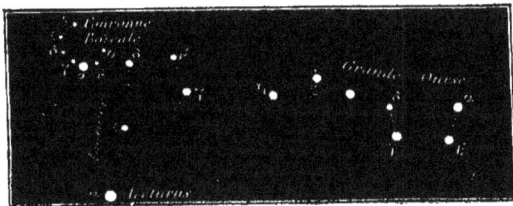

Fig. 27. — Arcturus, le Bouvier, la Couronne boréale.

l'une des plus proches de la Terre, car elle fait partie du petit
nombre de celles dont la distance a pu être mesurée. Elle est à
324 trillions de kilomètres d'ici. Elle brille d'une belle couleur
jaune d'or. L'étoile ε, que l'on voit au-dessus d'elle, est double,
c'est-à-dire que le télescope la décompose en deux astres distincts :
l'un de ces astres est jaune, l'autre bleu.

En menant une ligne de l'étoile polaire à Arcturus, et en élevant
une perpendiculaire sur le milieu de cette ligne, à l'opposé de la
Grande Ourse, on retrouve l'une des plus brillantes étoiles du ciel,
Véga, ou α de la Lyre, voisine de la Voie lactée. Elle forme avec
les deux que je viens de nommer un triangle équilatéral. La ligne
d'Arcturus à Véga coupe la constellation d'Hercule. Entre la Grande
Ourse et la Petite Ourse, on remarque une longue suite de petites
étoiles s'enroulant en anneaux et se dirigeant vers Véga : ce sont
les étoiles du Dragon.

Les étoiles qui avoisinent le pôle, et qui ont reçu pour cela le

nom de circompolaires, sont distribuées dans les groupes qui viennent d'être indiqués. J'engage fort mes jeunes lecteurs à profiter
de quelques belles soirées pour s'exercer à trouver eux-mêmes ces
constellations dans le ciel. Le meilleur moyen est de s'aider des
figures précédentes ainsi que des suivantes [1].

Maintenant que nous savons où elles se trouvent, nous pouvons
parler un peu de leur illustre renommée antique. Il y a dans ce
groupe l'un des plus grands drames de la mythologie hellénique.
Pour retracer en deux mots cet épisode fameux, je rappellerai que
Cassiopée, femme de Céphée, roi d'Éthiopie, eut un jour la vanité
de se croire plus belle que les Néréides, malgré la couleur africaine
de son teint. Ces nymphes sensibles, piquées au vif par une telle
prétention, supplièrent Neptune de les venger d'un affront aussi
cruel; le dieu permit que d'épouvantables ravages fussent exercés
par un monstre marin sur les côtes de Syrie. Pour conjurer le
fléau, Céphée enchaîna sa fille Andromède sur un rocher, et l'offrit
en sacrifice au terrible monstre. Mais le jeune Persée, touché de
tant de malheurs, enfourcha au plus vite le cheval Pégase, modèle
des coursiers, prit en main la tête de Méduse qui glaçait d'effroi,
et partit pour le rocher fatal. Il arriva naturellement tout juste au
moment où le monstre allait dévorer sa proie; aussi n'eut-il rien
de plus pressé que de pétrifier le monstre en question en lui présentant la tête hideuse de Méduse, et de délivrer Andromède éva-
nouie. C'est un effet de scène dont la peinture a tiré parti dans tous
les sens; il y a peut-être autant d'Andromèdes que de Lédas, ce
qui devient incalculable. Il faut avouer aussi que les peintres n'ont
pas souvent de sujets aussi dramatiques et aussi touchants. Le
combat de Persée contre le monstre est sans égal dans l'histoire :

> Le héros fond sur lui sans se laisser atteindre,
> S'élève, redescend, frappe encor, mais en vain.
> L'écaille impénétrable a repoussé l'airain.
> Le monstre est en fureur; Andromède éperdue
> De cet affreux combat veut détourner la vue,

---

1. Pour plus de détails, consulter notre ouvrage *les Étoiles et les Curiosités du
Ciel*, Supplément et Atlas de l'*Astronomie populaire*, où l'on trouvera la description complète du ciel, étoile par étoile.

Pousse un cri lamentable et, levant ses beaux yeux,
Retrouve son vengeur qui plane dans les cieux.
La fille de Céphée, en sa douleur mortelle,
Pleure, frémit, et ce n'est plus pour elle.
Mais enfin le héros vers le monstre abhorré
Précipite son vol, et d'un bras assuré
Dans sa gueule béante enfonce cette épée
Du sang de la Gorgone encor toute trempée.
C'en est fait; à ses pieds revoyant son vengeur,
Andromède a senti redoubler sa rougeur;
Les dieux sont satisfaits; et, près de lui placée,
Jusqu'au brillant Olympe elle a suivi Persée.
Par quels plus beaux exploits monte-t-on dans les cieux?

DARU.

En commémoration de ces exploits, et pour ne pas faire de privilège, toute la famille fut installée au ciel, et aujourd'hui encore. avec un peu de bonne volonté, et en connaissant assez bien les figures conventionnelles qui se partagent notre atlas céleste, on peut voir sous le dôme étoilé : Céphée trônant, couronne sur la tête et sceptre en main, à côté de sa femme Cassiopée assise sur un fauteuil orné de palmes; un peu plus loin, Andromède enchaînée sur un roc au milieu de l'abîme; un gros poisson la mord aux flancs; Pégase volant dans les airs, un peu en avant; et enfin le héros de la pièce, Persée, tenant de la main droite un glaive recourbé, et de la main gauche la tête aux serpents hideux. — Voilà ce que l'œil mythologique peut encore contempler au milieu de la nuit pendant la belle saison d'été.

Le *Bouvier* se voit au-dessus de la Vierge sur la carte zodiacale. Il se nommait Arcas, était fils de Jupiter et de Callisto. Il était encore Atlas qui porte le monde, parce qu'autrefois sa tête était voisine du pôle. Comme les Pléiades se lèvent quand le Bouvier se couche, on avait dit aussi qu'elles étaient ses filles. Dans son voisinage brille, comme une poudre d'or, la *Chevelure de Bérénice*. On se rappelle que, 246 ans avant Jésus-Christ, la reine Bérénice, qui avait fait vœu de se couper la chevelure si Ptolémée Évergète, son époux, revenait vainqueur, la consacra aux dieux dans le temple de Vénus, après la victoire du prince. Son mari fut très mécontent de cette malencontreuse idée, et l'on pense qu'il n'aurait

pas su calmer ses emportements (d'autant plus que les cheveux de
la reine furent volés dans la nuit suivante), si l'astronome Conon
ne lui avait assuré que sa regrettée chevelure avait été emportée
dans le ciel par ordre de Vénus et brillait actuellement à l'état de
constellation.

> Le mortel qui, des cieux écartant tous les voiles,
> Calcula le lever, le coucher des étoiles,
> Conon, me fit voler, par la faveur des dieux,
> Du front de Bérénice à la voûte des cieux.
> Humide encor des pleurs de ma reine fidèle,
> Je montai, nouveau signe, à la voûte éternelle.
> Admise entre la Vierge et le cruel Lion,
> Je guide à l'occident, en sa route incertaine,
> Le Bouvier qui vers l'aube à pas pesants se traîne.
>
>   CATULLE.

Les Chiens de chasse, ou Lévriers, ne se distinguent par
aucune étoile remarquable, mais ils possèdent la plus belle nébuleuse du ciel, celle que nous avons décrite et figurée plus
haut; elle est située dans l'oreille gauche d'Astérion, chien de
chasse septentrional. Comme cette oreille gauche touche la
queue de la Grande Ourse, pour trouver la nébuleuse il est plus
facile de la chercher sous la dernière étoile de la queue. Pour
discerner sa forme, il faut une excellente lunette. C'est cette nébuleuse qui paraissait ressembler à la Voie lactée vue de loin,
et qu'on a longtemps considérée comme un amas globulaire
entouré d'un anneau, jusqu'au jour où le grand télescope de lord
Rosse vint montrer en elle la plus magnifique des nébuleuses en
spirale.

Toutes ces constellations tournent autour de l'étoile du nord,
ou plutôt autour de l'axe du monde, dont l'inclinaison sur l'horizon
d'un lieu donné est invariable.

Il résulte de cette invariabilité que ce sont toujours les mêmes
étoiles qui s'élèvent au-dessus de l'horizon d'un même lieu, quelle
que soit l'époque de l'année. Seulement, parmi celles qui se lèvent
et se couchent, les unes sont au-dessus de l'horizon pendant la
nuit, et alors elles sont visibles, tandis que les autres se lèvent et

se couchent pendant la journée et l'éclat du jour ne permet pas de les apercevoir.

Les étoiles circompolaires, au contraire, ne s'abaissant jamais au-dessous de l'horizon, restent en vue pendant toutes les nuits de l'année.

Enfin d'autres étoiles, décrivant leurs circonférences diurnes au-dessous de l'horizon, ne sont jamais visibles dans le lieu considéré.

On voit donc que la sphère céleste peut se diviser en trois zones (fig. 28) : 1° la zone des étoiles circompolaires et des étoiles perpétuellement visibles ; 2° celle des étoiles qui se lèvent et qui se couchent, et dont la visibilité pendant la nuit dépend de l'époque de l'année où l'on se trouve ; 3° enfin la zone des étoiles qui ne s'élèvent jamais au-dessus de l'horizon. Ces trois zones sont séparées les unes des autres par deux cercles tangents

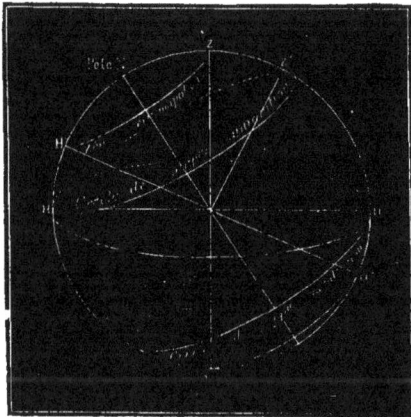

Fig. 28. — La sphère céleste et le mouvement diurne.

à l'horizon ; l'un, au nord, se nomme le cercle de *perpétuelle apparition* ; l'autre, au midi, est le cercle de *perpétuelle occultation*.

Le ciel entier tournant en vingt-quatre heures autour de l'axe du monde, toutes les étoiles passent une fois par jour au méridien.

Cela posé, voyons ce qui doit arriver lorsque l'observateur change d'horizon en se déplaçant dans la direction de la méridienne, soit du nord au midi, soit du midi au nord.

Si la Terre était plate, rien évidemment ne serait changé dans l'aspect du ciel, le déplacement de l'observateur étant nul relativement à l'immense distance où sont les astres même les plus rapprochés de la Terre : les mêmes étoiles seraient en vue, et les mêmes étoiles resteraient cachées au-dessous du plan de l'horizon.

La Terre étant sphérique, il n'en peut plus être de même. Dans ce cas, en passant d'un horizon à l'autre, en s'avançant vers le sud, par exemple, le voyageur plonge sous le plan de l'horizon, et sa vue découvre du côté du midi des étoiles de la zone primitivement invisible. En arrivant à l'équateur, il n'a plus de cercle de perpétuelle apparition ni de perpétuelle occultation : les pôles sont à son horizon au nord et au sud et les étoiles décrivent des cercles droits.

Nous étudierons ce sujet en détail dans notre chapitre sur la sphéricité de la Terre. Quant à présent, continuons notre revision du ciel étoilé.

III

LE ZODIAQUE

Le Ciel devint un livre où la Terre étonnée
Lut en lettres de feu l'histoire de l'année.

ROSSET.

On sait que, dans sa marche apparente au-dessus de nos têtes,
le Soleil suit une voie régulière et permanente, que chaque année,
aux mêmes époques, il passe à la même hauteur dans le ciel, et
que, s'il est moins élevé au mois de décembre qu'au mois de juin,
la route qu'il suit n'en est pas moins régulière pour cela, puisque
cette variation dépend simplement des saisons terrestres, et qu'aux
mêmes époques il revient toujours aux mêmes points du ciel. On
sait aussi que les étoiles restent perpétuellement autour de la
Terre, et que, si elles disparaissent le matin pour se rallumer le
soir, c'est uniquement parce qu'elles sont effacées par la lumière
du jour. Or on a donné le nom de Zodiaque à la zone d'étoiles que
le Soleil traverse pendant le cours entier de l'année. Ce mot vient
de ζώδιον, animal, étymologie que l'on doit au genre de figures tra-
cées sur cette bande d'étoiles. Ce sont, en effet, les animaux qui
dominent dans ces figures. On a divisé la circonférence entière du
ciel en douze parties, que l'on a nommées les douze signes du
Zodiaque, et nos pères les appelaient « les maisons du Soleil »,
ou encore « les résidences mensuelles d'Apollon », parce que le
Soleil en visite une chaque mois et revient à chaque printemps
à l'origine de la cité zodiacale. Deux mémorables vers latins

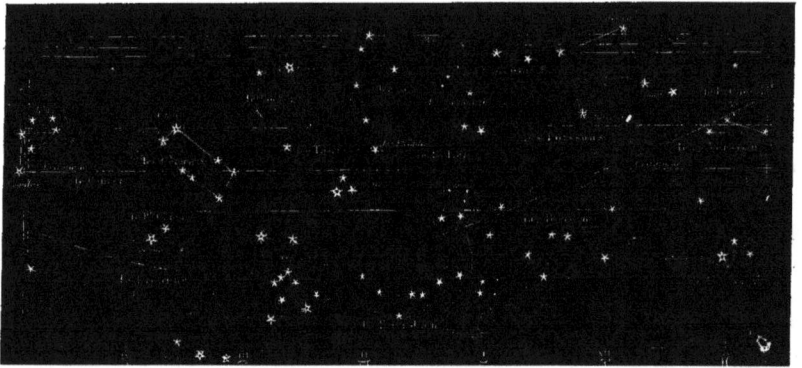

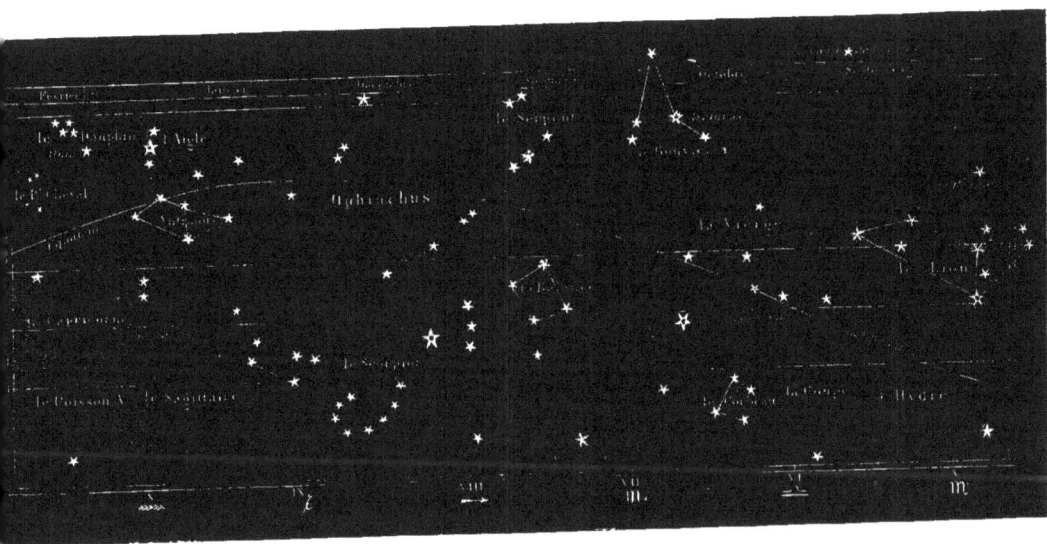

Fig. 29 *bis*. — SUITE DES CONSTELLATIONS DU ZODIAQUE.

LE LION, LA VIERGE, LA BALANCE, LE SCORPION, LE SAGITTAIRE, LE CAPRICORNE.

Ces constellations planent au-dessus de nos têtes, le soir, en mai, juin, juillet, août, septembre, octobre.

nous présentent les douze signes dans l'ordre où le Soleil les parcourt.

Sunt : Aries, Taurus, Gemini, Cancer, Leo, Virgo,
Libraque, Scorpius, Arcitenens. Caper, Amphora, Pisces.

Ou bien en français : le Bélier ♈, le Taureau ♉, les Gémeaux ♊, l'Écrevisse ♋, le Lion ♌, la Vierge ♍, la Balance ♎, le Scorpion ♏, le Sagittaire ♐, le Capricorne ♑, le Verseau ♒ et les Poissons ♓. Les signes placés à côté de ces noms sont les indications primitives qui les rappellent : ♈ représente les cornes du Bélier; ♉ la tête du taureau; ♒ est un courant d'eau, etc.

Si nous connaissons maintenant notre ciel boréal, si ses étoiles les plus importantes sont suffisamment marquées dans notre esprit avec les rapports réciproques qu'elles gardent entre elles, nous n'avons plus de confusion à craindre, et il nous sera facile de reconnaître les constellations zodiacales. Avant tout, il faut savoir qu'elles appartiennent toutes à une même zone, à une même bande du ciel, qui peut nous servir de ligne de partage entre le nord et le sud. Un moyen facile de trouver cette zone par une belle nuit étoilée, et d'éviter des recherches inutiles, c'est de prendre l'étoile polaire pour centre d'un grand cercle et de décrire ce cercle avec un rayon égal à la moitié du ciel. La ligne ainsi décrite dépassera le zénith au sud, et descendra sous l'horizon au nord: elle marquera l'équateur céleste. Or l'écliptique, ou la ligne médiane du Zodiaque, est un peu inclinée sur l'équateur, mais les constellations sont assez vastes et ne s'en écartent jamais d'une grande quantité, de sorte que notre circonférence nous conduira ainsi facilement à la zone vers laquelle nous devons les chercher.

Ces indications sommaires une fois données, les premiers signes seront très faciles à trouver. Pour faire avec eux une connaissance complète et durable, il est nécessaire de suivre sur la double carte zodiacale ci-dessus (fig. 29) les descriptions que je vais donner, et ensuite de s'exercer le soir à reconnaître directement dans le ciel les originaux dont ces cartes ne sont que des copies. Ces mêmes cartes nous serviront encore, dans le chapitre suivant, à étudier les constellations australes visibles en France.

Le *Bélier* est situé entre Andromède et les Pléiades, que nous connaissons déjà. En tirant la ligne d'Andromède à ce groupe d'étoiles, on traverse la tête du Bélier, formée par deux étoiles de troisième grandeur. Le Bélier est le premier signe du Zodiaque, parce qu'à l'époque où cette partie principale de la sphère céleste fut établie, le Soleil entrait dans ce signe à l'équinoxe du printemps et l'équateur y croisait l'écliptique. Dans la Fable, il représente le

Fig. 30. — Signes du zodiaque.

Bélier à toison d'or de l'expédition des Argonautes, parce qu'au moment où le Soleil se lève dans ce signe, gardé par un monstre (la Baleine) et par un taureau qui vomit des flammes, la constellation d'Ophiuchus, ou Jason, sort le soir du même point, et subjugue ainsi le Bélier disparu. Le Bélier était encore le symbole du printemps et de l'ouverture de l'année.

Le *Taureau* vient ensuite. — Nous marchons de l'ouest à l'est. Vous le reconnaîtrez facilement par le groupe des Pléiades qui scintillent sur son épaule, par celui des Hyades qui tremblent sur son front,

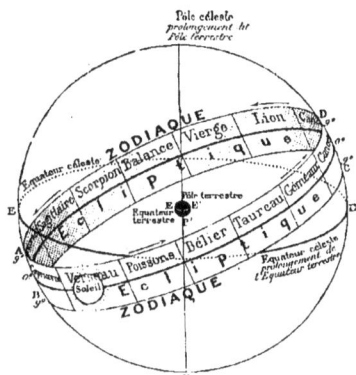

Fig. 31. — Marche du soleil dans les signes du zodiaque.

et par l'étoile magnifique qui marque son œil droit, l'étoile Aldébaran, α, de première grandeur. Il est du reste situé tout au-dessus de la splendide constellation d'Orion, que nous rencontrerons et que nous saluerons bientôt; Aldébaran resplendit sur le prolongement nord de la ligne du Baudrier. (Suivre sur notre carte.)

Les Pléiades, qui paraissent trembler au nord-ouest d'Aldébaran, sont formées par un amas d'étoiles dans lequel on en compte six assez facilement à l'œil nu, mais où le télescope en montre plusieurs centaines. Je reproduis ici une photographie de ce groupe curieux, prise à l'observatoire de Juvisy.

Les anciens comptaient dans les Pléiades sept étoiles plus brillantes que le fond parsemé de poudre d'or. On n'en compte plus que six aujourd'hui, visibles à l'œil nu, que l'on nomme Alcyone, de 3ᵉ grandeur; Électre et Atlas, de 4ᵉ; Mérope, Maïa et Taygète, de 5ᵉ. Si l'on en croit Ovide, la septième se serait cachée de douleur à la prise de Troie. Mais l'auteur des *Métamorphoses* ne se doutait guère de la distance des étoiles et de la durée du trajet de leurs rayons pour venir à nous.

Fig. 32. — Les Pléiades.

Quand même l'une des Pléiades se serait cachée à la prise de Troie, Ovide l'aurait encore vue de son temps à l'endroit qu'elle occupait jadis, et peut-être qu'aujourd'hui même nous l'y verrions encore. Les Hyades forment un V avec Aldébaran, qui en occupe l'extrémité sud. Comme les Pléiades, elles annonçaient la pluie. C'est ce qui a inspiré à J.-B. Rousseau ces vers, qui sentent la pluie de fort loin :

> Déjà le départ des Pléiades
> A fait retirer les nochers,
> Et déjà les tristes Hyades
> Forcent les frileuses Dryades
> A chercher l'abri des rochers.

Les *Gémeaux* sont faciles à reconnaître à l'est des précédents,

parce que leurs têtes sont formées des deux belles étoiles Castor et
Pollux. Nous les atteindrions également par une diagonale traversant la Grande Ourse dans le sens du timon. D'un autre côté,
Castor forme un beau triangle avec la Chèvre et Aldébaran. Ainsi
rien n'est plus facile à trouver. Descendant vers le Taureau, huit
ou dix étoiles terminent la constellation, et plus bas on rencontre
Procyon, étoile de première grandeur. Cette région, marquée par
Orion, Sirius, les Gémeaux, la Chèvre, Aldébaran, les Pléiades,
est la plus magnifique région de la sphère céleste. C'est vers la fin
de l'automne et dans les belles nuits d'hiver qu'elle resplendit le
soir sur notre hémisphère. Les Gémeaux sont, dans la Fable,
Castor et Pollux, fils de Jupiter, célèbres par leur amitié indisso-
luble, dont ils furent récompensés par le partage de l'immortalité.
Les tergiversations de la fortune ont été comparées par le poète à
la destinée de ces deux frères :

> Jupiter fit l'homme semblable
> A ces deux Jumeaux que la Fable
> Plaça jadis au rang des dieux ;
> Couple de déités bizarre,
> Tantôt habitants du Ténare,
> Et tantôt citoyens des cieux.

Les Grecs donnaient aussi le nom de Castor et Pollux à ces
feux qui paraissent autour des vaisseaux après les tempêtes, phénomènes d'électricité désignés aujourd'hui sous le nom de feux
Saint-Elme.

L'*Écrevisse* ou le Cancer se distingue au bas de la ligne de Castor
et Pollux, dans cinq étoiles de 4e ou 5e grandeur. C'est le personnage le moins important du Zodiaque.

> La timide Écrevisse à la serre traînante
> Annonce le retour de la saison brûlante :
> Son aspect, qui pour nous borne les plus longs jours,
> Fait du char du soleil rétrograder le cours.

Pendant qu'Hercule combattait le lion de Némée, que voici,
l'Écrevisse, de Junon secondant la vengeance, pinçait à plaisir le

talon du héros. Hercule l'écrasa de son pied, mais la reine du ciel ne lui donna pas moins sa récompense en plaçant ses mânes dans le ciel.

Le *Lion* est un grand trapèze de quatre belles étoiles, situées à l'est des Gémeaux. On peut également le trouver en prolongeant en sens opposé la ligne de α, β, de la Grande Ourse, qui nous a servi à trouver la Polaire. La plus brillante de ces étoiles, α, se nomme Régulus : c'est le cœur du Lion. Le Soleil entrait dans le Lion au solstice d'été, et le faisait disparaître en le couvrant de ses feux ; c'est la victoire d'Hercule sur le Lion de Némée. Il fut aussi pour la même cause le symbole de la force et de la puissance. Étant la demeure du Soleil pendant le mois de juillet, il était encore le signe des chaleurs brûlantes et des fléaux qu'elles amènent quelquefois. Aux yeux des astrologues du moyen âge, c'était là son aspect terrible.

La *Vierge* vient après le Lion, toujours du côté de l'est, comme on le voit sur la carte. Si nous nous servions encore de la très complaisante constellation qui nous a si bien servi jusqu'ici, nous prolongerions vers le midi la grande diagonale α, γ du carré de la Grande Ourse, et nous ferions la rencontre d'une belle étoile de 1ʳᵉ grandeur, placée justement dans la main gauche de notre figure : c'est l'*Épi* de la Vierge, astre connu de toute l'antiquité. Maintenant que nous connaissons Arcturus, ou α du Bouvier (p. 63) et α du Lion, nous pouvons encore remarquer que ces deux étoiles et l'Épi font ensemble un triangle équilatéral. L'étoile β, située dans le bras droit de la Vierge, se nomme la Vendangeuse. Elle forme un triangle avec β du Lion et la Chevelure de Bérénice.

Emblème de la justice et des lois, la Vierge représente Thémis, dont la Balance est à ses pieds. Pourquoi porte-t-elle des ailes ? Peut-être parce que la Justice, autrefois sur la terre, l'a abandonnée pour le ciel. Elle est encore Astrée, fille de Jupiter et de Thémis, que les crimes des hommes forcèrent de remonter au ciel à la fin de l'âge d'or. Elle eut, du reste, le privilège de représenter bon nombre de personnifications ; la liste en serait trop longue, et voici seulement les premières : Cérès, symbole des moissons ; Diane d'Éphèse ; Isis d'Égypte, déesse de Syrie ; Atergatis ou la Fortune ;

Cybèle traînée par des lions; Minerve, mère de Bacchus; Méduse; Erigone, fille du Bouvier; enfin, au temps de Virgile, elle fut la Sibylle qui, un rameau à la main, descendait aux enfers ou sous l'hémisphère. Au milieu d'un si grand choix, elle paraît avoir préféré le titre de fille de la Justice, exilée aux régions célestes par les crimes des hommes.

La *Balance* est le septième signe du Zodiaque. A l'est de l'Épi de la Vierge, on voit deux étoiles de 2ᵉ grandeur : ce sont α et β de la Balance, marquant les deux plateaux. Avec deux autres étoiles moins brillantes, elles forment un carré oblique sur l'écliptique. Il y a deux mille ans, le Soleil passait là à l'équinoxe d'automne, et l'on y a vu l'origine de ce signe qui « égale au jour la nuit, le travail au sommeil ». J.-B. Rousseau exprime la même idée dans une de ses odes :

> Le soleil, dont la violence
> Nous a fait languir si longtemps,
> Arme de feux moins éclatants
> Les rayons que son char nous lance,
> Et, plus paisible dans son cours,
> Laisse la céleste Balance
> Arbitre des nuits et des jours.

Le *Scorpion*, dont le cœur est marqué par l'étoile rouge Antarès, astre de 1ʳᵉ grandeur, est facile à reconnaître. Son dard recourbé fait distinguer sa forme. Antarès, α du Scorpion, se trouve sur le prolongement de la ligne qui joindrait Régulus (α du Lion) à l'Épi ; ce sont trois étoiles brillantes placées en ligne droite dans la direction ouest-est. Antarès forme encore avec la Lyre et Arcturus un grand triangle isocèle dont cette dernière étoile est le sommet. La seconde étoile du Scorpion, β, de 2ᵉ grandeur, marque la tête. Une file d'étoiles de 3ᵉ grandeur dessine la queue recourbée.

La Balance et le Scorpion ne formaient qu'un même signe chez les Latins, avant Auguste; la Balance était alors les serres du Scorpion. Comme Auguste était né le 23 septembre, la flatterie se ligua avec l'astrologie pour célébrer le bonheur promis à la Terre par la naissance de cet empereur; on replaça au ciel la Balance, symbole de la Justice, que les Égyptiens avaient jadis institué dans la sphère primitive. C'est ainsi du moins que j'interprète les vers de l'*Énéide*.

Signe de malheur et d'effroi, le Scorpion fut maudit entre toutes les constellations. On disait surtout qu'il avait une haine invincible contre Orion, parce que cette figure se couche quand la première se lève, et réciproquement. Il était non seulement la terreur des étoiles, mais encore la terreur du Soleil lui-même, comme Ovide nous le dépeint.

Le *Sagittaire*, formant un trapèze oblique, se tient un peu à l'orient d'Antarès, en suivant toujours la direction de l'écliptique. Il ne possède que des astres de 3° grandeur et au-dessous ; σ δ γ forment la flèche. L'étoile π marque la tête. Cette constellation ne s'élève jamais beaucoup au-dessus de l'horizon de Paris. Dans la Fable, le Sagitaire est le centaure Chiron, l'instituteur d'Achille, de Jason, d'Esculape, et l'inventeur de l'équitation. C'était le dernier seigneur de cette race antique. Sans doute le voisinage du Scorpion avait influencé l'opinion des poètes à son égard, car on ne le représentait pas non plus sous des couleurs bien favorables :

> Déjà du haut des cieux le cruel Sagittaire
> Avait tendu son arc et ravagé la terre ;
> Les coteaux, et les champs, et les prés défleuris,
> N'offraient de toutes parts que de vastes débris ;
> Novembre avait conté sa première journée.

Le *Capricorne* n'est pas plus riche en étoiles brillantes. Celles qui scintillent à son front, α et β, sont les seules qui se laissent admirer à l'œil nu. Elles se trouvent sur le prolongement de la ligne qui va de la Lyre à l'Aigle. La région du Zodiaque que nous visitons présente un contraste frappant avec la région opposée, où nous avons admiré Aldébaran, Castor et Pollux, la Chèvre, etc.

Au-dessus du Capricorne brille Altaïr, ou α de l'Aigle ; les étoiles d'Antinoüs forment un trapèze sur le chemin qui va du Capricorne à l'Aigle.

Dans certains auteurs, ce signe représente la chèvre Amalthée, qui nourrit Jupiter sur le mont Ida et reçut pour récompense une place dans le ciel. Pour d'autres, il représente le retour du Soleil au solstice d'hiver par la porte du tropique. Selon d'autres encore, c'est un bouc qui fut élevé avec le roi des dieux, découvrit et emboucha la conque marine, porta l'effroi parmi les Titans dans leur guerre contre l'Olympe. Les dieux épouvantés se cachèrent sous diverses formes d'animaux : Apollon se changea en grue, Mercure en ibis, Diane en chat.... Jamais on ne vit pareille métamorphose.... Enfin Pan en capricorne, ayant un corps de bouc et une queue de poisson. Il paraît qu'il voulait ainsi se dérober aux Géants qui escaladaient le ciel.

Le *Verseau* forme par ses trois étoiles tertiaires un triangle très aplati. La base se prolonge en une file d'étoiles du côté du Capricorne, et vers la gauche se porte sur l'Urne. De là part une ligne sinueuse de très petites étoiles, descendant sur l'horizon. C'est l'eau du Verseau. Le Verseau paraît personnifier Ganymède, qui fut élevé par l'aigle de Jupiter pour servir d'échanson aux dieux, après que la jeune et candide Hébé se fut laissée tomber d'une manière peu décente.

> Jupiter, qui d'Hébé prononce la disgrâce,
> Au jeune Ganymède a destiné sa place ;
> Le nouvel échanson, hôte digne des cieux,
> De torrents de nectar enivre tous les dieux !

Les *Poissons*, dernier signe du Zodiaque, se trouvent au sud d'Andromède et de Pégase. Le poisson boréal est celui qui veut dévorer Andromède; le poisson occidental s'avance dans le carré de Pégase; ils sont liés l'un à l'autre par un ruban. Peu apparente, comme les précédentes, cette constellation est composée de deux rangs d'étoiles très faibles qui partent de α de 3ᵉ grandeur, nœud du ruban, et vont en divergeant, l'un vers α d'Andromède, l'autre vers α du Verseau. Ovide raconte que Vénus et l'Amour, voulant se dérober à la poursuite des Géants, passèrent l'Euphrate sur deux poissons, qui, pour cela, furent placés dans le ciel. On dit encore que deux poissons, ayant trouvé un œuf de belle taille, l'entraînèrent sur le rivage, qu'une colombe le couva, et que Vénus en sortit. C'est depuis ce temps, dit Plutarque, que les Syriens s'abstiennent de se nourrir de poisson. Leur signe est la dernière

demeure du Soleil avant le renouvellement de l'année, la demeure
de février ; c'était le temps de l'inondation en Égypte, c'est celui de
la pêche chez nous. Ils ferment le cercle des constellations zodiacales :

Enfin aux derniers rangs paraissent les Poissons,
Qui, fermant à la fois et rouvrant les saisons,
De l'hiver rigoureux tempèrent l'influence,
Et d'un nouveau printemps ramènent l'espérance.

RICARD.

Si l'on a bien suivi nos descriptions sur notre carte, on connaît
maintenant les constellations zodiacales aussi bien que l'on connaît
celles du nord. Il nous reste peu à faire pour nous former une idée
du ciel tout entier. Mais il y a un complément indispensable à
ajouter à ce qui précède. Les étoiles circompolaires sont perpétuellement visibles sur l'horizon de Paris ; en quelque moment de
l'année qu'on veuille les observer, il suffit de se tourner du côté du
nord, et on les trouve toujours, soit au-dessus de l'étoile polaire,
soit au-dessous, soit d'un côté, soit de l'autre, gardant toujours
entre elles les rapports qui nous ont servi à les trouver. Les étoiles
du Zodiaque ne leur ressemblent pas sous ce point de vue, car elles
sont tantôt au-dessus de l'horizon, tantôt au-dessous. Il faut donc
savoir à quelle époque elles sont visibles. Il nous suffira pour cela
de rappeler ici la constellation qui se trouve au milieu du ciel, à
neuf heures du soir, pour le premier jour de chaque mois, celle,
par exemple, qui traverse à ce moment une ligne menée de l'étoile
polaire au zénith (point du ciel diamétralement au-dessus de nos
têtes), descendant du zénith au sud, et partageant le ciel en deux.
Cette ligne est le *méridien*, dont nous avons déjà parlé, et toutes les
étoiles la traversent une fois par jour, marchant de l'est à l'ouest,
c'est-à-dire de gauche à droite si l'on regarde le sud. En indiquant
chacune des constellations qui passent à l'heure indiquée, nous
donnons ainsi le centre des constellations visibles.

Le 1er janvier, le Taureau passe au méridien. Remarquer Aldébaran, les Pléiades. — Au 1er février, les Gémeaux n'y sont pas
encore, on les voit un peu à droite. — 1er mars : Castor et Pollux

sont passés, Procyon au sud ; les petites étoiles de l'Écrevisse à droite. — 1ᵉʳ avril : le Lion, Régulus. — 1ᵉʳ mai : β du Lion, Chevelure de Bérénice. — 1ᵉʳ juin : l'Épi de la Vierge, Arcturus. — 1ᵉʳ juillet : la Balance, le Scorpion. — 1ᵉʳ août : Antarès, Ophiuchus. — 1ᵉʳ septembre : Sagittaire, Aigle. — 1ᵉʳ octobre : Capricorne, Verseau. — 1ᵉʳ novembre : Poissons, Algénib ou γ Pégase. — 1ᵉʳ décembre : le Bélier.

Notre revision générale du ciel étoilé doit maintenant être complétée par les astres du ciel austral. C'est ce que nous ferons dans le chapitre suivant.

Nous n'avons donné qu'un rapide sommaire de l'explication mythologique des signes du Zodiaque ; l'incertitude qui règne sur son origine a permis à un grand nombre de systèmes de se faire jour. Rappelons ici que celui dont les partisans voient les douze travaux d'Hercule dans la série des douze signes célestes ne manque pas d'être fort ingénieux. Hercule ne serait autre que le Soleil lui-même, considéré dans ses attributs relatifs aux diverses époques de l'année. Francœur, dans son *Uranographie*, après l'astronome Lalande et le philosophe Dupuis, s'est chargé de soutenir ce système curieux.

L'entrée du Soleil dans le Lion solsticial, qu'il fait disparaître en le couvrant de ses feux, est la victoire sur le Lion de Némée.

A mesure que le Soleil s'avance, il traverse le Cancer, le Lion et la Vierge ; les diverses parties de l'Hydre s'éclipsent tour à tour : d'abord la tête, puis le corps et enfin la queue ; mais alors la tête reparaît dans son lever héliaque. C'est le triomphe sur l'Hydre renaissante du lac de Lerne, qu'Hercule brûla après avoir écrasé l'Écrevisse qui la secondait.

Le Soleil traversant la Balance au temps des vendanges couvre le Centaure de ses feux. La Fable dit que le centaure Chiron, ayant reçu Hercule, en avait appris l'art de faire le vin. Elle ajoute que, dans une dispute causée par l'ivresse, le peuple des Centaures avait voulu tuer l'hôte d'Hercule, ce qui avait forcé le héros à les combattre ; ceci paraît relatif au coucher du soir du Sagittaire. Enfin, dans une chasse, il avait vaincu un monstre nommé le sanglier d'Érymanthe, qu'on croit se rapporter au lever du soir de la Grande Ourse.

Cassiopée, qu'on figurait aussi par une biche, se plonge le matin dans les flots, quand le Soleil est dans le Scorpion, ce qui arrivait à l'équinoxe d'automne ; c'est cette biche aux cornes d'or que, malgré son incroyable vitesse, Hercule fatigua à la course et prit au bord des eaux où elle reposait.

Au lever du Soleil dans le Sagittaire, l'Aigle, la Lyre (ou le Vautour) et le

6

Cygne, placés dans le fleuve de la Voie lactée, disparaissent tout d'abord dans les feux de cet astre; ce sont les oiseaux du lac Stymphale chassés d'Arcadie par Hercule, dont la flèche est placée entre eux.

Le Capricorne ou le Bouc céleste est baigné sur le devant par l'eau du Verseau : ce sont les écuries d'Augias nettoyées en y faisant passer un fleuve.

Le Soleil dans le Verseau, au solstice d'hiver, était près de Pégase; le soir on voyait se coucher le Vautour, tandis que le Taureau passait au méridien : on a dit qu'Hercule, à son arrivée en Élide, pour combattre le Taureau de Crète et le Vautour de Prométhée, monta le cheval Arion et institua les jeux Olympiques, qu'on célébrait à la pleine lune du solstice d'été; la Lune est précisément alors dans le Verseau, c'est-à-dire dans la région opposée au Lion.

L'enlèvement des cavales de Diomède, fils d'Aristée, se rapporte au lever héliaque de Pégase et du Petit Cheval, le Soleil étant dans les Poissons; ces deux chevaux sont placés au-dessus du Verseau, qui est Aristée.

Hercule part ensuite pour la conquête de la Toison d'Or, le Verseau et le Serpentaire achèvent de se lever le soir, tandis qu'en même temps le Bélier, Cassiopée, Andromède, les Pléiades et Pégase se couchent. De là la victoire d'Hercule sur Hippolyte, reine des Amazones, dont la ceinture (Mirach) brille d'un vif éclat : plusieurs de ces guerrières avaient les noms des Pléiades.

Au lever du Taureau, le Bouvier se couche, et la Grande Ourse (les bœufs d'Icare) se lève; c'est la défaite de Géryon et l'enlèvement de ses bœufs. Hercule tue Busiris, persécuteur des Atlantides : fable qui fait allusion à Orion poursuivant les Hyades, et qui est alors dans les feux solaires. Le retour du printemps est en outre exprimé par la destruction des reptiles venimeux de la Crète et par la défaite du brigand Cacus; celle du fleuve Achélaüs, changé en taureau, est relative à l'Éridan, qui est placé au-dessous.

Après avoir fondé Thèbes d'Égypte, Hercule va aux Enfers, délivre Thésée et enlève Cerbère. Le Soleil est arrivé dans l'hémisphère boréal; le Grand Chien, dont le coucher héliaque a eu lieu dans le signe précédent, est maintenant absorbé dans les feux; il est tiré des régions inférieures et produit à la lumière. Le fleuve du Verseau, qui se lève le soir avec le Cygne, lorsque le Soleil achève de décrire les Gémeaux, est Cycnus, vaincu au bord du Pénée.

Le Dragon polaire et Céphée, ou le jardin des Hespérides, se lèvent au coucher du Soleil, sous le Cancer; de là le voyage d'Hercule en Hespérie. L'époque du lever héliaque de la constellation d'Hercule est en automne; les pommes des Hespérides sont une allusion à cette saison.

Revenu au solstice d'été, le Soleil recommence sa révolution : c'est l'apothéose d'Hercule. La Fable raconte que Déjanire, cherchant un philtre pour fixer son époux, lui envoya une chemise trempée dans le sang du centaure Nessus. Hercule la revêtit pour sacrifier aux dieux et leur demander l'immortalité promise à ses exploits; mais, dévoré par le poison imprégné dans ce vêtement, le héros se brûla sur un bûcher. Voici le sens de cette fable. Le Soleil est rentré dans le Lion et se lève; tandis que les constellations d'Hercule et du Verseau sont prêtes à se coucher. Le Centaure se couche peu après le Lion; celui-ci fait donc mourir Hercule, et le Verseau, Ganymède, est enlevé pour verser le nectar aux dieux, à la place d'Hébé donnée au héros. La réconciliation d'Hercule et de Junon est relative au Verseau, qui est dédié à la déesse.

Hercule vécut 52 ans, eut 52 épouses et accorda les honneurs néméens à 360 de ses compagnons morts pour lui : ce sont des allusions aux 52 semaines de l'année et aux 360 degrés du Zodiaque. Les Colonnes d'Hercule (détroit de Gibraltar) étaient les limites occidentales de la Terre connue, où le Soleil semblait chaque jour se coucher dans la mer. Quelques vagues qu'on suppose plusieurs des interprétations qu'on vient d'exposer, ajoute Francœur en terminant, il en est de si remarquables, qu'on ne saurait les supposer être l'effet du hasard : ainsi Hercule n'a pas été ce héros dont les bienfaits ont excité les hommes à lui ériger des autels, mais c'est le Soleil considéré dans ses attributs relatifs aux diverses époques de l'année, opinion conforme aux témoignages les plus révérés des anciens.

IV

LES CONSTELLATIONS DU SUD

Qui donc sur l'Océan, dans l'ombre et le silence,
Élève avec orgueil son front majestueux,
Et bravant de Phœbé le disque lumineux,
Devant son trône même insulte à sa puissance?

C'est toi, noble Orion : tes feux étincelants
Des soleils de la nuit effacent la lumière,
Comme le dieu du jour, entrant dans la carrière,
Efface de Phœbé les rayons pâlissants;

Sur le trône des airs fais briller ta couronne;
Viens, héros indompté, régner sur nos climats,
Lève-toi! que nos yeux attachés à tes pas
Contemplent à loisir l'éclat qui t'environne,

Perçant des sombres mers les nocturnes brouillards,
Sous l'orgueilleux fardeau de ta pesante armure,
Je te vois déployer ta superbe ceinture
Et de l'homme étonné commander les regards.

Le Taureau loin de toi recule épouvanté :
Il roule avec effroi sa prunelle sanglante,
Tandis que vers le nord s'enfuit l'Ourse tremblante,
Aux éclairs menaçants de ton glaive irrité.

NEWLAND.

A tout seigneur tout honneur. Orion est la plus belle des constellations : il ne faut pas aller au delà sans lui rendre hommage, et le meilleur moyen de rendre hommage aux personnages de valeur, c'est d'apprendre à les connaître.

Observez notre carte zodiacale : au-dessous du Taureau et des Gémeaux, au sud du Zodiaque, vous remarquerez ce géant qui lève sa massue vers le front du Taureau. Sept étoiles brillantes se distinguent; deux d'entre elles, α et β, sont de première grandeur; les cinq autres sont de second ordre. α et γ marquent les épaules, $\varkappa$ le genou droit, β le genou gauche; δ, ε, ζ marquent le Baudrier

ou la Ceinture; au-dessous de cette ligne est une traînée lumineuse
de trois étoiles très rapprochées : c'est l'Épée. Entre l'épaule occi-
dentale γ et le Taureau, se voit le Bouclier, composé d'une file de
petites étoiles en ligne courbe. La tête est marquée par une petite
étoile, λ, de quatrième grandeur; μ et ν dessinent le bras levé.

Pour plus de clarté, voyez dans la figure 34 la disposition des
étoiles principales de ce magnifique astérisme.

Par une belle soirée d'hiver, tournez-vous vers le sud et vous
reconnaîtrez immédiatement cette constellation géante. Les quatre
étoiles α, γ, β, κ, occupent les angles d'un grand quadrilatère, les
trois autres, δ, ϵ, ζ, sont serrées en ligne oblique au milieu de ce
quadrilatère; α, de l'angle nord-est, se nomme Betelgeuse (ne pas
lire Beteigeuse, comme la plupart des traités l'impriment); β, de
l'angle sud-ouest, se nomme Rigel.

La ligne du Baudrier, prolongée des deux côtés, passe au nord-
ouest par l'étoile *Aldébaran* ou l'œil du Taureau, que nous connaissons déjà, et au sud-est par *Sirius*, la plus belle étoile du ciel,
dont nous nous occuperons bientôt.

C'est pendant les belles nuits d'hiver que cette constellation
brille le soir sur nos têtes. Nulle autre saison n'est aussi magnifi-
quement constellée que les mois d'hiver. Tandis que la nature
nous prive de certaines jouissances d'un côté, elle nous en offre en
échange de non moins précieuses. Les merveilles des cieux s'offrent
aux amateurs depuis le Taureau et Orion à l'est, jusqu'à la Vierge
et au Bouvier à l'ouest : sur dix-huit étoiles de première grandeur
que l'on compte dans toute l'étendue du firmament, une douzaine
sont visibles de neuf heures à minuit, sans préjudice des belles
étoiles de second ordre, des nébuleuses remarquables et d'objets
célestes très dignes de l'attention des mortels. Ces principales
étoiles sont Sirius, Procyon, la Chèvre, Aldébaran, l'Épi, le cœur
de l'Hydre, Rigel, Betelgeuse, Castor et Pollux, Régulus, et β du
Lion. — C'est ainsi que la nature établit partout une compensation harmonieuse, et que, tandis qu'elle assombrit nos jours
d'hiver rapides et glacés, elle nous donne de longues nuits enrichies des plus opulentes créations du ciel.

La constellation d'Orion est non seulement la plus riche en

étoiles brillantes, mais elle recèle encore pour les initiés des trésors que nulle autre ne saurait offrir. On pourrait presque l'appeler la Californie du Ciel. Donnons-nous le plaisir d'énumérer ses richesses, et nous trouverons un grand bonheur à la contempler dans les cieux.

Parlons d'abord de sa nébuleuse, située au-dessous de la seconde étoile du Baudrier. La première fois que l'astronome Huygens, son *découvreur*, admira cette beauté cosmique, en 1656, il fut assez émerveillé pour dire qu'elle paraissait une ouverture dans le ciel qui donnait le jour sur une région plus brillante. « Les astronomes, dit-il, ont compté dans l'épée d'Orion trois étoiles très voisines l'une de l'autre. Lorsque, en 1656, j'observai par hasard celle de ces étoiles qui occupe le centre du groupe, au lieu d'une j'en découvris douze, résultat que d'ailleurs il n'est pas rare d'obtenir avec les télescopes. De ces étoiles il y en avait trois qui, comme la première, se touchaient presque, et quatre autres semblaient briller à travers un nuage, de telle façon que l'espace qui les environnait paraissait beaucoup plus lumineux que le reste. »

Depuis cette époque, on s'est occupé de cette nébuleuse avec une sorte de prédilection; on l'a minutieusement examinée, et les diverses régions de cet amas ont été étudiées et décrites dans tous leurs détails. A mesure que les instruments sont devenus plus puissants, les étoiles qui la constellent sont apparues plus nombreuses. Au centre on voit une partie plus brillante dont la forme est singulière; sir John Herschel la compare à la tête d'un animal monstrueux, dont la gueule reste béante et dont le nez se prolonge comme la trompe d'un éléphant.

Elle occupe dans le ciel un large espace, dont la dimension apparente est égale à celle du disque lunaire. Lorsqu'on réfléchit à l'éloignement qui nous sépare de cette agglomération, on est effrayé de l'étendue réelle qu'elle embrasse au fond du vide sans bornes.

Mais le phénomène le plus étrange qui se rattache à cette nébuleuse, ce sont les changements que l'on a observés en elle. Les dessins qu'on en prend aujourd'hui diffèrent de ceux qui ont été pris il y a moins d'un demi-siècle. Les astronomes s'accordent à

Capella

le Bélier

les pléiades

le Taureau

Aldébaran

Gémeaux

le
lion
et
gulus

Procyon

Orion

Sirius

Fig. 33. — LE CIEL DU SUD A L'HORIZON DE PARIS.

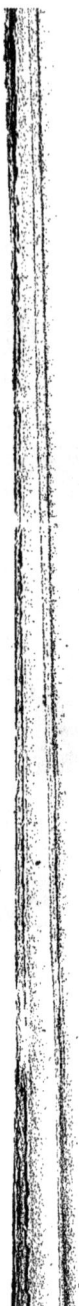

reconnaître qu'il n'y a pas d'illusion possible dans certaines de ces observations, et que cette lointaine agglomération de soleils est le siège de formidables perturbations. « L'impression générale que j'ai reçue de ces observations, disait naguère le directeur de l'Obser-

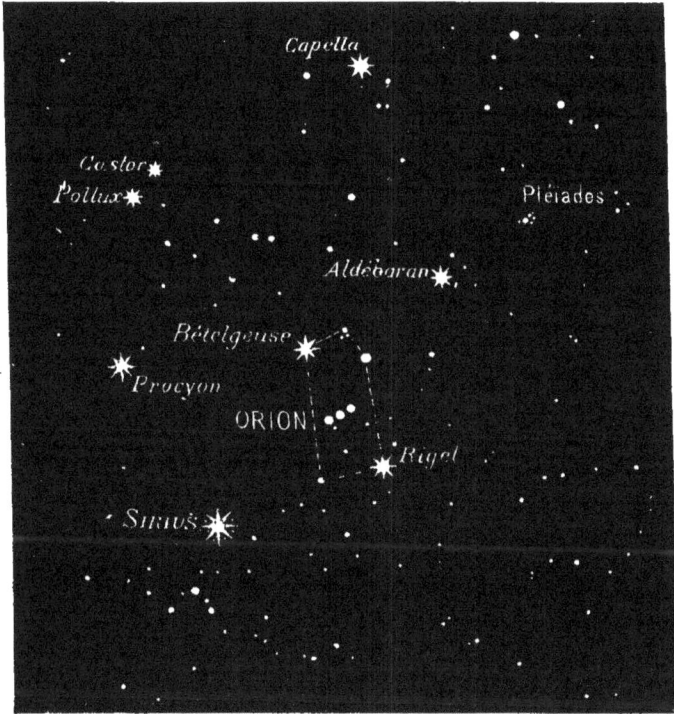

Fig. 34. — Orion et son entourage céleste.

vatoire de Russie, est que la partie centrale de la nébuleuse se trouve dans un état d'agitation continuelle, comme la surface d'une mer. »

Orion possède bien d'autres richesses. L'étoile du pied gauche, Rigel, est une belle étoile *double*. (Nous entrerons bientôt dans ce chapitre de l'astronomie sidérale.) Cette étoile double se compose d'un soleil blanc et d'un soleil bleu.

Deux autres systèmes binaires se rencontrent encore dans les deux étoiles des extrémités du Baudrier. La première, celle de droite, se compose d'un soleil blanc et d'un soleil pourpre; la seconde, d'un soleil blanc et d'un soleil bleu. Ainsi voilà trois systèmes de mondes des plus dissemblables réunis dans la même constellation. Dans chacun de ces systèmes, deux soleils au lieu d'un; non seulement deux soleils comme le nôtre, mais deux soleils diversement colorés; sur les planètes qui appartiennent au premier, un astre blanc et un astre bleu se disputent l'empire du jour, donnant naissance, par les combinaisons sans nombre de leur chaleur, de leur lumière, de leur puissance électrique, à une variété d'actions incomparables et inimaginables pour nous, qui sommes voués à un unique soleil. Sur les planètes qui appartiennent au second, c'est un soleil pourpre qui vient diversifier la blanche lumière de son congénère. Sur celle du troisième, le nombre des couleurs, essentiellement différentes des nôtres, puisqu'il n'y a point là de lumière blanche génératrice de toutes les teintes, présente une série inconnue des nuances issues des mariages de l'or et du saphir!

Mais cette richesse de systèmes stellaires ne constitue pas encore tout le patrimoine de cette belle constellation d'Orion. Elle renferme, en outre, le plus complexe des systèmes multiples qu'on ait jamais rencontrés dans le ciel. Dans la nébuleuse dont je parlais tout à l'heure, on rencontre une étoile extraordinaire, l'étoile marquée θ sur les catalogues, un peu au-dessous de l'Épée. Cette étoile, décomposée par le télescope, permet d'admirer en elle le groupe merveilleux de six soleils rassemblés au même point du ciel. Quatre étoiles principales de 4ᵉ, 5ᵉ, 6ᵉ et 7ᵉ grandeur sont disposées aux quatre angles d'un trapèze un peu irrégulier : les deux étoiles de la base ont chacune un très faible compagnon. Ces six soleils lointains forment un système physique extraordinaire; ils présentent au télescope l'un des groupes stellaires les plus curieux du ciel, et doublement curieux à cause de leur situation dans la nébuleuse (voir la figure 35).

Une autre étoile d'Orion, la 23ᵉ, est également remarquable en ce qu'elle est double, et qu'au lieu d'avoir sa principale blanche et

Fig. 35. — La grande Nébuleuse d'Orion et son étoile sextuple.

sa petite bleue, comme dans la généralité des cas, c'est le contraire qui se présente.

Voilà beaucoup sur une seule constellation; mais j'ai pour cette belle et antique figure, que Job chantait il y a trois mille ans, une sympathie dont je ne puis ni ne veux me défendre. Trônant entre les Pléiades et le beau Sirius, elle me présente une magnifique plage céleste, enrichie de mondes variés qui font rêver à la vie lointaine. Entre nous, il me semble me souvenir avoir lu au moyen âge un traité d'astrologie qui avait pour titre : *Flamma Orionis*. Depuis ce temps-là ce nom m'est cher, je l'aime!

Or vous savez tous combien les amoureux éprouvent de bonheur à parler sans cesse de l'objet qui fait battre leur cœur.

Suivant dans son cours, comme le Soleil et comme les planètes, les constellations zodiacales, la Lune passe quelquefois auprès d'Orion. Elle occulte alors les étoiles devant lesquelles sa marche l'a conduite. Le poète américain Longfellow a dépeint cette occultation sous de vives couleurs :

Sirius se levait à l'orient et lentement, montant l'une après l'autre, brillaient les constellations étincelantes. Au milieu du cortège d'étoiles flamboyantes, se tenait debout le géant Algebar, Orion le chasseur. Sa luisante épée était suspendue à son côté, et sur son épaule la peau du Lion laissait voltiger sur le ciel de minuit le rayonnement doré de sa chevelure. La lune était pâlissante, sans que sa clarté fût affaiblie, belle comme une vierge sacrée, s'avançant dans la pureté de sa voie pendant les heures d'épreuve et de terreur. Comme si elle eût entendu la voix de Dieu, elle marchait pieds nus sans blessures, sur les astres brûlants, semblables à des charbons embrasés, faisant ainsi éclater sa puissance, comme sa pureté et sa sainteté.

Errant ainsi dans son pas silencieux, le triomphe empreint sur son visage si pur, elle atteignit la station d'Orion. Étonné, il s'arrêta dans une étrange frayeur, et subitement de son bras étendu laissa tomber la peau rouge du Lion à ses pieds dans la rivière. Sa massue ne resta pas plus longtemps levée sur le front du Taureau ; mais il chancela comme autrefois près de la mer, lorsque, presque aveuglé par Œnopion, il chercha le forgeron dans sa forge, et grimpant sur la montagne escarpée, fixa ses yeux ternes sur le Soleil.

Dans la Fable, Orion, le plus bel homme de son temps, était d'une taille si haute, que quand il marchait dans la mer, il dépassait les flots de tout son buste : ce qui veut dire que cette constellation est moitié sous l'équateur et moitié au-dessus.

J'oubliais d'ajouter que les trois étoiles obliques qui forment son *baudrier*, ou sa *ceinture*, ont été nommées les *Trois Rois Mages*, le *Bâton de Jacob*, et que dans nos campagnes on les distingue simplement sous le nom de *Râteau*.

Au sud-est d'Orion, sur la ligne des Trois Rois, resplendit la plus magnifique de toutes les étoiles, *Sirius*, ou α de la constellation du *Grand Chien*. Cet astre de première grandeur marque l'angle supérieur oriental d'un grand quadrilatère dont la base, voisine de l'horizon de Paris, est adjacente à un triangle. Les étoiles du quadrilatère et du triangle sont toutes de seconde grandeur. Cette constellation se lève, le soir, à la fin de novembre, passe au méridien à la fin de janvier, et se couche à la fin de mars.

Sirius étant la plus éclatante étoile du ciel, lorsque les astronomes osèrent essayer les opérations relatives à la recherche des distances des étoiles, elle eut le don d'attirer particulièrement leur attention. Après des études longues et minutieuses, on arriva à déterminer sa distance : elle est de 92 trillions de kilomètres. Pour traverser la distance de la terre à cet astre, la lumière, malgré son vol rapide de 300 000 kilomètres *par seconde*, emploie près de DIX ANS.

Le nom que nous donnons aujourd'hui à α du Grand Chien appartenait jadis à la constellation tout entière, et l'on ne trouve pas un seul monument égyptien où cette figure soit indiquée sans qu'elle représente Sirius, nom dérivé, dit-on, d'Osiris, le Soleil. A l'origine des constellations, le solstice d'été arrivait lorsque le Soleil parcourt le Capricorne : le lever de Sirius annonçait à l'Égypte l'époque de la crue du Nil, et, comme un *chien* fidèle, avertissait les hommes de se tenir sur leurs gardes. Là ne se bornait pas le rôle de Sirius. L'année civile des Égyptiens étant de 365 jours exactement, et les rois jurant de ne jamais permettre l'intercalation de jours supplémentaires, cette année vague empiétait d'un jour tous les quatre ans sur l'année solaire, et revenait coïncider avec celle-ci au bout de 365 fois quatre ans, ou 1460 ans, mais pendant ce temps-là les périodes civiles, les fêtes, les diverses époques du calendrier, les travaux d'agriculture ne pouvaient être fixés par des dates immuables. On choisit dans le ciel un signe propre à annoncer l'époque du solstice : le lever du matin de Sirius, qu'on nommait alors Sothis, annonça l'époque demandée. Le lever héliaque (solaire) de cet astre n'était ramené au même jour de l'année qu'après 1461 ans.

Depuis ces temps antiques, un mouvement de la Terre qui modifie lentement la marche du Soleil parmi les constellations, et qui est célèbre sous le nom de précession des équinoxes, a privé Sirius de sa faculté de prédire l'inondation et le solstice; son lever héliaque n'arrive maintenant en Égypte que le 10 août, au lieu du 20 juin. Mais au commencement de notre ère il arrivait en juillet, au milieu des grandes chaleurs et des maladies qu'elles engendrent. De là cette constellation fut accusée de maligne influence, comme vous pouvez le voir dans Sophocle et dans cent autres auteurs moins anciens; elle donne la fièvre aux hommes et la rage aux chiens. Les jours *caniculaires* viennent de là. Pour conjurer Sirius, on lui éleva des autels, sur lesquels on sacrifiait la caille et la chèvre. On redoutait l'étoile du midi :

> Déjà le Chien brûlant dont l'Inde est dévorée
> Vomissait tous ses feux sur la plaine altérée.
>
> *Géorgiques.*

> Sirius lève au ciel son front pernicieux,
> Et son affreux aspect consterne tous les yeux.
>
> *Énéide.*

Sirius ou la Canicule s'appelait le chien de *Procris*, épouse de Céphale, qui le perça d'un trait décoché par mégarde, comme Ovide le rapporte fort au long. Jean-Baptiste Rousseau, qui se plaisait parfois à montrer ses connaissances astronomiques, n'a pas tout à fait réussi en parlant à notre époque du *brûlant* Sirius, dans une ode charmante du reste, à l'abbé Chaulieu :

> Mais aujourd'hui qu'en vos plaines
> Le Chien brûlant de Procris
> De Flore aux douces haleines
> Dessèche les dons chéris,

> Veux-tu d'un astre perfide
> Risquer les âpres chaleurs
> Et, dans ton chemin aride,
> Sécher ainsi que tes fleurs?

Boëce (*Consolation philosophique*, liv. I) avait plus raison de dire au xᵉ siècle :

> Le grain semé sous Arcturus
> Devient épi sous Sirius.

Sirius a une longue et bonne réputation comme chien. Après
tous les services qu'il avait déjà rendus aux Égyptiens, Jupiter le
chargea de la garde de sa chère Europe; après l'enlèvement, il
passa entre les mains de Minos, de Procris, de Céphale et d'Aurore.
Des auteurs fort accrédités pensent même que, malgré tout ce qui
précède, il fut Cerbère, le *canis* à trois têtes ; leur opinion est appuyée
sur cette coïncidence, que le Grand Chien garde à l'équateur l'hémisphère inférieur des Égyptiens de la même manière que Cerbère
gardait la région du Tartare. On voit que ce chien revendique une
noblesse fort ancienne. Aucun titre héraldique ne peut se vanter
de remonter si haut.

Le *Petit Chien*, ou Procyon, que nous avons déjà vu sur nos
cartes zodiacales, se trouve au-dessus de son aîné et au-dessous des
Gémeaux Castor et Pollux, à l'est d'Orion. Si ce n'est z, aucune étoile
brillante ne le distingue. Au point de vue mythologique, il partage
avec le Grand Chien la plupart des fables attribuées à ce dernier.

L'*Hydre* est une longue constellation qui occupe le quart de
l'horizon, sous le Cancer, le Lion et la Vierge. La tête, formée des
quatre étoiles de quatrième grandeur, est à gauche de Procyon,
sur le prolongement d'une ligne menée par cette étoile et par Betelgeuse. Le côté occidental du grand trapèze du Lion, comme la
ligne de Castor et Pollux, se dirige sur z, de seconde grandeur :
c'est le cœur de l'Hydre; on remarque des astérismes de second
ordre, le Corbeau, la Coupe. Imitant le cours d'un fleuve par ses
sinuosités, l'Hydre a été regardée comme habitant le Nil et le
représentant. Comme le Navire se trouve non loin de là, on a même
été jusqu'à expliquer par certains aspects le déluge de Deucalion qui
se sauve sur un vaisseau, et qui, quarante jours après, s'assure
si les eaux se sont retirées en donnant la liberté à un corbeau.

L'*Éridan*, la *Baleine*, le *Poisson austral* et le *Centaure* sont les
seules constellations importantes qu'il nous reste à décrire. On
es retrouvera dans l'ordre que nous venons d'indiquer à la droite
d'Orion. L'Éridan est un fleuve composé d'une suite d'étoiles de
troisième et de quatrième grandeur, descendant et serpentant du
pied gauche d'Orion, Rigel, et se perdant sous l'horizon. Après
avoir suivi de longues sinuosités, invisibles pour nous, il se ter-

mine par une belle étoile de première grandeur, α, ou Achernar.
C'est le fleuve dans lequel tomba Phaéton, qui conduisait mala-
droitement le char du Soleil ; il fut placé dans le ciel pour consoler
Apollon de la mort de son fils.

Pour trouver la Baleine, on peut remarquer au-dessous du Bélier
une étoile de seconde grandeur qui forme un triangle équilatéral
avec le Bélier et les Pléiades : c'est α de la Baleine. Il y a là une
étoile bien curieuse qu'on appelle la Merveilleuse de la Baleine,
Mira Ceti. Elle appartient à la classe des étoiles *changeantes*. Tantôt
elle est extrêmement brillante, tantôt elle devient complètement
invisible. On a suivi ces variations depuis la fin du XVIᵉ siècle, et
l'on a reconnu que la période de croissance et de décroissance est
de 331 jours en moyenne, mais toutefois irrégulière. L'étude de
ces astres singuliers nous offrira de curieux phénomènes.

La Baleine fut envoyée par Neptune pour dévorer Andromède ;
nous ne reviendrons pas sur l'histoire de cette pauvre princesse.

Quatre étoiles de troisième grandeur forment la queue de ce
cétacé (la Baleine) et descendent vers Fomalhaut ou α du Poisson
austral, qui reçoit l'eau du Verseau. Cet astérisme s'élève très
peu sur l'horizon de Paris.

Enfin, la constellation du Centaure est située au-dessous de
l'Épi de la Vierge. L'étoile θ, de seconde grandeur, et l'étoile ι, de
troisième, marquent la tête et l'épaule : c'est la seule partie de
cette figure qui s'élève au-dessus de notre horizon. Le Centaure
renferme l'étoile *la plus rapprochée* de la Terre, α, de première
grandeur, dont la distance est de 40 *trillions* de kilomètres. C'est
également dans cette constellation que plane la belle nébuleuse
régulière que nous avons admirée plus haut, l'amas globulaire de
ω du Centaure. Les pieds de derrière touchent à la *Croix du Sud*,
toujours cachée sous l'horizon. Un peu plus loin se trouve le pôle
austral.

V

LE NOMBRE DES ÉTOILES, LEURS DISTANCES

Il est pour la pensée une heure,... une heure sainte,
Alors que, s'enfuyant de la céleste enceinte
De l'absence du jour pour consoler les cieux,
Le crépuscule aux monts prolonge ses adieux.
On voit à l'horizon sa lueur incertaine,
Comme les bords flottants d'une robe qui traine,
Balayer lentement le firmament obscur,
Où les astres ternis revivent dans l'azur.
Alors ces globes d'or, ces îles de lumière,
Que cherche par instinct la rêveuse paupière,
Jaillissent par milliers de l'ombre qui s'enfuit,
Comme une poudre d'or sous les pas de la nuit.

LAMARTINE.

Afin que l'esprit pût se reconnaître plus facilement au milieu de ces milliers de points étincelants, outre les divisions que nous venons de passer en revue, on convint dès la plus haute antiquité de classer les étoiles selon leur éclat apparent. Nous l'avons vu, les étoiles les plus brillantes ont été appelées étoiles de premier ordre ou de première grandeur, quoique cette dénomination n'implique aucun sens relatif à la grosseur réelle ou à l'éclat réel de l'étoile; celles qui viennent ensuite, toujours dans l'ordre de leur éclat apparent, furent nommées étoiles de seconde grandeur; puis viennent celles de troisième, de quatrième et de cinquième grandeur, à mesure qu'elles paraissent plus petites; enfin on appela étoiles de sixième grandeur les dernières étoiles visibles à l'œil nu.

Les étoiles de première grandeur sont au nombre de dix-neuf. En réalité, la dix-neuvième, c'est-à-dire la moins brillante de la série, pourrait aussi bien être inscrite au premier rang des étoiles de seconde grandeur, ou la première de cette seconde série pourrait

7

de la même façon être ajoutée aux étoiles de première grandeur :
il n'y a pas dans la nature de ces séparations que nécessitent nos
classifications. Mais comme il faut s'arrêter à une étoile si l'on veut
faire des séries, on est convenu de terminer la liste des astres de
première grandeur comme elle se termine ici :

*Liste des étoiles de première grandeur, dans l'ordre
de leur état décroissant.*

1. Sirius, ou α du Grand Chien.
2. Canopus, ou α du Navire.
3. α du Centaure.
4. Arcturus, ou α du Bouvier.
5. Véga, ou α de la Lyre.
6. Rigel, ou β d'Orion.
7. La Chèvre, ou α du Cocher.
8. Procyon, ou α du Petit Chien.
9. Betelgeuse, ou α d'Orion.
10. β du Centaure.
11. Achernar, ou α de l'Éridan.
12. Aldébaran, ou α du Taureau.
13. Antarès, ou χ du Scorpion.
14. α de la Croix du Sud.
15. Altaïr, ou α de l'Aigle.
16. L'Épi, ou α de la Vierge.
17. Fomalhaut, ou α du Poisson austral.
18. β de la Croix du Sud.
19. Régulus, ou α du Lion.

Les étoiles nous paraissent d'autant plus petites qu'elles sont
plus éloignées. Cependant, il en est de brillantes qui sont plus
éloignées que de minuscules. Comme règle générale, leur nombre
doit augmenter en raison inverse de chaque grandeur; les astres
qui forment la seconde série, par exemple, se trouvant sur un
cercle visuel plus éloigné, et par conséquent plus étendu que celui
de la première série, sont plus nombreux; la troisième série est
encore plus riche que la seconde, etc.

On compte environ 60 étoiles de la seconde grandeur, 170 de la
troisième, 500 de la quatrième, etc. Voici du reste un moyen facile
de connaître approximativement le nombre des étoiles de chaque
ordre. On a observé que chaque classe est ordinairement trois fois

plus peuplée que celle qui la précède ; de sorte qu'en multipliant par
trois le nombre des astres qui composent une série quelconque, on a
à peu près le nombre de ceux qui composent la série suivante. Par
cette estimation, le nombre des étoiles des six premières grandeurs,
autrement dit celui de toutes les étoiles visibles à l'œil nu, fourni-
rait un total de 6 000 environ. — Généralement on croit en voir
bien davantage, on croit pouvoir les compter par myriades,
par millions : il en est de cela comme du reste, nous sommes
toujours portés à l'exagération ! Cependant, en fait, le nombre
des étoiles visibles à l'œil nu, dans les deux hémisphères,
sur toute la terre, ne dépasse pas ce chiffre, et même il est
bien peu de vues assez perçantes pour aller au delà de quatre à
cinq mille.

Mais là où s'arrête notre faible vue, le télescope, cet œil géant
qui grandit de siècle en siècle, perçant les profondeurs des cieux,
y découvre sans cesse de nouvelles étoiles. Après la sixième grandeur, les premières lunettes ont révélé la septième. Puis on est
allé jusqu'à la huitième, la neuvième. C'est alors que les milliers
ont grossi jusqu'aux dizaines de mille, et que les dizaines sont
devenues des centaines de mille. Des instruments plus perfectionnés
encore ont franchi ces distances et ont trouvé les étoiles de la
dixième et de la onzième grandeur. De cette époque on commença
à compter par millions. Le nombre des étoiles de la douzième
grandeur est de 9 556 000 : ajouté aux onze termes qui le précèdent,
il dépasse quatorze millions. A l'aide d'une amplification plus puissante encore, on dépassa de nouveau ces bornes. Aujourd'hui, la
somme des étoiles réunies de la première à la treizième grandeur
inclusivement est évaluée à 43 000 000. Le ciel s'est véritablement
transformé. Dans le champ des télescopes, on ne distingue plus ni
constellations ni divisions ; mais une fine poussière brille là où
l'œil, laissé à sa seule puissance, ne voit qu'une obscurité noire
sur laquelle ressortent deux ou trois étoiles. A mesure que les
découvertes merveilleuses de l'optique augmenteront la puissance
visuelle, toutes les régions du ciel se couvriront de ce fin sable
d'or, et un jour viendra où le regard étonné, s'élevant vers ces profondeurs inconnues, se trouvant arrêté par l'accumulation des

étoiles qui se succèdent à l'infini, ne trouvera plus devant lui qu'un délicat tissu de lumière.

Voici, par exemple (fig. 36), un petit coin de la constellation des Gémeaux, dans lequel les vues ordinaires ne voient que deux étoiles, où les meilleures vues ne parviennent à en distinguer que cinq autres plus petites. Eh bien, en dirigeant le télescope sur ce point, on voit une véritable poussière lumineuse (fig. 37), et l'on arrive à y compter 3 205 étoiles.

Fig. 36. — Un petit carré de la constellation des Gémeaux, vu à l'œil nu.

Quelle étendue occupent ces myriades d'étoiles qui se succèdent éternellement dans l'espace? Cette question a toujours eu le don de captiver l'attention des astronomes aussi bien que des simples penseurs mais on n'a pu commencer des recherches relatives à sa solution qu'à une époque très rapprochée de nous, lorsque les moyens si minutieux d'y parvenir nous furent accessibles. Les anciens ne se formaient pas la plus légère idée de la distance des corps célestes, pas plus que de leur nature. Pour la plupart, c'é-

Fig. 37. — Le petit carré précédent, vu au télescope.

taient des émanations de la terre, s'étant élevées comme les eux follets au-dessus des endroits marécageux; ce serait faire une

longue et curieuse histoire que celle de toutes ces idées primitives
si peu en harmonie avec la grandeur de la création. Pour pouvoir
mesurer la distance des étoiles les plus proches, il faut pouvoir
mesurer l'épaisseur d'un cheveu. On a attendu longtemps avant
d'en arriver là. Je donnerai à la fin de ce chapitre une idée de la
méthode employée pour arriver à ces déterminations rigoureuses;
mais satisfaisons d'abord notre curiosité, et apprenons tout de suite
à quelle distance planent les étoiles les plus rapprochées.

L'étoile la plus voisine se trouve dans la constellation australe
du Centaure; c'est l'étoile alpha (α) de première grandeur. D'après
les recherches les plus récentes, elle est éloignée de nous de
275 000 fois la distance d'ici au Soleil, distance égale à 149 000 000
de kilomètres.

Il est fort difficile, pour ne pas dire impossible, de se figurer
directement de pareilles longueurs, et, pour arriver à les concevoir,
il est nécessaire que notre esprit, associant à l'idée de l'espace
l'idée du temps, voyage en quelque sorte le long de cette ligne et
estime par succession sa longueur. Pour les faibles grandeurs,
nous agissons déjà de même sur la terre. Si, par exemple, on nous
dit qu'il y a 500 kilomètres de Paris à Strasbourg, nous nous figu-
rons difficilement cette distance du premier coup d'œil; mais, en
lui associant l'idée du temps nécessaire pour la franchir avec une
vitesse donnée, en apprenant qu'un train express direct, animé
d'une vitesse moyenne de 50 kilomètres à l'heure, y arrive en
10 heures, nous nous représentons plus facilement le chemin parcouru. Cette méthode, utile pour les distances terrestres, est nécessaire pour les distances célestes. Ainsi nous mesurons l'espace par
le temps; seulement, au lieu de la vitesse d'un train direct, nous
prenons celle de la lumière, qui voyage en raison de 300 000 kilomètres par seconde.

Eh bien, pour traverser la distance qui nous sépare de notre
voisine α du Centaure, ce courrier emploie 4 ans et 4 mois. Si
l'esprit veut et peut le suivre, il ne faut pas qu'il saute en un clin
d'œil du départ à l'arrivée, autrement il ne se formerait pas davantage la moindre idée de la distance; il faut qu'il se donne la peine
de se représenter la marche directe du rayon lumineux, qu'il s'as-

socie à cette marche, qu'il se figure traverser 300 000 kilomètres
pendant la *première* seconde de chemin à dater de son moment de
départ, puis 300 000 autres kilomètres pendant la *deuxième* seconde,
ce qui fait 600 000; puis de nouveau 300 000 kilomètres pendant la
troisième, et ainsi de suite, sans s'arrêter, *pendant 4 ans et
128 jours*. S'il se donne cette peine, il pourra comprendre l'effroyable valeur du chiffre; autrement, comme ce nombre dépasse
tous ceux que l'esprit a coutume d'employer, il ne sera pour lui
d'aucune signification et restera incompris.

  Notre étoile voisine est donc α du Centaure. Celle que sa distance
met immédiatement après elle est une étoile située en une autre
région du ciel, dans la constellation du Cygne. C'est *notre seconde
voisine*. On a calculé la distance d'une trentaine d'étoiles. Voici
les plus rapprochées.

Noms des Étoiles.	Grandeur.	Parallaxe.	Distance en rayons de l'orbite terrestre.	Distance en trillions de kilomètres.	Durée du trajet de la lumière.
α du Centaure.....	1,0	0"75	275 000	40	4 ans.
61ᵉ du Cygne......	5,1	44	469 000	68	7 1/2
Sirius.............	1,0	33	625 000	92	9,7
Procyon	1,3	27	761 000	112	12,0
σ Dragon..........	4,7	25	838 000	124	13,2
Aldébaran	1,5	24	874 000	128	13,8
ε Indien...........	5,2	22	937 000	140	14,4
ο² Éridan..........	4,4	19	1 086 000	160	17,1
Altaïr.............	1,3	19	1 086 000	160	17,1
η Cassiopée	3,6	16	1 272 000	188	20,1
Véga..............	1,0	15	1 375 000	204	21,7
Capella [1]........	1,2	11	1 875 000	276	29,6
Arcturus..........	1,0	09	2 194 000	324	34,7
Étoile polaire.... .	2,1	08	2 318 000	344	36,6
μ Cassiopée.......	5,2	06	3 438 000	508	54,4
β Cocher..........	2,3	06	3 438 000	508	54,4
1830 Groombridge.	6,5	05	4 583 000	800	72,5

  La première colonne de chiffres indique la grandeur de l'étoile,
la deuxième donne la parallaxe [1], c'est-à-dire l'angle sous lequel

1. Les parallaxes sont parfois modifiées par de nouvelles mesures. L'étoile 1830
Groombridge paraît avoir la parallaxe anciennement attribuée à Capella.

on verrait, de cet éloignement, le demi-diamètre de l'orbite terrestre, la troisième représente le nombre de rayons de l'orbite
terrestre (distance de la terre au soleil) qu'il faudrait aligner à la
suite les uns des autres pour atteindre l'étoile ; la quatrième donne
la distance en *trillions* de kilomètres ; la dernière indique le nombre
des années que la lumière emploie à franchir ces distances.

Telles sont les étoiles les plus rapprochées. La plupart des
étoiles dont la distance a été calculée sont au nombre des plus brillantes du ciel et comptent parmi celles de première ou de seconde
grandeur. On peut se demander s'il est possible, par comparaison,
de déterminer la distance vraisemblable des régions où brillent les
dernières grandeurs. C'est là une question curieuse, à laquelle on
peut répondre comme il suit :

Nous prenons, par exemple, sur la liste ci-dessus, une étoile
moyenne de première grandeur, non pas Sirius, qui dépasse toutes
les autres par son éclat, mais Arcturus ou Véga ; nous nous
demandons à quelle distance il faudrait transporter cette étoile
pour qu'elle diminuât d'éclat apparent jusqu'à la quatrième grandeur, et nous voyons qu'il faudrait la transporter à une distance
quatre fois plus grande que la distance présente ; — qu'en l'éloignant à huit fois la distance primitive, elle deviendrait de cinquième à sixième ordre ; — qu'en moyenne, une étoile de première
grandeur, transportée à douze fois sa distance actuelle, ne cesse-
rait pas d'être visible à l'œil nu, et que son éclat ne tomberait pas
au-dessous de la sixième grandeur.

William Herschel essaya d'étendre aux observations télescopiques l'échelle de visibilité qu'il avait formée pour l'œil nu. Il pré-
para une série de télescopes dont la puissance allait sans cesse en
augmentant, et prit pour sujet de ses observations l'amas nébuleux
de Persée.

En arrivant, par degrés, jusqu'au télescope de trois mètres avec
toute son ouverture, l'observateur apercevait des étoiles pareilles
à ce que seraient les étoiles de première grandeur éloignées à
trois cent quarante-quatre fois la distance qui maintenant les
sépare de nous.

Le télescope de six mètres étendait sa puissance jusqu'à neuf

cents fois cette même distance des étoiles de première grandeur;
et il est évident qu'un télescope plus fort aurait montré des étoiles
plus éloignées encore.

Pour échapper aux conséquences numériques que l'on peut
déduire de ces résultats d'Herschel, il faudrait supposer que, parmi
le nombre prodigieux d'étoiles que chaque télescope d'une puissance supérieure découvre, il n'en existe aucune d'aussi brillante
qu'Arcturus ou Véga; il faudrait admettre, en un mot, qu'il ne
s'est formé d'étoiles de première grandeur que près de notre système solaire. Une pareille supposition serait tout à fait arbitraire.

Il n'y a aucune étoile de première grandeur dont la lumière
nous parvienne en moins de quatre ans. D'après cela, les lumières
des étoiles de différents ordres, aussi grandes en réalité qu'Arcturus, que Véga, etc., doivent être situées à de telles distances de
la terre, que la lumière ne saurait les parcourir :

Pour les étoiles de deuxième grandeur en moins de.	8 ans
— de quatrième grandeur	16
— de sixième grandeur	48
Pour les dernières étoiles visibles avec le télescope de 3 mètres d'Herschel	1200
Pour les dernières étoiles visibles avec le télescope de 6 mètres d'Herschel	3500

Ce sont là des valeurs minima, calculées en admettant l'affaiblissement d'éclat d'une étoile déterminée, causé par l'éloignement. Mais il y a des étoiles dont la lumière ne nous parvient pas
en moins de dix mille, cinquante mille ans,... et des nébuleuses
dont la lumière emploie plusieurs millions d'années pour nous
parvenir.

Ces rayons lumineux qui nous arrivent des étoiles nous racontent
donc l'*histoire ancienne* de ces astres, et non leur état contempo-
rain. En nous éloignant à une grande distance, nous reverrions la
terre d'autrefois, les premiers âges de l'humanité, la construction
des pyramides, les événements antédiluviens, notre propre existence et celle de nos ancêtres! [1] etc.

1. Voir notre ouvrage : LUMEN, *Récits de l'Infini*.

Mais par quel pouvoir l'homme est-il parvenu à connaître les distances des étoiles?

Il y a en astronomie des faits qui surprennent par leur grandeur, et qui surpassent de telle sorte la sphère des conceptions habituelles de l'homme, qu'on est tenté de les révoquer en doute, malgré l'affirmation des astronomes, et de les reléguer au rang des prétentions trompeuses dont certains hommes se sont quelquefois enveloppés pour en imposer au vulgaire. De ce nombre sont les principales conquêtes de l'astronomie stellaire, et notamment les déterminations relatives à la distance des étoiles.

J'essayerai de donner une idée de la méthode dont on se sert pour obtenir ces distances et d'éloigner, par cette exposition, l'idée défavorable qu'un grand nombre partagent encore contre les assurances parfaitement fondées de l'astronomie moderne.

Une réflexion de quelques instants suffira pour faire admettre que si la Terre se meut dans l'espace, pendant son cours annuel autour du Soleil, il doit en résulter pour nous un déplacement apparent des autres astres dans le ciel. Personne n'a mis la tête à la portière d'un wagon sans s'apercevoir que les arbres, les maisons, les collines, les divers objets qui accidentent la campagne se meuvent dans un sens opposé à la marche du train, et que les objets les plus proches sont ceux qui paraissent subir le plus grand déplacement, tandis que les plus éloignés se meuvent plus lentement, jusqu'à l'horizon, qui reste à peu près immobile. Il doit donc résulter du mouvement de la Terre dans l'espace, que les étoiles situées dans une région du ciel dont notre planète s'éloigne à une certaine époque de l'année, paraîtront se resserrer, tandis que les étoiles dont la Terre se rapproche paraîtront s'écarter les unes des autres. Cet effet sera nécessairement d'autant moins grand que les distances des étoiles seront plus grandes.

Si l'on pouvait mesurer la valeur de l'écart subi par une étoile par suite du mouvement de la Terre, on aurait la distance de cette étoile. Voici comment :

Soit cette ellipse (fig. 38) la courbe suivie par la Terre dans sa marche autour du Soleil, soit S le Soleil, TST′ un diamètre de l'orbite terrestre, T et T′ la position de la Terre aux deux extrémités de ce diamètre, c'est-à-dire à six mois d'intervalle (puisque la Terre fait le tour en un an); soit enfin E l'étoile dont on veut mesurer la distance.

Quand la Terre est située au point T, on mesure l'angle STE, formé par le Soleil, la Terre et l'étoile; quand la Terre est en T', on mesure l'angle ST'E. On sait que dans tout triangle la somme des trois angles est égale à deux angles droits, c'est-à-dire à 180 degrés; donc, si l'on fait la somme des deux angles observés STE et ST'E, et qu'on retranche cette somme de 180°, on aura la valeur de l'angle E sous-tendu à l'étoile par le diamètre de l'orbite terrestre. Et cette valeur sera aussi exacte que si l'on avait pu se trans-porter sur l'étoile pour la mesurer directement. La moitié de cet angle, c'est-à-dire l'angle SET, est ce qu'on nomme la *parallaxe annuelle* de l'étoile E. Ainsi la parallaxe an-nuelle d'une étoile, c'est l'angle

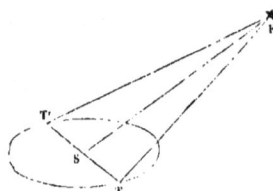

Fig. 38. — Mesure des distances célestes.

sous lequel un observateur placé sur l'étoile verrait de face le rayon de l'orbite terrestre.

En prenant toujours des observations correspondantes à deux points diamétralement opposés de l'orbite de la Terre, on obtient de la sorte, dans le cours de l'année, un grand nombre de mesures de la parallaxe annuelle. Dans notre exemple et dans notre figure, l'étoile est située au pôle de l'écliptique; l'opération est la même, quoiqu'un peu moins simple, pour les autres positions du ciel. Dans la pratique, on obtient d'une manière exacte la valeur des angles STE, ST'E, en comparant les positions successives de l'étoile observée à celle d'une étoile relativement fixe, qui n'a pas de parallaxe. La grande majorité des étoiles se trouve dans ce dernier cas.

Les recherches des astronomes ont démontré qu'il n'est pas une seule étoile dont la parallaxe soit égale à 1 seconde : les paral-laxes sont toutes inférieures à ce nombre déjà si faible. Pour se faire une idée de cette valeur, il faut savoir que la circonférence

des cercles astronomiques qui servent aux observations est divisée
en 360 parties appelées degrés, chaque degré en 60 minutes,
chaque minute en 60 secondes. Cette valeur d'une seconde est si
petite, qu'un fil d'araignée placé au réticule de la lunette cache
entièrement la portion de la sphère céleste où s'effectuent les mouvements apparents des étoiles au plus égaux à 1″.

L'étoile que ces sortes d'observations ont constatée être la plus
proche, c'est, nous l'avons vu tout à l'heure, l'étoile α du Centaure :
sa parallaxe est égale à 75 centièmes de seconde (0″,75). De
l'étoile α du Centaure, le rayon de l'orbite terrestre est donc réduit
à 0″,75. Or, pour que la longueur d'une ligne droite quelconque
vue de face se réduise à n'apparaître plus que sous un angle
aussi petit que celui de 1 seconde, il faut que cette ligne soit à
une distance de 206 000 fois sa longueur; et pour qu'elle se réduise
à 0″,75, il faut qu'elle soit plus loin encore : à 275 000 fois sa longueur. C'est là une donnée mathématique. Donc l'étoile α du Centaure est éloignée de nous de 275 000 fois le rayon de l'orbite terrestre, c'est-à-dire 275 000 fois 149 millions de kilomètres, soit
40 trillions de kilomètres.

C'est là l'étoile *la plus voisine*. Les autres étoiles rapprochées se
succèdent, comme nous l'avons vu, à des distances supérieures à
celle-là.

On voit par ce qui précède que ces résultats, quelque prodigieux
qu'ils paraissent au premier abord, sont dus à des méthodes mathé-
matiques d'une grande simplicité. Toute la difficulté de ces sortes
de déterminations consiste dans l'observation extrêmement minu-
tieuse, longue et pénible, du faible déplacement de l'étoile dans le
ciel.

Toutes ces étoiles, vastes comme notre Soleil, éloignées les
unes des autres par de telles distances, se succédant à l'infini dans
l'immensité des espaces, sont en mouvement dans les cieux. Rien
n'est fixe dans l'univers, il n'y a pas un seul atome en repos
absolu. Les forces formidables dont la matière est animée régissent universellement son action. Ces mouvements de translation
des soleils dans l'espace sont insensibles à nos yeux, parce qu'ils
s'exécutent à une trop grande distance; mais ils sont plus rapides

que nulle vitesse que nous puissions observer sur la Terre : il y a
des étoiles qui sont emportées dans l'espace avec une rapidité de
plus de 100 000 mètres par seconde. Pour l'œil qui saurait faire
abstraction du temps comme de l'espace, le ciel serait un véritable
fourmillement d'astres divers tombant dans toutes les directions
du vide éternel. L'étoile qui est notre Soleil tombe, entraînant
la terre et les planètes avec elle, avec une vitesse évaluée à
480 kilomètres par minute ou 28 800 kilomètres à l'heure,... s'en-
fonçant de plus en plus chaque jour, chaque année, chaque siècle,
dans les immensités toujours ouvertes de l'espace.

ÉTOILES VARIABLES, TEMPORAIRES, ÉTEINTES
OU SUBITEMENT APPARUES

J'étais seul près des flots par une nuit d'étoiles,
Pas un nuage aux cieux, sur les mers pas de voiles,
Mes yeux plongeaient plus loin que le monde réel.
Et les bois et les monts, et toute la nature,
Semblaient interroger dans un confus murmure
    Les flots des mers, les feux du ciel.

Et les étoiles d'or, légions infinies,
A voix haute, à voix basse, avec mille harmonies,
Disaient en inclinant leur couronne de feu,
Et les flots bleus, que rien ne gouverne et n'arrête,
Disaient en recourbant l'écume de leur crête :
    — C'est le Seigneur, le Seigneur Dieu !

                    VICTOR HUGO, *Orientales.*

De toutes les merveilles que le télescope a mises au jour en
cultivant les champs de l'espace, aucune n'eut peut-être plus de
droits à l'étonnement des mortels que l'existence d'étoiles changeantes, périodiquement variables, dont la lumière et la couleur
sont soumises à une périodicité d'éclat; du moins aucune révélation télescopique n'a plus surpris les observateurs. Des étoiles qui,
loin de rester fixes dans une lumière inaltérable, voient leur clarté
s'affaiblir et se raviver périodiquement! des étoiles qui, brillant
aujourd'hui d'un éclat splendide, seront invisibles demain, et res-
suscitées après-demain! L'imagination la plus téméraire n'eût jamais
osé inventer de telles créations; et c'est à peine si, maintenant que
leur existence est bien constatée, l'esprit peut s'accoutumer à la
concevoir.

Il y a des étoiles dont l'éclat subit une variation périodique,

qui le ramène tour à tour à son maximum et à son minimum d'intensité. Pour bien nous figurer en quoi consiste ce changement
singulier, représentons-nous notre Soleil, et supposons qu'il soit
soumis à ces variations. Aujourd'hui, le voici qui rayonne de ses
flammes les plus éclatantes et verse dans l'atmosphère échauffée
des flots d'une éblouissante lumière; pendant quelques jours il
garde cette même intensité; mais voilà que, le ciel restant pur
comme précédemment, l'éclat du Soleil s'affaiblit de jour en jour :
au bout d'une semaine il a perdu la moitié de sa lumière; au bout
de quinze jours, on peut le fixer en face; et puis il s'affaiblit encore,
devient pâle et morne, n'envoyant qu'une clarté blafarde à la
Terre. Nous craignons pour ses jours, et nous nous demandons
avec le traducteur de Plutarque :

> Le Dieu qui du néant vient de tirer le monde
> Va-t-il le replonger dans une nuit profonde?
> Le Soleil, ce flambeau de la terre et des cieux,
> A-t-il vu pour jamais anéantir ses feux?

Mais il renaît, et l'espérance avec lui. On remarque un premier
progrès dans la lumière éteinte; elle devient plus blanche, plus
éclatante. Son flambeau se rallume et augmente de jour en jour;
une semaine après son minimum d'intensité, il verse déjà une
lumière et une chaleur qui rappellent le foyer solaire. Son accrois-
sement continue. Et lorsqu'une période égale à celle de son déclin
sera passée, le Soleil étincelant aura repris toute sa force, toute
sa grandeur. La Terre est inondée des rayons de sa lumière éblouissante et de sa chaleur féconde.... Mais elle ne se réjouit pas
longtemps dans cette splendeur, car déjà le voici qui commence à
reprendre sa voie descendante. Et ainsi de suite, toujours. La
nature de ce nouveau soleil est d'être périodique, comme la vertu
de notre précédent soleil était de garder une lumière et une chaleur
permanentes.

On conçoit que ces variations d'éclat étonnent l'œil observateur
qui les contemple dans le champ de la vision télescopique. Ces
périodes sont de toutes les durées. Pour certaines étoiles, la période
est de plus d'un an. L'étoile χ du col du Cygne varie de la cin-

quième à la onzième grandeur dans une période de 404 jours. Une
autre étoile dont nous avons déjà parlé au chapitre des constellations, o de la Baleine, appelée aussi la *Merveilleuse* (Mira Ceti),
varie entre la deuxième grandeur et la dixième. D'autres astres
sont gouvernés par des variations plus rapides. Algol de la tête de
Méduse, que nous connaissons déjà (β de Persée), descend à son
minimum en 1 jour 10 heures 24 minutes; dans le même laps de
temps, elle est revenue à son maximum; sa période n'est donc que
de 2 jours 20 heures 48 minutes. L'étoile δ de Céphée varie dans
une période de 5 jours 8 heures 37 minutes, de la troisième à la
cinquième grandeur, etc.

On voit que ces variations sont elles-mêmes très diverses, et
qu'il est des soleils qui passent avec une étrange rapidité de leur
plus grand à leur plus petit éclat. Quelles sont les forces prodigieuses qui régissent ces gigantesques métamorphoses de lumière?
C'est ce que la science n'a pu encore déterminer. Maupertuis disait
que les étoiles changeantes avaient la forme de lentilles, qu'elles
tournaient perpendiculairement sur elles-mêmes, et qu'elles nous
présentaient successivement leur tranche et leur face. A l'époque
où elles ne présentaient que la tranche, c'était le minimum de leur
éclat; à l'époque où elles présentaient leur face entière, c'était
leur maximum. Mais existe-t-il des soleils faits en lentille? Quand
même ils existeraient, ce n'est pas de cette façon qu'ils tourne-
raient. Dans le cas des variations rapides, comme Algol, ce sont
de véritables éclipses.

Non seulement il y a des étoiles dont la lumière change périodiquement, diminuant parfois jusqu'à devenir complètement invisibles, quoique en réalité elles ne s'éteignent pas tout à fait, il en
est d'autres dont l'éclat s'est affaibli pour ne plus se réveiller et qui
sont à jamais disparues du ciel. Ce sont les *étoiles éteintes*, dont la
liste est assez nombreuse. L'astronome Ulugh-Beigh disait, en
l'année 1437, qu'une étoile du Cocher, que la onzième du Loup,
que six étoiles, parmi lesquelles quatre de troisième grandeur
voisines du Poisson austral, toutes marquées dans les catalogues
de Ptolémée et Abd-al-Rahmam-Sufi, ne se voyaient plus de son
temps. Au xvii⁰ siècle J.-D. Cassini, à la fin du xviii⁰ siècle

W. Herschel, signalèrent un grand nombre d'autres étoiles complètement disparues. Ce sont des systèmes pour lesquels l'heure de la fin du monde a sonné.

En parlant de la fin du monde, cette crainte s'est réveillée chez les habitants de la Terre, non pas lorsque des étoiles disparaissaient du firmament, car cette disparition n'est tout au plus remarquée que par les astronomes, mais bien lorsqu'un astre nouveau s'allumait soudain dans le ciel. Il y a en effet des étoiles subitement apparues. L'année même du massacre de la Saint-Barthélemy, le 11 novembre 1572, une magnifique étoile de première grandeur apparut subitement dans la constellation de Cassiopée, effaçant par son éclat les plus belles étoiles du ciel. Elle resta pendant dix-huit mois et disparut pour ne plus revenir. Les astrologues avaient rêvé que cette apparition était la même que celle des Mages à la naissance de Jésus-Christ, et en avaient conclu que le jugement dernier approchait.

Trente-deux ans plus tard, une autre étoile nouvelle apparaissait encore dans la constellation du Serpentaire. Dès le jour de son apparition, le 10 octobre 1604, elle était blanche; elle surpassait en éclat les étoiles de première grandeur, et aussi Mars, Jupiter et Saturne, dont elle se trouvait voisine. Plusieurs la comparaient à Vénus. Ceux qui avaient vu l'étoile de 1572 trouvaient que la nouvelle la surpassait en éclat.

Elle ne parut éprouver aucun affaiblissement dans la seconde moitié du mois d'octobre; le 9 novembre, la lumière crépusculaire qui effaçait Jupiter n'empêchait pas de voir l'étoile. Le 16 novembre, Kepler l'aperçut pour la dernière fois; mais à Turin, lorsqu'elle reparut à l'orient, à la fin de décembre et au commencement de janvier, sa lumière s'était affaiblie : elle surpassait certainement Antarès, mais n'égalait pas Arcturus. Le 20 mars 1605, plus petite en apparence que Saturne, elle surpassait notamment les étoiles de troisième grandeur d'Ophiuchus. Le 21 avril, elle parut égale à l'étoile luisante du genou de ce personnage. Elle diminua insensiblement.... Le 8 octobre, elle était encore visible, mais difficilement, à cause de la lumière crépusculaire. En mars 1606, elle était devenue complètement invisible.

Depuis que les hommes observent les étoiles, on a compté vingt-cinq apparitions d'étoiles nouvelles. Les dernières sont celles qui apparurent en mai 1866 dans la constellation de la Couronne, en novembre 1876 dans le Cygne, en août 1885, dans la Nébuleuse d'Andromède, et de décembre 1891 à février 1892 dans le Cocher [1].

Ces apparitions, aussi bien que tous les phénomènes extraordinaires, avaient le don de répandre la terreur et de réveiller les idées un peu assoupies de l'embrasement du monde, de la chute des étoiles, de la fin des temps. L'une des plus mémorables prédictions est celle de 1588, annoncée en vers latins emphatiques, dont voici la traduction : « Après mille cinq cents ans révolus à dater de la conception de la Vierge, la quatre-vingt-huitième année sera étrange et pleine d'épouvante; elle amènera avec elle de tristes destinées. Si dans cette terrible année le monde pervers ne tombe pas en poussière, si la terre et les mers ne sont pas anéanties, tous les empires du monde seront bouleversés, et l'affliction pèsera sur le genre humain. » Cette prédiction fut plus tard reprise en faveur, ou plutôt en défaveur du xviii° siècle, et le *Mercure de France* annonça pour l'année 1788 la plus grande des révolutions. Elle passait alors pour avoir été trouvée dans le tombeau de Régiomontanus. Les auteurs ne croyaient pas dire si vrai en inscrivant cette époque mémorable sous le titre de *révolution*.

Mais en songeant à ces prédictions, dont la liste serait beaucoup plus longue qu'on ne peut le penser au premier abord, je ne puis m'empêcher de vous rapporter les curieuses mystifications opérées en 1524 par l'astrologue allemand Stoffler. Suivant lui, le 20 février de cette année, la conjonction des planètes dans les Poissons devait produire un déluge universel. Les astrologues y ajoutaient foi comme le commun des martyrs. La sinistre nouvelle parcourut bientôt le monde, et l'on s'apprêta à voir l'univers trépasser du temps dans l'éternité. « Toutes provinces des Gaules, dit un auteur du temps, furent en une merveilleuse crainte et doute d'universelle inondation d'eau, et telle que nos pères n'en avaient vu, ni su par

---

1. Voir leur histoire dans notre ouvrage *les Étoiles*, Supplément de l'*Astronomie populaire*. Cette description détaillée des étoiles du ciel montre qu'un très grand nombre de ces lointains soleils ont changé d'éclat depuis deux mille ans.

8

les historiens, ni autrement. Au moyen de quoi hommes et femmes
furent en grand doute. Et plusieurs délogèrent de leurs basses
demeurances, cherchèrent hauts lieux, firent provision de farines
et d'autres cas, et se firent processions et oraisons générales et
publiques, à ce qu'il plût à Dieu avoir pitié de son peuple. » On
vit alors la crainte s'emparer d'une bonne partie des esprits. Ceux
qui habitaient près de la mer, des fleuves ou des rivières, abandonnèrent leurs demeures et vendirent à grosses pertes, sans doute
aux incrédules, leurs propriétés et leurs meubles. A Toulouse, un
nouveau Noé fit construire un bateau pour servir d'arche à sa
famille et à ses amis, et probablement aussi à quelques couples de
bêtes. Ce n'est pas le seul, au rapport de l'historiographe Bodin :
« Il se trouva plusieurs mécréants qui firent des arches pour se
sauver, quoiqu'on leur prêchât la promesse de Dieu, et son serment
de ne plus faire périr les hommes par le déluge. »

Maintes et maintes fois cette prédiction fut renouvelée et, triste
remarque, elle trouva toujours le même nombre de crédules,
quoique chaque fois l'événement lui eût donné un démenti formel.
En 1584, la frayeur causée par une annonce de cette sorte fut si
grande, que les églises ne purent contenir ceux qui y cherchaient
un refuge, qu'un grand nombre firent leur testament, sans réfléchir que c'était une chose inutile si tout le monde devait périr, et
que d'autres donnèrent leurs biens aux ecclésiastiques, dans l'es-
poir que leurs prières retarderaient le jour du jugement. Aussi
longtemps que le monde vivra, il craindra de mourir.

Elles se doutent bien peu des terreurs qu'elles ont fait naître si
innocemment parmi les hommes, ces étoiles singulières qui s'allu-
ment subitement dans les cieux pour s'éteindre bientôt après, ces
flammes variables qui passent par tous les degrés de lumière et
semblent, comme Castor et Pollux, avoir reçu pour destinée un
éternel mouvement de transition de la vie à la mort et de la mort
à la vie. Quelle puissance inconnue préside à ces variations? La vie
qui existe sur les mondes qui circulent autour de ces astres doit
être d'une bien étrange nature! Quelle pensée régit ces mouvements et quelle main construisit les êtres nés pour vivre en harmonie avec de tels systèmes? Quelle distance sépare la nature

terrestre, où les années se suivent par une loi permanente et ramènent successivement les mêmes phénomènes, de ces mondes où règnent des variations si prodigieuses? L'esprit s'étonne dans cette contemplation et reste en face de l'inconnu.... En songeant à ces merveilles des cieux, le poète anglais Kirke-White exprimait son étonnement en ces termes :

« O vous, étoiles scintillantes qui occupez encore vos places brillantes sur la voûte sombre du domaine de la nuit! planètes et sphères centrales d'autres systèmes, vastes comme le foyer brûlant qui rayonne sur ce bas monde, quoique à nos yeux vous paraissiez aussi faibles que l'étincelle du ver luisant : — vers vous j'élève mon humble prière, tandis qu'émerveillé mon regard voyage à travers votre armée céleste. Spectacle trop immense, trop illimité pour notre étroite pensée, qui rappetisse toutes choses dans ses vils préjugés et ne peut vous approfondir ni vous comprendre. De là, prenant un essor plus élevé, à travers vous j'élève mes pensées solennelles jusqu'au puissant fondateur de cette merveilleuse immensité.

« Mortel orgueilleux, lève les regards vers la voûte étoilée, contemple les brillants innombrables qui parsèment richement le char impérial de la nuit. Les télescopes te montreront les myriades plus serrées que les sables des mers. Chacun de ces petits flambeaux est la grande source de lumière, le soleil central autour duquel une famille de planètes voyage fraternellement; chaque monde est peuplé d'êtres vivants semblables à toi. Maintenant, mortel orgueilleux, où est ta grandeur passée? qui es-tu sur l'amphithéâtre de l'univers? Moins que rien, en vérité! Pourtant, le Dieu qui éleva ce merveilleux édifice des mondes a soin de toi, aussi bien que du mendiant qui demande les restes de ta table. »

VII

LES UNIVERS LOINTAINS, SOLEILS DOUBLES, MULTIPLES, COLORÉS

Par delà l'infini des cieux,
Je vis encore une étendue
Où des soleils mystérieux,
Qui se cachent à notre vue,
Illuminent d'autres mortels.
Là notre terre est inconnue,
Là sont d'immenses archipels
Dont les humains, sans se connaître,
Adorent tous le même Maître,
Chacun sur différents autels.
. . . . 1859.

Les merveilles qui viennent de passer sous nos yeux pâlissent encore devant celles dont nous approchons. Ici, ce que nous appelons la nature est entièrement bouleversé. Nos observations, les idées issues de l'expérience, nos classifications, nos jugements en ce qui concerne les œuvres de la nature, n'ont plus la moindre application. Nous sommes réellement dans un autre monde, étrange, invraisemblable, non naturel pour nous. La vie, les forces qui l'entretiennent, la lumière, la chaleur, l'électricité, les périodes des jours et des nuits, les saisons, les années, le monde visible et invisible, tout est transformé. Nous voici à la surface de globes célestes illuminés de jour par plusieurs soleils de toutes grandeurs, de toutes lumières, de toutes couleurs, et éclairés pendant la nuit par des lunes aux disques multicolores. Rien d'approchant ne s'est vu sur la terre : est-ce vraiment là notre création? ne sont-ce pas d'autres univers?

Résumons en un même panorama les études que nous avons

faites sur la nature de ces mondes et observons les types essentiels de l'étonnante diversité qui les sépare du nôtre.

A l'œil nu, ou dans les lunettes de moyenne puissance,
toutes les étoiles apparaissent comme de simples points lumineux. Si l'on emploie un instrument qui permette un grossissement considérable, on est surpris de voir que quelques-uns de
ces points se dédoublent : on aperçoit alors deux étoiles au lieu
d'une seule.

Il y a un siècle, on connaissait au plus une vingtaine de groupes
de ce genre ; aujourd'hui les observateurs en ont recensé plus de
dix mille. Ces groupements de deux ou plusieurs étoiles ne sont
pas seulement apparents, c'est-à-dire dus à la présence de deux ou
plusieurs étoiles dans la même direction du rayon visuel d'un habitant de la terre ; mais ils sont, pour la plupart, réels, formés de
deux soleils associés dans leur destinée.

Sur 10 000 étoiles voisines, peut-être doubles réellement, nous
avons déjà reconnu 850 systèmes physiques, c'est-à-dire 850 groupes de soleils tournant l'un autour de l'autre.

Les éléments de plusieurs de ces systèmes ont été complètement déterminés. Les principaux sont indiqués dans le tableau
ci-dessous.

Noms de l'étoile.	Temps de la révolution de la petite autour de la grande.	Couleurs des deux étoiles.	Astronomes auxquels on doit le calcul.
δ du Petit Cheval....	11 ans 5 mois.	blanches	Burnham.
42° de la Chevelure...	25 — 8 —	blanches	See.
ζ d'Hercule..........	34 — 7 —	jaune et rouge	Flammarion.
η de la Couronne....	40 — 2 —	jaunes	Flammarion.
Sirius............	51 — 10 —	blanches	Burnham.
γ Couronne australe..	55 — 6 —	blanches	Schiaparelli.
ζ du Cancer........	58 — 9 —	blanches	Flammarion.
ξ de la Grande Ourse.	60 — 7 —	jaune d'or et cendrée	Flammarion.
α du Centaure......	81 —	blanches	See.
70 Ophiuchus........	92 —	pourpres	Flammarion.
ξ du Scorpion......	98 —	blanches	Flammarion.
ω du Lion..........	116 —	blanches	See.
ξ du Bouvier........	128 ans	jaune et orange	See.
γ de la Vierge.......	175 —	jaune d'or	Flammarion.

Noms de l'étoile.	Temps de la révolution de la petite autour de la grande.	Couleurs des deux étoiles.	Astronomes auxquels on doit le calcul.
η Cassiopée.........	176 —	jaune et lilas	Duner.
τ Ophiuchus.........	230 —	blanches	See.
44 Bouvier..........	261 —	blanche et cendrée	Doberck.
γ du Lion..........	420 —	jaunes	Doberck.
Castor...........	996 —	jaunes	Thiele.

On voit que la durée des révolutions de ces curieux systèmes varie considérablement, puisque la plus petite de ceux qui ont pu être calculés est de onze ans et demi, la plus longue de près de mille ans. Les autres sont, en général, beaucoup plus longues encore.

Les distances mutuelles qui séparent ces lointaines étoiles sont, quoiqu'elles paraissent se toucher, de centaines de millions de kilomètres.

Parmi les étoiles doubles, signalons Sirius, dont le compagnon avait été révélé par le calcul avant que les instruments l'eussent découvert. La théorie avait assigné à la révolution de cette planète une durée de quarante-neuf ans, et l'observation s'en approche beaucoup.

On ne connaît pas seulement des étoiles doubles, mais des étoiles triples, quadruples, etc., et jusqu'à des étoiles sextuples : telle est la fameuse étoile θ de la constellation d'Orion, qui, simple à l'œil nu, se décompose en quatre étoiles formant un trapèze lorsqu'on l'observe avec une lunette d'une suffisante puissance. Les grands télescopes ont montré deux très petites étoiles situées dans les limites du trapèze, ce qui porte à six le nombre des étoiles de ce groupe. Nous en avons parlé à propos d'Orion (et on l'a vue à la figure de la page 89).

La blanche lumière de notre Soleil déverse ses rayons éclatants du haut de l'azur, et, grâce à l'atmosphère transparente dont les mille réflexions forment un véritable réservoir de lumière, tous les objets qui ornent ou peuplent la surface du globe sont enveloppés dans cette clarté. Cependant cette lumière blanche n'est pas simple. Elle renferme dans son rayon la puissance de toutes les couleurs possibles, et les corps, au lieu de nous paraître tous revêtus d'une blancheur uniforme, absorbent certaines couleurs de ce rayonnement complexe et réfléchissent les autres. C'est cette réflexion qui constitue à nos yeux la coloration de ces corps. Elle dépend donc de l'agencement moléculaire de la surface réfléchissante, de sa disposition à recevoir certains rayons du spectre et à renvoyer les autres. Mais la somme de toutes ces couleurs constitue le blanc originaire, source unique de ces apparences diverses.

Il est bon de se rappeler maintenant que cette théorie, applicable au monde organique, reçoit encore une importance plus considérable lorsqu'on envisage le mode de coloration des substances organiques. La beauté des plantes, la diversité des prairies, l'or des sillons, la blancheur du lis, l'écarlate, l'orangé, l'azur, toutes les nuances ravissantes qui font la richesse des fleurs ; l'éclat du plumage chez les petits oiseaux des tropiques, la neige des colombes, la fourrure fauve du lion comme le rayonnement des blondes chevelures : c'est à la lumière blanche de notre soleil qu'il faut remonter pour l'explication de la beauté visible, c'est en elle que réside la source des nuances infinies qui décorent les formes de la nature.

Or, supposons un instant qu'au lieu de la blanche source de toute lumière qui nous inonde, nous ayons un *soleil bleu foncé* : quel changement à vue s'opère aussitôt dans la nature ! Les nuages perdent leur blancheur argentée et l'or de leurs flocons pour étendre sous le ciel une voûte plus sombre ; la nature entière se couvre d'une pénombre colorée : les plus belles étoiles restent dans le ciel du jour ; les fleurs assombrissent l'éclat de leur brillante parure ; les campagnes se succèdent dans la brume jusqu'à l'horizon invisible ; un jour nouveau luit sous les cieux ; l'incarnat des joues fraîches efface son duvet naissant, les visages semblent vieillir, et l'humanité se demande, étonnée, l'explication d'une transformation si étrange. Nous connaissons si peu le fond des choses, nous tenons tant aux apparences, que l'univers entier nous semble renouvelé par cette légère modification de la lumière solaire.

Que serait-ce si, au lieu d'un seul soleil indigo, suivant avec

régularité son cours apparent, s'assurant les années et les jours
par son unique domination, un second soleil venait soudain s'unir
à lui, un soleil d'un rouge écarlate, disputant sans cesse à son
partenaire l'empire du monde des couleurs? Imaginez-vous qu'à
midi, au moment où notre soleil bleu étend sur la nature cette
lumière pénombrale que nous venons de décrire, l'incendie d'un
foyer resplendissant allume à l'orient ses flammes. Des silhouettes
verdâtres se dressent soudain à travers la lumière diffuse, et à
l'opposite de chaque objet une traînée sombre vient couper la
clarté bleue étendue sur le monde. Plus tard le soleil rouge monte
tandis que l'autre descend, et les objets sont colorés, à l'orient
des rayons du rouge, à l'occident des rayons du bleu. Plus tard
encore, un nouveau midi luit sur la Terre, tandis qu'au couchant
s'évanouit le premier soleil, et dès lors la nature s'embrase d'un
feu rouge écarlate. Si nous passons à la nuit, à peine l'occident
voit-il pâlir comme de lointains feux de Bengale les derniers
rayonnements de la pourpre solaire, qu'une aurore nouvelle fait
apparaître les lueurs azurées du cyclope à l'œil bleu. L'imagination des poètes, le caprice des peintres, créeront-ils sur la palette
de la fantaisie un monde de lumière plus hardi que celui-ci? La
main folle de la chimère, jetant sur sa toile docile les éclats
bizarres de sa volonté, édifiera-t-elle au hasard un édifice plus
étonnant que celui-ci? — Hegel a dit que « tout ce qui est réel est
rationnel », et que « tout ce qui est rationnel est réel ». Cette
pensée hardie n'exprime pas encore toute la vérité. Il y a bien des
choses qui ne nous paraissent point rationnelles, et qui néanmoins
existent en réalité dans l'une des créations sans nombre de l'infini
qui nous entoure.

Ce que nous venons de dire à propos d'une terre éclairée par
deux soleils de diverses couleurs, dont l'un serait bleu foncé et
l'autre rouge écarlate, n'a rien d'imaginaire. Par une belle nuit
calme et pure, prenez votre lunette et regardez dans Persée, ce
héros sensible marchant en pleine Voie lactée et tenant en main
la tête de Méduse; regardez, dis-je, l'étoile γ : voilà au grand jour
notre monde de tout à l'heure. La grande étoile est d'un beau
rouge, l'autre est d'un bleu sombre. A quelle distance ce monde

étrange est-il situé? C'est ce que nul ne peut dire. On peut seulement affirmer qu'à raison de 300 000 kilomètres par seconde la
lumière met plus de cent ans à nous venir de là.

Mais ce monde n'est pas le seul de son genre. Celui de γ d'Ophiuchus lui ressemble à tel point, qu'on pourrait facilement s'y
tromper et les prendre l'un pour l'autre (à cette distance-là ce
serait, il est vrai, pardonnable). Seulement, dans le système
d'Ophiuchus, le soleil bleu n'est pas aussi foncé que dans l'autre.
Une étoile du Dragon ressemble beaucoup aux précédentes, mais
chez elle le grand soleil est d'un rouge plus foncé; une autre du
Taureau a son grand soleil rouge, son petit bleuâtre; une autre
encore, η du Navire, a son grand soleil bleu et son petit rouge
sombre.

Ainsi, voilà notre monde imaginaire réalisé en plusieurs endroits
de l'espace, et il y a, à n'en pas douter, des yeux humains qui là-
bas contemplent chaque jour ces merveilles. Qui sait? — et la
chose est très probable — ils n'y font peut-être guère attention,
et, dès leur berceau, habitués comme nous à la même vue, ils n'ap-
précient pas la valeur pittoresque de leur séjour. Ainsi sont faits
les hommes : le nouveau, l'inattendu, seul les touche; quant au
naturel, il semble que ce soit là un état éternel, nécessaire, fortuit,
de l'aveugle nature, qui ne mérite pas la peine d'être observé. Si
les humains de là-bas venaient chez nous, tout en reconnaissant
la simplicité de notre petit univers, ils ne manqueraient pas de
l'observer avec surprise et de s'étonner de notre indifférence.

C'est sans doute après avoir rêvé à ces étranges et lointains univers que Victor Hugo a écrit les strophes suivantes :

> S'il nous était donné de faire
> Ce voyage démesuré,
> Et de voler de sphère en sphère
> A ce grand soleil ignoré;
> Si, par un archange qui l'aime,
> L'homme aveugle, frémissant, blême,
> Dans les profondeurs du problème,
> Vivant, pouvait être introduit;
> Si nous pouvions fuir notre centre,
> Et, forçant l'ombre où Dieu seul entre,
> Aller voir de près dans leur antre
> Ces énormités de la nuit;

Ce qui t'apparaîtrait te ferait trembler, ange!
Rien, pas de vision, pas de songe insensé,
Qui ne fût dépassé par ce spectacle étrange;
Monde infernal, et d'un tel mystère tissé,
Que son rayon fondrait nos chairs, cire vivante,
Et qu'il ne resterait de nous dans l'épouvante
Qu'un regard ébloui sous un front hérissé.
Tu verrais! — un soleil, autour de lui des mondes,
Centres eux-mêmes, ayant des lunes autour d'eux;
Là des fourmillements de sphères vagabondes;
Là des globes jumeaux qui tournent deux à deux.

(J'ajouterai même ici, comme document particulier, que ce sont mes causeries avec l'illustre poète qui m'ont le plus chaleureusement engagé, vers l'an 1873, à m'occuper tout spécialement des étoiles doubles.)

Les soleils qui constituent ces soleils multiples diffèrent donc encore du nôtre par leur coloration. Dans leur variété, parmi l'ensemble des astres, une nouvelle variété se manifeste encore. Les systèmes binaires colorés ne se composent pas unanimement des soleils rouges et bleus auxquels nous faisions allusion tout à l'heure; les moyens ne leur font pas défaut; il en est ici comme dans l'universalité des productions de la nature : c'est à une source intarissable qu'elle a puisé pour la richesse et le luxe dont elle a décoré ses œuvres.

Voici, par exemple, le beau système de γ d'Andromède. Le grand soleil central est orangé, le petit qui gravite autour est d'un bleu vert, double d'ailleurs lui-même. Que résulte-t-il du mariage de ces deux couleurs, l'orange et l'émeraude? N'est-ce pas là un assortiment plein de jeunesse — si cette métaphore est permise, — un grand et magnifique soleil orange au milieu du ciel; puis une émeraude brillante, qui gracieusement vient marier à l'or ses reflets vert-marine?

Voici encore, dans Hercule, deux soleils, rouge et vert; dans la Chevelure de Bérénice, l'un rouge pâle, l'autre d'un vert limpide; dans Cassiopée, soleil rouge et soleil vert : nouvelle série de nuances tendres et ravissantes.

Changeons la vue : il suffit pour cela de considérer d'autres systèmes; il y a plus de variété parmi eux que dans tous les changements à vue que l'opticien peut produire sur l'écran d'une lanterne magique. Tels univers planétaires éclairés par deux soleils ont toute la série des couleurs appartenant au bleu et ne connaissent point les nuances éclatantes de l'or et de la pourpre, qui jettent tant de vivacité sur le monde. C'est dans cette catégorie que se trouvent placés certains systèmes situés dans les constellations d'Andromède, du Serpent, d'Ophiuchus, de la Chevelure de Bérénice, etc. Tels ne connaissent que des soleils rouges, comme une étoile double du Lion par exemple. Tels autres systèmes sont voués au bleu et au jaune, ou du moins sont éclairés par un soleil bleu et un soleil jaune qui ne leur donnent qu'une série limitée de nuances comprises dans les combinaisons de ces couleurs primitives ; tels sont les systèmes de la Baleine, de l'Éridan, dont l'une est couleur de paille et l'autre bleue ; de la Girafe, d'Orion, de la Licorne, des Gémeaux, du Bouvier, la grande jaune, la petite bleu verdâtre ; du Cygne, dont la petite est d'un bleu intense. Nous avons, d'un autre côté, les assortiment du rouge et du vert, comme on en voit dans Cassiopée, la Chevelure et Hercule.

D'autres systèmes stellaires se rapprochent davantage du nôtre, en ce sens que l'un des soleils qui les illuminent, a, comme le nôtre, une lumière blanche, source de toutes les couleurs, tandis que son voisin vient rejeter un reflet permanent sur toutes choses. Voici, par exemple, les mondes qui circulent autour du grand soleil d'α du Bélier ; ce grand soleil est blanc, mais on voit constamment dans le ciel un autre soleil plus petit, dont le reflet bleu couvre comme d'un voile les objets exposés à ses rayons.

De même qu'il y a des soleils blancs accompagnés de soleils bleus, de même il en est qui sont escortés de soleils rouges ou jaunes.... Mais je ne m'arrêterais pas dans cette énumération, si je voulais passer en revue toute l'armée du ciel.

Quelle variété de clarté deux soleils, l'un rouge et l'autre vert, l'un jaune et l'autre bleu, doivent répandre sur une planète qui circule autour de l'un ou de l'autre ! A quels charmants contrastes, à quelles magnifiques alternatives doivent donner lieu un jour rouge et un jour vert, succédant tour à tour à un jour blanc et aux ténèbres ! Quelle nature est-ce là? Quelle inimaginable beauté revêt d'une splendeur inconnue ces terres lointaines disséminées au fond des espaces sans fin !

Si comme notre lune, qui gravite autour du globe, comme celles de Jupiter, de Saturne, qui réunissent leurs miroirs sur l'hémisphère obscur de ces mondes, les planètes invisibles qui se balancent là-bas sont entourées de satellites qui sans cesse les accompagnent, quel doit être l'aspect de ces lunes éclairées par plusieurs soleils ! Cette lune qui se lève des montagnes lointaines est divisée en quartiers diversement colorés, l'un rouge, l'autre bleu ; — cette autre n'offre qu'un croissant violet ; celle-là est dans son plein, elle est verte et paraît suspendue dans les cieux comme un immense fruit. Lune rubis, lune émeraude, lune opale : quels diamants célestes ! O nuits de la terre, qu'argente modestement notre lune solitaire, vous êtes bien belles, quand l'esprit calme et pensif vous contemple ! mais qu'êtes-vous à côté des nuits illuminées par ces lunes merveilleuses ? .

Et que sont les éclipses du soleil sur ces mondes ? Soleils multiples, lunes multiples, à quels jeux infinis vos lumières mutuellement éclipsées ne donnent-elles pas naissance ! le soleil bleu et le soleil jaune se rapprochent ; leur clarté combinée produit le vert sur les surfaces éclairées par tous deux, le jaune ou le bleu sur celles qui ne reçoivent qu'une seule lumière. Bientôt le jaune s'approche sous le bleu ; déjà il entame son disque, et le vert répandu sur le monde pâlit, pâlit, jusqu'au moment où il meurt, fondu dans l'or qui verse dans l'espace ses rayonnements cristallins. Une éclipse totale colore le monde en jaune. Une éclipse annulaire montre une bague bleue autour d'une pièce d'or. Peu à peu, insensiblement, le vert renaît et reprend son empire.

Ajoutons à ce phénomène celui qui se produirait si au beau milieu de cette éclipse dorée quelque lune venait couvrir le soleil jaune lui-même et plonger le monde dans l'obscurité, puis, suivant la relation existant entre son mouvement et celui du soleil, continuer de le cacher après sa sortie du disque bleu et laisser alors la nature retomber sous le rideau d'une nouvelle couche azurée. Ajoutons encore..., mais non, c'est le trésor inépuisable de la nature : y plonger à pleines mains, c'est n'y rien prendre.

J'aime à terminer ces descriptions par un chant gracieux, œuvre du poète américain Bryant, par le *Chant des étoiles*. Ces strophes sont à leur place naturelle après les harmonies de lumières et de ravissantes colorations que nous venons d'observer dans le monde de ces étoiles lointaines.

« Lorsque le matin radieux de la création se leva, et que le monde s'éveilla dans le sourire de Dieu ; lorsque les royaumes déserts de l'obscurité et de la mort sentirent le souffle de sa puissance émouvoir leurs profondeurs, que les orbes splendides, que les sphères enflammées de l'abîme du vide s'élevèrent par myriades dans la joie de la jeunesse ; comme elles s'élançaient en avant pour jouer dans les profondeurs grandissantes de l'espace, leurs voix argentines s'unirent en chœur, — et voici le chant que chantait l'une des plus brillantes :

« En avant ! en avant ! parmi les vastes, les vastes cieux, parmi les beaux champs d'azur qui s'étendent devant vous. Voguez, soleils accompagnés des mondes qui roulent autour de vous ; et vous, planètes suspendues sur votre pôle tournant, avec vos îles de verdure, vos blancs nuages et vos ondes étendues, comme une lumière fluide ;

« Car la source de la gloire dévoile sa face, et la lumière déborde l'espace sans bornes. Nous buvons en voguant les marées lumineuses, dans notre éther limpide et nos plaines fleuries. Ah oui ! Voguez au delà des vivantes splendeurs, suivez en chantant votre chemin joyeux !

« Regardez ! regardez ! là-bas, à travers nos rangs étincelants, dans l'azur infini, étoile après étoile, comme ces astres brillent et fleurissent lorsqu'ils passent dans leur course rapide ! comme la verdure court sur leur masse roulante ! comme les vents légers marquent leur passage lorsque les petites vagues s'émeuvent et que se courbe la tête des jeunes arbres dans les bois !

« Voyez ! le jour plus brillant verse ses rayons comme l'arc-en-ciel se suspend dans l'onde de l'atmosphère éclairée ! et les crépuscules du matin et du soir avec leurs richesses de nuances, lorsqu'ils descendent sur leurs brillantes planètes, y répandant leur rosée! et entre eux, sur les régions fécondes, la nuit qui les couvre de son cône d'ombre.

« En avant! en avant! Dans nos bocages en fleur, dans la douce brise enveloppant les sphères, dans les mers et les sources qui brillent avec l'aurore, voyez, l'amour court, la vie naît, des myriades d'êtres respirent et se séparent de la nuit pour se réjouir comme nous dans le mouvement et dans la lumière.

« Glissez dans votre beauté, ô sphères pleines de jeunesse, réglant la danse qui mesure les années! glissez dans la gloire et dans la joie qui s'étend jusqu'aux plus lointaines frontières du firmament, belles étoiles, reflets divins d'une Lumière incréée devant laquelle pâlissent nos flambeaux. »

LE DOMAINE DU SOLEIL

I

LE SYSTÈME PLANÉTAIRE

Dans le centre éclatant de ces orbes immenses
Qui n'ont pu nous cacher leur marche et leurs distances,
Luit cet astre du jour, par Dieu même allumé,
Qui tourne autour de soi sur son axe enflammé :
De lui partent sans fin des torrents de lumière ;
Il donne en se montrant la vie à la matière,
Et dispense les jours, les saisons et les ans,
A des mondes divers, autour de lui flottants.
Ces astres asservis à la loi qui les presse
S'attirent dans leur course et s'évitent sans cesse,
Se servent l'un et l'autre et de règle et d'appui,
Se prêtent les clartés qu'ils reçoivent de lui.
Au delà de leur cours, et loin dans cet espace
Où la matière nage et que Dieu seul embrasse,
Sont des soleils sans nombre et des mondes sans fin....
Par delà tous ces cieux, le Dieu des cieux réside !

VOLTAIRE.

Nous allons descendre de l'ensemble des étoiles à une étoile particulière, et de la contemplation générale de notre univers à l'étude d'une région limitée. Après avoir embrassé l'étendue de ce vaste et imposant domaine exploré par la science, nous concentrerons nos regards sur une seule cité, comme l'observateur qui, voulant se rendre compte de la position d'une villa au milieu d'un paysage, après avoir examiné d'abord les alentours et les sites qui l'environnent, concentre son attention sur la cité elle-même. Si l'immensité des nombres ou l'infini de cette étude ne viennent plus dans cette contemplation nouvelle étonner notre esprit et confondre nos facultés, les caractères inaliénables qui distinguent universel-

lement les œuvres de la nature nous révéleront des beautés plus
sensibles et plus touchantes, non moins dignes de notre attention.
Nous nous rapprochons graduellement de notre petite Terre et des
êtres qui la peuplent. Dans l'œuvre parfaite de la nature, les plus
modestes d'entre les êtres laissent encore voir sur leur front le signe
divin de leur origine, et les plus simples d'entre les créations permettent d'apprécier en elles une splendeur cachée non moins merveilleuse que les manifestations les plus éclatantes. Ainsi, les rayonnements magnifiques de l'aurore boréale, que l'ombre gigantesque
d'une main invisible élève sur les glaces du pôle, sont reproduits
dans une couleur plus vive et dans un aspect plus ravissant
encore sur les corolles parfumées des petites fleurs aux nuances si
tendres.

Que l'on n'aille pas croire cependant que nous allons descendre
à de petits objets. Pour ne pas être infinis, ils n'en sont pas moins
fort respectables ; ce sont encore des formes colossales, à l'aspect
desquelles l'imagination reste confondue. Nous allons nous entretenir du système de mondes auquel la Terre appartient et auquel
commande le Soleil, astre un million deux cent quatre-vingt-trois
mille fois plus gros que la Terre.

Peut-être même ressentirons-nous un intérêt plus saisissant à
nous entretenir de choses qui nous touchent de plus près que de
celles dont l'éloignement nous rend étrangères les richesses les
plus précieuses. Nous voici, en effet, à peu près arrivés à notre
demeure dans l'espace. Descendus des hauteurs de la création sidérale, après avoir commencé notre étude par la circonférence fic-
tive que les limites de notre vue amplifiée par les instruments
décrivent autour du point que nous habitons, nous nous sommes
successivement rapprochés du centre. L'observation de notre quartier céleste n'est-elle pas plus intéressante pour nous que celle des
autres cités de l'espace?

Le Soleil qui nous éclaire est une des étoiles de la Voie lactée,
unité perdue parmi les millions qui constituent cette nébuleuse.
Mais ce n'est plus comme étoile que nous devons l'examiner
maintenant : c'est comme *centre d'un système de mondes* groupés
autour de lui.

Autour de cet astre lumineux sont réunis des astres opaques,
obscurs d'eux-mêmes, et qui reçoivent de lui leur lumière et leur
chaleur. Ces astres obscurs sont nommés *planètes*. Pour faciliter
leur étude et
pour aider à les
mieux recon-
naître, on peut
d'abord les di-
viser en deux
groupes bien
distincts :

Le premier,
voisin du Soleil,
est formé de
quatre planètes
de petites di-
mensions rela-
tivement à
celles du second
groupe. Ces
quatre planètes
sont, dans l'or-
dre des dis-
tances au So-
leil : *Mercure*,
Vénus, la *Terre*
et *Mars*.

Le second,
plus éloigné du
Soleil, est aussi
formé de quatre
planètes ; mais

Fig. 39. — Le Système planétaire.

elles sont très grosses si on les compare aux précédentes.
Ces quatre mondes sont, dans l'ordre des distances à l'astre
radieux : *Jupiter*, *Saturne*, *Uranus* et *Neptune*. Ces astres sont si
volumineux, que les quatre premiers réunis en un seul ne forme-

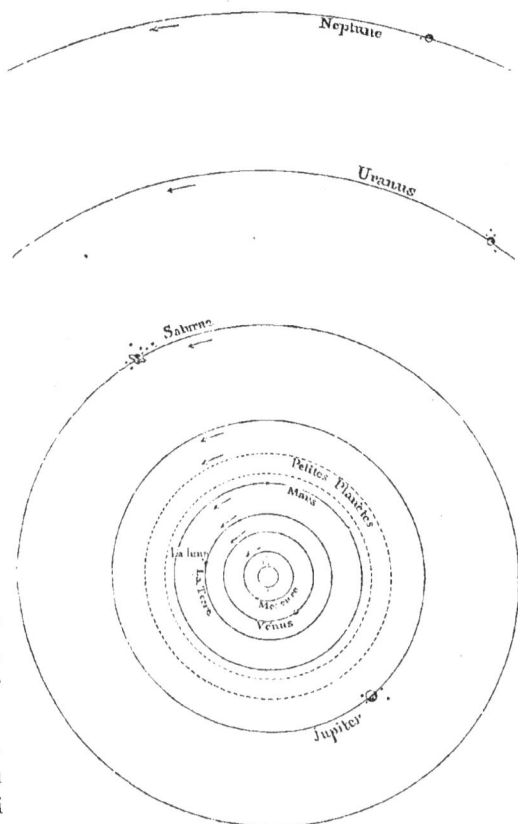

9

raient pas encore un globe de la grosseur du plus petit d'entre eux.

Maintenant, entre ces deux groupes bien distincts, il en est un troisième, formé d'un nombre considérable de petits corps dont on a déjà découvert plus de quatre cents. Ces *petites planètes* occupent l'espace qui s'étend du premier au second groupe. Comparés aux autres globes du système, ce sont de bien petits corps, en effet, car la plupart d'entre eux mesurent moins de cent kilomètres de diamètre; dans quelques-uns même, ce diamètre est à peine de quelques kilomètres. Ce sont de modestes départements de la république céleste.

Ces planètes, grosses et petites, sont les membres principaux de la famille. Il faut maintenant leur adjoindre des membres secondaires, des satellites qui appartiennent à quelques-uns d'entre eux et sont groupés autour des planètes comme celles-ci le sont autour du Soleil. De ces satellites, la Terre en possède un : la Lune; Mars deux, Jupiter quatre, Saturne huit. On n'en a encore découvert que quatre à Uranus et un à Neptune; mais il est probable qu'ils en ont d'autres, que des instruments plus puissants nous révéleront un jour.

A quelles distances ces corps planétaires sont-ils situés autour de l'astre central? Mercure, le plus proche, réside à 57 millions de kilomètres du Soleil; Vénus, qui vient ensuite, à 108 millions, la Terre, à 149 millions, et Mars, à 226 millions. Le groupe des petites planètes occupe une zone éloignée en moyenne à 400 millions de kilomètres du flambeau central. Puis viennent les quatre grosses planètes : Jupiter, à 775 millions de kilomètres; Saturne, à 1421 millions; Uranus, à 2831 millions de kilomètres, et Neptune, la dernière, à 4 milliards 470 millions de kilomètres. Les unes et les autres circulent aux distances respectives qui viennent d'être énoncées, et tournent autour du Soleil en un temps plus ou moins long, selon qu'elles sont plus ou moins éloignées de cet astre. Les plus proches ayant moins de chemin à faire et étant plus fortement attirées, parcourent plus rapidement leurs orbites; les plus éloignées marchent avec lenteur, comparativement aux précédentes. La Terre emploie 365 jours un quart à accomplir sa révolution : Mercure, 88 seulement, tandis que Neptune met plus de 164 ans. Ces mouvements sont réglés par une loi admirable et fort simple, trouvée par l'immortel Kepler, après trente ans de recherches. Exprimée en termes astronomiques, cette loi s'énonce ainsi : « Les carrés des temps des révolutions sont entre eux comme les cubes des distances ». En d'autres termes : en multipliant trois fois par lui-même le nombre qui représente la distance d'une planète au Soleil, on a le temps de sa révolution, multiplié par lui-même. Avec un peu d'attention, on voit combien est simple cette loi formidable qui dirige tous les mouvements célestes dans l'espace. Ainsi, par exemple, Jupiter est *cinq* fois (5, 2) plus loin du Soleil que la Terre. Je multiplie trois fois ce nombre par lui-même : 5, 2 × 5, 2 × 5, 2 = 140. Eh bien, la révolution de Jupiter est de près de douze ans (11,85), nombre qui, multiplié par lui-même, égale aussi 140. Il en est de même pour toutes les planètes, tous les satellites, tous les corps célestes.

Ces mouvements, dont la formule fut trouvée par Kepler, ont pour cause l'attraction ou la *gravitation* universelle, dont la loi fut donnée par Newton. Tous les corps s'attirent dans la nature : le Soleil attire la Terre, la Terre attire la Lune, et dans l'infiniment petit comme dans l'infiniment grand on voit les molécules élémentaires s'attirer les unes les autres par la loi d'affinité, et constituer la matière visible, qui n'est qu'un assemblage d'atomes juxtaposés. C'est en vertu de cette force universelle que les mondes lancés dans l'espace suivent une courbe autour du Soleil ; de cette courbe rapidement parcourue résulterait une force contraire qui, semblable à celle dont la pierre est animée lorsqu'elle s'échappe de la fronde, rejetterait les planètes hors de leurs orbites, si l'attraction du Soleil ne les retenait captives. C'est, en effet, l'attraction qui régit le monde, comme l'a chanté notre penseur Eugène Nus :

> La loi d'amour est souveraine :
> Partout son doux verbe est écrit.
> Elle féconde, unit, entraîne,
> La matière comme l'esprit.
> La terre s'échauffe à vos flammes ;
> Les cieux modulent vos accords,
> Amour, attraction des âmes,
> Attraction, amour des corps !

Pour compléter cette esquisse sommaire de l'empire du Soleil, il faut encore ajouter aux sujets précédents certains astres irréguliers qui, sans sortir de cet empire, sont toujours en voyage. Ils viennent de temps en temps faire une visite à la capitale, puis s'en retournent en province, à toutes les distances imaginables. Ce sont les comètes périodiques, êtres vagabonds s'il en fut jamais, voyageurs infatigables, mais que l'attraction puissante de l'astre solaire retient toutefois dans les limites de son domaine.

Tel est le petit groupe de mondes dont notre Soleil est le souverain. Représentez-vous un gigantesque navire, planant en pleine mer. Autour de lui circulent une quantité de petites chaloupes qui ne lui vont pas à la cheville, et, autour de quelques-unes de ces chaloupes, de petits bateaux d'enfants comme on en voit sur les bassins de nos squares. Les chaloupes, placées à diverses distances, circulent autour du grand navire, et les petits bateaux tournent autour des chaloupes. Enfin une quantité de canots s'éloignent et s'approchent alternativement en suivant des ovales.

Cette flotte d'embarcations variées n'est pas immobile sur l'Océan, et voici le point le plus merveilleux. Par-dessus tous les mouvements circulaires dont je viens de parler, il faut voir le mouvement collectif de la flotte, emportée sur la plaine liquide par le vaisseau maître. Fixe au milieu des chaloupes qui circulent autour d'elle, la grande nef brillante vogue sur l'Océan, entraînant avec elle tous ses petits sujets, sans qu'ils s'en aperçoivent, occupés qu'ils sont à tourner fidèlement autour du centre. Oui, le Soleil, qu'elle représente, vogue dans l'espace, entraînant avec lui terre, lune, planètes, comètes et tout son système. Où va-t-il? quel est le lieu de l'espace qui voit venir vers lui notre flotte grandissante?

> Allons-nous sur des bords de silence et de deuil,
> Échouant dans la nuit sur quelque vaste écueil,
> Semer l'immensité des débris du naufrage?
> Ou, conduits par la main sur un brillant rivage,
> Et sur l'ancre éternelle à jamais affermis,
> Dans un golfe du ciel aborder endormis [1]?

1. LAMARTINE.

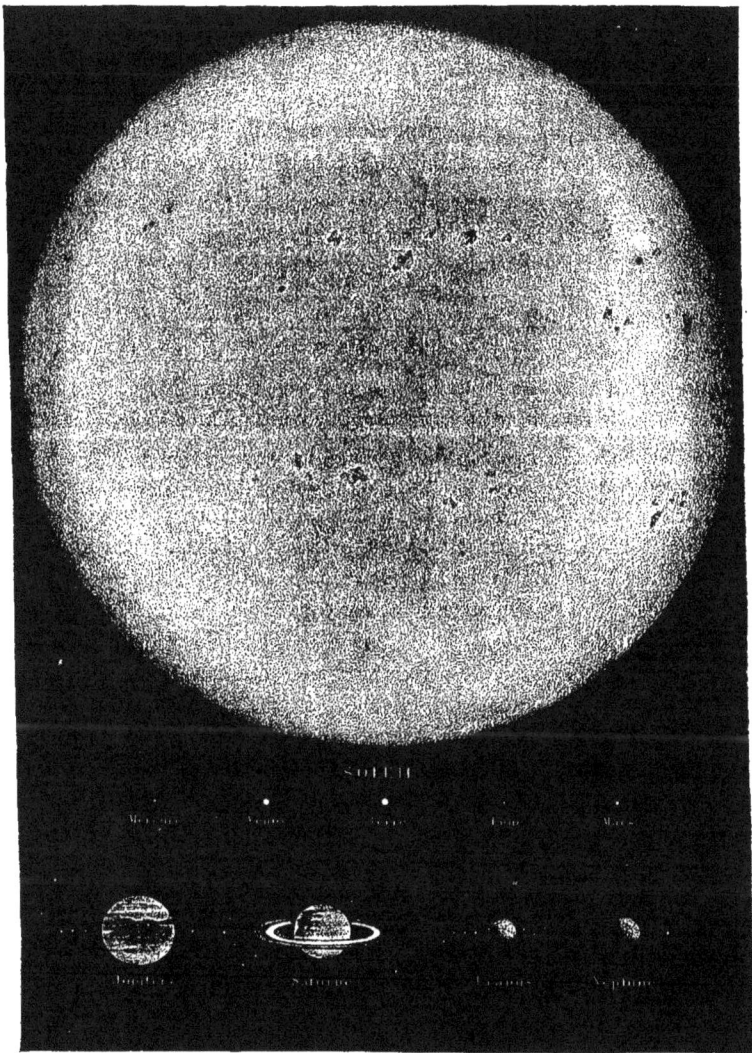

Fig. 40. — LE SOLEIL ET LES PLANÈTES.
Dimensions comparées.

Il me serait difficile de vous dire si nous allons échouer sur
quelque écueil ou jeter l'ancre dans un golfe ; je crois plutôt que
nous allons continuer indéfiniment notre marche, en suivant dans
le ciel une orbite gigantesque. Nous nous dirigeons actuellement
vers une imposante constellation, la constellation d'Hercule, située,
comme on l'a vu, entre la Lyre et le Bouvier : c'est là que nous
tendons. Un jour, les habitants des univers lointains verront une
petite étoile arriver dans cette région du ciel : cette étoile sera notre
Soleil, nous emportant dans ses rayons. A cette époque, l'aspect
général des constellations commencera à changer pour nous, attendu
que les étoiles dont nous approchons s'écartent les unes des autres,
que celles dont nous nous éloignons se resserrent, et que de
chaque côté de nous elles semblent reculer ; mais cette époque est
si loin de nous que les meilleurs yeux n'y peuvent arriver. Le
Soleil nous emporte, il est vrai, avec une vitesse d'environ 8 kilomètres par seconde ; mais il y a une telle distance entre chaque
étoile, que cette vitesse est à peu près insignifiante. Nous avons
vu qu'il est des étoiles dont le mouvement est plus rapide encore.

Tel est l'aspect sous lequel il convenait d'embrasser le Soleil
en passant de son rôle d'étoile à son rôle de chef de système. Maintenant, ce dernier rôle sera le seul que nous étudierons. Les étoiles
étant des soleils, il est plus que probable que, pour étudier et connaître complètement leur histoire, il faudrait aussi les considérer
sous le même aspect, et s'occuper également de leurs familles
respectives ; mais ces familles nous sont inconnues, et l'esprit de
l'homme est ainsi fait, qu'il lui est déjà difficile d'embrasser entièrement la sphère des choses connues, et qu'il se perdrait facilement
en désirant aller au delà. De plus, on garde toujours, quoi qu'on
fasse, un petit fonds d'égoïsme, et l'on se réserve volontiers pour les
personnes ou les choses qui nous touchent de plus près. Nous
voici donc définitivement passés de l'astronomie sidérale à l'astronomie planétaire.

II

LE SOLEIL

Observez le Soleil lui-même, s'élançant à l'Orient
sur ses ailes de gloire. Ange de lumière qui, depuis
l'époque où les cieux ouvrirent leur marche sublime, a, le premier de tout le chœur étoilé, suivi
la voie éclatante tracée par le Créateur.

Délicieuse puissance de la lumière, jour si doux
et si tendre, quel baume, quelle vie répandent tes
rayons! Te sentir est un bonheur si complet que, si
le monde n'avait d'autre joie que de s'asseoir dans
ton rayonnement calme et pur, ce serait encore un
monde trop exquis pour que l'homme ait le courage
de le quitter pour les ténèbres, les profondeurs et
l'ombre glaciale de la tombe.

THOMAS MOORE, *Lalla Rookh.*

L'astre resplendissant qui brille sur nos têtes occupe le centre
du groupe de mondes auquel la Terre appartient. Notre système
planétaire lui doit son existence et sa vie. Il est véritablement le
cœur de cet organisme gigantesque, comme l'exprimait jadis une
heureuse métaphore de Théon de Smyrne, et ses battements vivifi-
cateurs en entretiennent la longue existence. Placé au milieu d'une
famille dont il est le père, et sur laquelle il veille sans cesse depuis
les âges inconnus où les mondes sortirent de leur berceau, il la
gouverne et la dirige, soit dans le maintien de son économie intérieure, soit dans le rôle individuel qu'elle remplit parmi l'universalité de la création sidérale. Sous l'impulsion des forces qui émanent de son essence ou dont il est le pivot, la Terre et les planètes,
nos compagnes, gravitent autour de lui, puisant dans l'éternel
cours qui les emporte les éléments de lumière, de chaleur, de magnétisme, qui renouvellent incessamment l'activité de leur vie. Cet astre

magnifique est à la fois la main qui les soutient dans l'espace, le
foyer qui les échauffe, le flambeau qui les éclaire, la source féconde
qui déverse sur elles les trésors de l'existence. C'est lui qui permet
à la Terre de planer dans les cieux, soutenue sur l'invisible réseau
de l'attraction solaire; c'est lui qui la dirige dans sa voie, et qui
lui distribue les années, les saisons et les jours. C'est lui qui prépare un vêtement nouveau pour la sphère encore glacée dans la
nudité de l'hiver, et qui la revêt d'une luxuriante parure, lorsqu'elle incline vers lui son pôle chargé de neiges; c'est lui qui dore
les moissons dans les plaines et mûrit la grappe pesante sur les
coteaux échauffés. C'est cet astre glorieux qui, le matin, vient
répandre les splendeurs du jour dans l'atmosphère transparente, ou
soulève de l'Océan endormi comme un duvet de ses eaux, qu'il
transformera en pluie bienfaisante pour les plaines altérées; c'est
lui qui forme les vents dans les airs, la brise du crépuscule sur le
rivage, les courants pélagiques qui traversent les mers. C'est
encore lui qui entretient les principes vitaux des fluides que nous
respirons, la circulation de la vie parmi les êtres organiques, en un
mot la stabilité régulière du monde. Enfin, c'est à lui que nous
devons l'énergie physique et la force mécanique de l'humanité
entière, l'aliment perpétuel de notre industrie; plus que cela encore:
l'activité du cerveau, qui nous permet de revêtir d'une forme nos
pensées et de nous les transmettre mutuellement dans le brillant
commerce de l'intelligence.

Quelle imagination serait assez puissante pour embrasser l'étendue de l'action du Soleil sur tous les corps soumis à son influence?
Plus d'un million de fois plus gros que la Terre, et sept cents fois
plus volumineux à lui seul que toutes les planètes ensemble, il représente le système planétaire tout entier, et devant les étoiles ce
système n'existe pas. Il l'entraîne dans les déserts du vide, et ces
mondes le suivent à son gré comme d'obscurs passagers emportés
par un splendide navire sur la mer sans bornes. Il les fait rouler
autour de lui, afin qu'ils viennent d'eux-mêmes puiser dans leur
cours l'entretien de leur existence; il les domine de sa royale puissance et gouverne leurs mouvements formidables. S'adressant à
lui, le poète peut lui dire sans flatterie :

Ta présence est le jour, la nuit est ton absence;
La nature sans toi, c'est l'univers sans Dieu[1]!

De ces manifestations éclatantes de son pouvoir, descendons maintenant à ses actions cachées. Voyons sa lumière et sa chaleur agir sur l'organisme sensible des plantes qui le regardent avec amour et boivent à longs traits ses féconds rayonnements, sur l'électricité des minéraux et sur les variations diurnes de l'aiguille aimantée, sur la formation des nuées et la coloration des météores. Voyons-les, ces influences occultes de la lumière et de la chaleur, descendre à travers la pureté du jour sur notre âme elle-même, si éminemment accessible aux impressions extérieures, et lui communiquer la joie ou la tristesse; et peut-être commencerons-nous à nous former une idée de ce que c'est qu'un rayon de soleil, dans l'infiniment petit de la nature terrestre comme dans l'infiniment grand des phénomènes sidéraux.

Mais quelle est la nature de cet astre puissant dont l'action est si universelle? quel feu brûle dans cette immense fournaise? quels sont les éléments qui constituent ce globe splendide? Porte-t-il en soi les conditions d'une durée indéfinie, ou bien la Terre est-elle destinée à voir un jour s'éteindre ce flambeau de la vie et à rouler alors dans les ténèbres d'un éternel hiver? Ces questions se posent devant notre curiosité légitime, et nous voulons qu'une solution satisfaisante vienne y répondre.

Lorsqu'on veut apprécier la nature et la grandeur d'un haut personnage, on ne cherche pas généralement à mettre en évidence ses défauts, à étudier les taches de son caractère : ce serait un singulier moyen de juger de sa valeur; et lors même qu'il en serait ainsi, on le devrait à l'imperfection humaine, dont les plus grands d'entre nous ne sont pas affranchis. Mais il s'agit d'un être dont le caractère distinctif est précisément d'offrir, non seulement une pureté magnifique, mais encore la source de toute lumière et de toute splendeur : ce ne sont pas des taches que l'on devrait chercher en lui pour le connaître. Aussi le monde savant fut-il fort étonné, en

1. CHÊNEDOLLÉ.

l'année 1609, lorsque le roi soleil, le dieu du jour, fut accusé par le télescope d'être constamment couvert de taches, et eut-on lieu d'être encore plus étonné depuis, lorsqu'on reconnut que ces taches étaient justement le seul moyen que le Soleil nous laissât de pénétrer sa nature ; — on croirait presque, à ce propos, que l'orgueil est en raison inverse de la valeur. Les savants officiels de ce temps, les théologiens et les disciples de l'école d'Aristote, n'en voulaient rien croire. Le père provincial de l'ordre des jésuites à Ingolstadt répondit à Scheiner, le premier qui ait vu le Soleil et ses taches dans une lunette, qu'Aristote avait prouvé que tous les astres en général étaient incorruptibles, et que le Soleil en particulier était le flambeau le plus pur qui fût au monde ; conséquemment, que les prétendues taches du Soleil étaient dans les verres de ses lunettes ou dans ses yeux. Lorsque Galilée fit la même observation, messieurs les péripatéticiens s'exercèrent à lui démontrer, livres en main, que la pureté du Soleil était inattaquable et qu'il avait mal vu. Et, en effet, qui se serait jamais douté d'une pareille chose ? Des taches sur le Soleil ! ce devait être une erreur, c'était une illusion évidente. Napoléon lui-même n'y voulait pas croire deux cents ans plus tard. On avait bien vu jadis, en de graves circonstances, le disque du Soleil affaiblir son éclat, comme à la mort de Jules César :

> Quand César expira, plaignant notre misère,
> D'un nuage sanglant tu voilas ta lumière ;
> Tu refusas le jour à ce siècle pervers :
> Une éternelle nuit menaça l'univers.

C'est Virgile lui-même qui rapporte le fait, et l'auteur des *Métamorphoses* le confirme en un touchant témoignage :

> Soleil, tu te voilas : et tes pâles rayons
> S'affligèrent du deuil de la terre alarmée.
> Des torches flamboyaient sous la nue enflammée.
> Le sang pleuvait des airs ; l'Aurore, à son réveil,
> Vit des taches de sang rougir son teint vermeil,
> Et du char de Phœbé la lumière argentée
> Couvrit ses feux éteints d'une ombre ensanglantée.

Mais c'était là une exception, et c'eût été une grande témérité

d'en conclure pour cela que l'astre du jour était soumis à la corrup-
tion.

Pourtant le Soleil a des taches, et le fait le plus curieux, c'est que
ces taches nous ont mis sur la voie de connaître sa nature et sa
constitution physique, tandis que, sans elles, il nous aurait été fort
difficile d'avoir le moindre indice sur son état.

Voyons donc en quoi consistent les taches du Soleil.

En général, voici l'aspect qu'elles nous présentent dans le champ
du télescope.

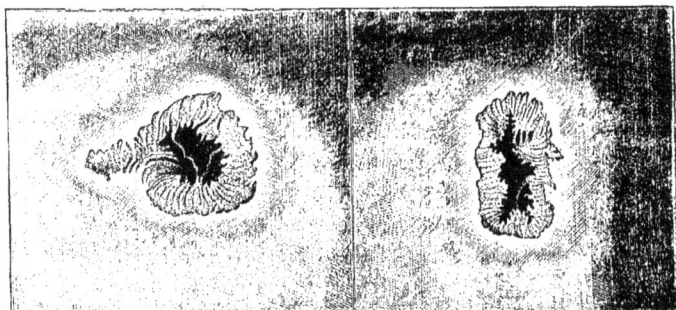

Fig. 41. — Aspect des taches solaires.

On remarque en elles deux parties bien distinctes : au centre,
une région noire bien définie; autour d'elle, une région moins
sombre, d'un éclat grisâtre, relativement à la surface du Soleil qui
l'enveloppe. La partie centrale a reçu le nom d'*ombre*; quelquefois,
au centre de cette partie, on remarque un point noir plus intense
encore, que l'on nomme *noyau*. La région extérieure de la tache a
reçu le nom de *pénombre*. Lorsqu'on dit que le centre des taches
est noir, il faut entendre cette expression relativement à la surface générale du Soleil; car ce centre, quelque sombre qu'il
paraisse par contraste, a été trouvé d'une clarté égale à deux mille
fois celle de la pleine Lune !

On peut être porté à croire que ces taches, ordinairement invisibles à l'œil nu, sont des mouvements insignifiants opérés à la
surface de l'astre, et d'une petite étendue. Il n'en est pas ainsi : ce

sont des phénomènes journaliers et très importants. Quelques-unes
ont été reconnues mesurer un diamètre de plus de 120 000 kilomètres, c'est-à-dire qu'elles étaient dix fois plus larges que la Terre.
Outre cette étendue, elles sont encore le siège d'actions multiples
et de phénomènes prodigieux. Elles ne se forment pas brusquement, mais grandissent jusqu'à la limite qu'elles doivent atteindre,
et diminuent ensuite. Quelques-unes ne durent que plusieurs jours,
d'autres des mois entiers. Or, les mouvements dont elles sont animées, soit pour s'accroître ou pour diminuer, soit dans leur action
interne, sont parfois d'une rapidité inouïe. Dernièrement, on a
suivi un météore éblouissant courant à travers un groupe de taches
avec une vitesse de 8000 kilomètres par minute. D'autre part,
on a suivi des tourbillons circulaires entraînant dans leurs tumultes
des taches grosses comme la Terre et s'engloutissant dans des
abîmes avec une vitesse effrayante. Quelquefois, on aperçoit les
crêtes de vagues tumultueuses débordant aux environs de la
pénombre et s'élevant sur la surface blanche du Soleil comme une
substance plus blanche et plus éclatante encore, rejetée sans doute
dans leur bouillonnement par des forces intérieures. Ailleurs, on a
vu des ponts immenses de substance enflammée jetés soudain sur
une tache noire, la traverser d'un bout à l'autre comme une arche
de stries lumineuses, et parfois se dissoudre et s'écrouler dans les
abîmes des tourbillonnements intérieurs. Cet astre, qui déverse
chaque jour sur nos têtes une lumière si calme et si pure, est le
siège d'actions puissantes, de mouvements prodigieux dont nos
tempêtes, nos ouragans et nos trombes ne nous donnent qu'une
faible idée, car ces perturbations gigantesques ne s'exécutent plus,
comme ici, dans une couche atmosphérique de quelques kilomètres d'épaisseur, mais dans des proportions bien autrement vastes,
puisque l'atmosphère solaire s'élève à des milliers de kilomètres
au-dessus de la surface, et que le volume du Soleil surpasse de
1 million 280 mille fois celui de notre globe.

Parfois aussi ces taches immenses, dont la nature reste encore
mystérieuse pour nous, se divisent, se séparent en deux parties,
dont l'une se fond insensiblement pour s'évanouir dans la masse
incandescente de la surface apparente du Soleil. Tel est le phéno-

mène que j'ai observé, suivi et dessiné pendant les journées du 10 au 22 mai 1868[1], et dont cette figure reproduit les phases principales. Cette tache était environ trois fois plus large que la Terre.

Une première ombre se forma vers la gauche de l'ombre de cette grande tache. Le lendemain, ce foyer secondaire, emportant une partie de la pénombre, se séparait en partie de la tache, à laquelle il restait attaché par une sorte de charnière. Le soir du même jour, cette segmentation s'était refermée; mais le lendemain elle reparut de nouveau pour s'accentuer désormais de plus en plus, s'opérer entièrement et montrer au télescope deux taches bien séparées au lieu d'une. Mais cette branche ne s'était séparée de sa mère que pour s'évanouir bientôt, absorbée dans la surface incandescente.

Le 13.

Le 15.

Le 16.

Le 16, 6 h. du soir.

Le 17.

Le 18.

Le 19.

Le 20.

Fig. 42. — Segmentation d'une tache solaire.

L'un des premiers résultats de l'observation des taches solaires, ce fut de reconnaître que cet astre tourne sur lui-même en 25 de nos jours environ.

En effet, si l'on suit pendant plusieurs jours consécutifs une tache quelconque de celles qui noircissent la surface solaire, ou

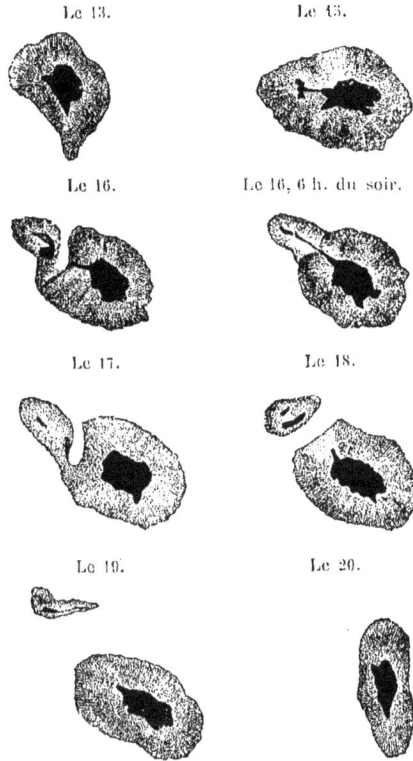

1. Voir *Comptes rendus de l'Académie des sciences* et mes *Études et Lectures sur l'Astronomie*.

un groupe de taches, ou encore l'ensemble, on ne tarde pas à
remarquer qu'elles sont animées d'un même mouvement d'un bord
à l'autre du disque solaire. Si, par exemple, on commence à suivre
une tache le jour de son apparition au bord oriental, on observe
qu'elle s'avance lentement vers le milieu de l'astre, qu'elle atteint
sept jours environ après son apparition; puis le dépasse et continue sa marche vers l'occident, et, sept jours après, elle arrive à la
limite et disparaît. Après une période de quatorze jours, employés
à tourner dans l'hémisphère opposé, elle reparaît parfois au même

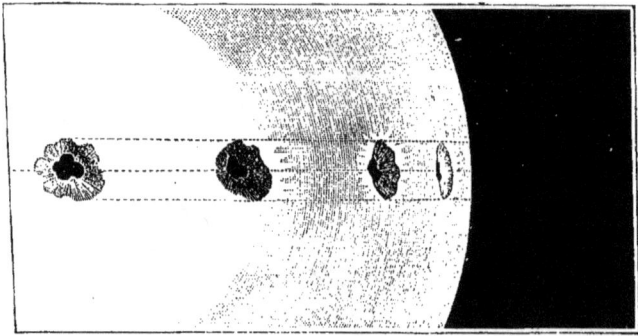

Fig. 43. — Mouvement d'une tache solaire, du bord vers le centre.

endroit et poursuit semblablement la marche précédemment
remarquée. Cette observation a établi avec évidence que le Soleil
tourne sur lui-même. Cette rotation du Soleil montre ses taches
avec l'aspect représenté par la figure ci-dessus.

Si la période de réapparition des taches mesure 27 à 28 jours,
cette apparence n'infirme pas le chiffre de 25 jours donné plus
haut. La différence provient de ce que la Terre ne reste pas immobile dans l'espace, mais tourne autour du Soleil. Pour que nous
puissions observer directement la durée de rotation, il faudrait
évidemment pour première condition, que nous restassions à la
même place, car autrement, si nous marchons autour de l'astre
dans le sens de son mouvement, nous verrons encore des taches
après le moment où elles auront disparu pour le point où nous

nous trouvions d'abord; et si nous allons en sens contraire, nous cesserons de les voir avant qu'elles cessent d'être visibles pour le point fixe. Or, dans son mouvement de translation autour du Soleil, la Terre s'avançant dans le sens de sa rotation, voit encore les taches deux jours et demi après qu'elles ont disparu pour le point où elle se trouvait au commencement de l'observation. Ce mouvement de rotation s'exécute de l'ouest à l'est, comme celui de la Terre et celui de toutes les planètes du système. A l'œil nu, c'est de gauche à droite (il y a assez souvent des taches assez grandes pour être visibles à l'œil nu, à l'aide d'un simple verre noirci, ou à travers le brouillard ou au lever et au coucher du soleil) ; dans les lunettes astronomiques, qui renversent les objets, ce mouvement s'effectue de droite à gauche. Comme on le voit sur cette petite figure, qui représente le disque solaire, ayant le sud en haut et le nord en bas, l'est à droite et l'ouest à gauche, les taches sont emportées par la rotation solaire dans le sens *a O b*.

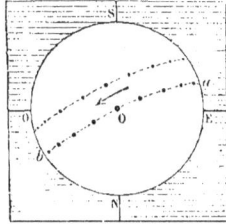

Fig. 44. — Mouvement apparent des taches du bord oriental au bord occidental du disque.

Ainsi, par l'examen télescopique, cet astre, déclaré fixe et incorruptible par l'antiquité, se vit à la fois dépouillé de ses deux qualités distinctives. La rotation diurne du Soleil est vingt-cinq fois plus longue que celle de la Terre, mais elle en diffère essentiellement dans ses conséquences immédiates, puisqu'elles ne produisent point à sa surface les alternatives de jour et de nuit qui dérivent chez nous de ce mouvement. On ne peut donc dire que ce soit là la durée du *jour* solaire, car elle n'est pas l'indice d'une succession de lumière et d'ombre : le jour du Soleil ne s'éteint pas, et le crépuscule du soir ne vient jamais l'affaiblir. Ce monde demeure dans une lumière permanente.

Il ne connaît pas non plus nos saisons ni nos années, et les éléments de notre calendrier ne s'appliquent point à son rôle astronomique. Il semble que la succession rapide des choses qui constitue notre temps, et la série changeante des phénomènes comme des êtres, ne soient pas le partage de sa grandeur, que la permanence et la durée sans mesure soient son apanage, et qu'il soit affranchi de compter pour sa vie personnelle ces âges successifs qui mesurent la vie et l'étouffent sous leur nombre. Une grande diversité de nature l'isole du rang des mondes planétaires, et ce serait un profond sujet d'étonnement pour l'habitant de la Terre, s'il lui était donné de visiter un pays si essentiellement distinct du nôtre, et de pouvoir établir une comparaison, si toutefois elle est possible, entre ce monde étrange et sa patrie.

III

LE SOLEIL (suite).

Quand le Soleil entra dans sa route infinie,
A son premier regard, de ce monde imparfait
Sortit le peu de bien que le Ciel avait fait.

A. DE MUSSET.

Quelle qu'ait été l'idée préconçue dont les pensées étaient dominées en faveur de ce beau Soleil, de cet astre rayonnant, si vénéré que l'idée seule de l'accuser de taches était un blasphème, c'est cependant de l'observation et de l'étude de ses taches qu'est résultée la connaissance que nous avons de lui : tant il est vrai que la science, supérieure à tous les préjugés, est la véritable souveraine de l'esprit. L'examen de ces taches, de leur forme, et des aspects changeants qu'elles revêtent par suite de la rotation de l'astre, a servi de base à une théorie sur sa constitution physique que divers astronomes ont successivement adoptée et consacrée, depuis Wilson et Herschel, jusqu'à Humboldt et Arago. D'après cette théorie, le Soleil se composerait essentiellement d'un noyau solide et d'une atmosphère. Le noyau serait obscur et l'atmosphère serait enveloppée d'une couche lumineuse, à laquelle on donna le nom de *photosphère*. La lumière et la chaleur qu'ils nous envoient ne viendraient pas du noyau, mais de cette enveloppe calorifique et éclatante. On expliquait les taches en supposant que ce sont des ouvertures formées dans cette enveloppe extérieure, soit par des éruptions de gaz issues de bouches volcaniques, soit par de puissants courants d'air s'élevant de l'atmosphère inférieure à l'atmosphère supérieure, semblables à des ouragans verticaux, soit

10

par toute autre cause dépendante de la nature de l'astre. La pénombre des taches serait formée par l'atmosphère inférieure, douée de la propriété de réfléchir la lumière de la photosphère et d'en préserver le corps de l'astre. Le centre obscur des taches ne serait autre chose que le corps du Soleil lui-même, rendu visible par une ouverture de l'atmosphère inférieure correspondant à l'ouverture de la photosphère. Les taches sont de la sorte suffisamment expliquées, et il en est de même des diverses apparences observées à la surface solaire, comme les pores dont elle paraît criblée, les facules ou taches blanches, les rides, etc., phénomènes causés par des mouvements chimiques opérés dans l'atmosphère, où les gaz s'associent dans les combinaisons les plus variées.

Cette théorie a paru d'autant mieux fondée, que l'ouverture en forme d'entonnoir qui constituerait les taches apparaît plus sensiblement encore dans les perspectives causées par le mouvement de rotation du soleil. En vertu de ce mouvement, une tache ronde paraîtra se rétrécir à mesure qu'elle s'éloignera du centre, et, lorsque la portion de sphère où elle est située aura tourné jusqu'au point où elle va disparaître, tout en ayant gardé sa longueur intégrale, sa largeur aura diminué jusqu'à ne plus offrir que l'apparence d'une ligne. De plus, la portion de la pénombre, ou, si l'on veut, de l'entonnoir, qui se trouve du côté du spectateur, diminuera de largeur et disparaîtra avant l'autre. Enfin, lorsqu'une grande tache arrivera au bord de la sphère, si cette tache est assez grande, on devra la voir creusant un peu la partie du disque solaire qu'elle occupe. Or ces apparences, commandées par la perspective dans le cas où les taches seraient des ouvertures, sont précisément celles que l'on observe.

Les astronomes ont été ainsi longtemps généralement d'opinion que le noyau solaire pouvait être un corps opaque obscur comme la Terre, enveloppé d'un fluide atmosphérique au delà duquel s'étendrait une couche de substance douée de la propriété d'émettre la lumière et la chaleur : c'est cette couche externe que l'on nomme *photosphère*.

Mais, aujourd'hui, le progrès des observations a modifié les opinions précédentes sur la constit tion physique de l'astre qui nous éclaire, surtout sur la solidité de son corps central.

Il faut dire, en effet, que la théorie du Soleil n'est pas tout à fait aussi simple que nous venons de la résumer. On ne voit pas l'aspect en creux des taches solaires. Personnellement, malgré mes nombreuses et très attentives observations, je n'ai jamais vu une dépression du bord du Soleil à l'endroit de la disparition d'une tache, même de la tache la plus colossale. D'ailleurs les recherches d'*analyse spectrale* faites depuis vingt ans paraissent démontrer plutôt que le Soleil est un *corps gazeux* très dense, incandescent, émettant par lui-même la chaleur et la lumière, et environné d'une atmosphère vaporeuse dans la-

Fig. 45. — Décomposition de la lumière.

quelle flottent des gaz en combustion à la surface agitée de l'océan solaire.

Occupons-nous un instant de l'analyse spectrale de la lumière.

Lorsqu'on reçoit un rayon de lumière sur un prisme, en traversant le prisme, ce rayon se décompose entre les couleurs différemment réfrangibles qui le constituent, et, au lieu de former un seul faisceau blanc, il peut être dirigé et étalé sur un écran sous la forme du petit ruban coloré (fig. 45), dans lequel le rouge est en bas et le violet en haut. Les couleurs sont dis-

posées à partir du haut, ou de la plus réfrangible, dans l'ordre
suivant :

Violet, Indigo, Bleu, Vert, Jaune, Orangé, Rouge.

Mais voici le fait curieux. Tout métal, tout corps, tout objet mis en
suspension dans une flamme et amené à l'état de gaz incandescent,
incorpore dans le rayon lumineux issu de cette flamme un arrangement de lignes spécial à la nature du corps. Dans le ruban le long
duquel s'étale en quelque sorte le rayon lumineux, le microscope
distingue un grand nombre de lignes brillantes transversales, *dont
l'ordre est spécial à la nature de l'objet* porté à l'état d'incandescence.

Ainsi, par exemple, si l'on chauffe un petit morceau de *fer* jusqu'à ce qu'il soit lumineux et émette une vapeur incandescente, et
si l'on reçoit sur le prisme de l'appareil spécial appelé *spectroscope*
le rayon émis par cette incandescence, en examinant le spectre de
ce rayon, on remarque au microscope 460 raies brillantes très
distinctes, disposées dans un ordre que nulle autre substance ne
présente.

Il en est de même pour d'autres corps. Lorsqu'ils arrivent à
l'état de vapeur incandescente, ils donnent une image prismatique
dont les lignes brillantes révèlent par leur nombre, leur position
et leur arrangement la nature intime de ces corps.

Tant que les corps restent solides ou liquides, leur spectre est
sans raies.

Fait digne de remarque, un gaz qui, à l'état d'incandescence,
donne un certain arrangement de lignes brillantes, *absorbe*, lorsqu'il n'est pas incandescent, les mêmes lignes brillantes existant
dans un rayon lumineux qui le traverse, de sorte que ces lignes se
présentent en noir.

L'examen de ces raies *obscures*, dans le spectre d'une lumière qui
a traversé une matière gazeuse, fait connaître quelles raies brillantes le même gaz introduirait dans le spectre s'il était incandescent.
Par conséquent, la nature de ce gaz se révèle par là aussi bien que
par les raies brillantes qu'il émettrait s'il était lumineux lui-même.

Autre remarque non moins importante. Il n'est pas nécessaire
qu'une substance soit en grande quantité pour annoncer sa présence dans la révélation merveilleuse de l'analyse spectrale : un

cinquante-millionième de gramme de thallium fait apparaître dans
son image prismatique sa ligne verte caractéristique. Un millionième de milligramme de sodium révèle sa présence dans une
flamme en dessinant immédiatement dans le spectre sa double raie
jaune. Une expérience curieuse manifeste mieux encore cette
extrême sensibilité. On a fait détoner 3 milligrammes de chlorate
de soude au fond d'une salle de 60 mètres cubes. A l'opposé de cet
endroit, on avait allumé un bec de gaz dont on observait le spectre.
Après quelques minutes, la double raie de sodium apparut, provenant, par conséquent, d'une infiniment petite partie de la soude
répandue dans l'atmosphère de la salle.

Ces principes étant exactement posés, on voit tout de suite leur
application à la détermination de la nature des corps qui existent
dans le Soleil.

L'image aux sept couleurs, donnée par le rayon solaire décom-
posé en traver-
sant un prisme,
présente dans
sa texture in-
time un grand
nombre de
lignes trans-
versales obs-

Rouge. Orangé. Jaune. Vert. Bleu. Indigo. Violet.

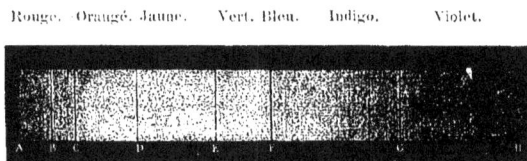

Fig. 46. — Raies principales du spectre solaire.

cures. Huit lignes surtout sont remarquables. La première est au
commencement du rouge ; la seconde au milieu, et la troisième
vers la fin de la même couleur. La quatrième est au milieu du
jaune. La cinquième au milieu du vert, la sixième dans le bleu, la
septième au commencement du violet, et la huitième à la fin. On
a désigné ces lignes principales par les huit premières lettres de
l'alphabet : A, B, C, D, E, F, G, H (fig. 46). Mais ce ne sont pas
les seules : on en compte aujourd'hui plus de trois mille.

Pour connaître la nature des substances gazeuses qui, dans
l'atmosphère du Soleil, donnent naissance à ces raies obscures, on
a établi avec le plus grand soin une suite de comparaisons entre
la position de ces raies obscures et celle des raies brillantes produites par diverses substances amenées à l'état de gaz incandescent.

La première remarque importante faite fut que la double raie du *sodium* coïncide exactement avec une double raie noire du spectre solaire. On put ensuite constater que les 460 lignes microscopiques du *fer* coïncident exactement dans leur position et leur arrangement avec des lignes identiques dans le spectre solaire.

Des comparaisons rigoureuses analogues amenèrent à conclure que l'atmosphère solaire renferme, en outre, du magnésium, de la chaux, du chrome, du nickel et du cobalt (élément des aérolithes), du baryum, du cuivre, du zinc, de l'hydrogène et du manganèse; mais l'or et l'argent n'y sont point visibles : ce qui aurait pu contrarier fort les alchimistes du temps passé, et Nicolas Flamel en particulier, pour lesquels le Soleil était l'astre d'or par excellence. Tous ces matériaux, dont l'existence a été révélée dans cette sphère par l'analyse spectrale, y furent ainsi constatés à l'état de vapeurs. Voilà donc, pour les expérimentateurs et théoriciens dont je parle, l'astre du jour revenu à ce qu'il était pour nos pères, un astre de feu. En effet, non seulement on réédita la théorie que le flambeau du jour était un globe incandescent, loin d'être obscur; que la lumière que nous en recevons vient de son noyau enflammé, et non de son atmosphère; mais on chercha encore comment les taches sont explicables dans cette nouvelle hypothèse, et l'on proposa d'admettre que ces taches sont simplement des nuages se combinant dans l'atmosphère solaire sous l'influence d'un refroidissement partiel de température, et devenant assez opaques pour intercepter tout à fait le noyau du globe incandescent. D'autres savants, partageant les mêmes conclusions sur la constitution physique du Soleil, émirent sur les taches l'idée qu'elles étaient, non des nuages, mais des solidifications partielles de la surface, des scories comme on en voit se former à la surface des substances fondues sur le creuset des métaux en ébullition. On explique même comment l'ombre des taches est la partie centrale plus épaisse de ces solidifications partielles, et que la pénombre correspondrait à la pellicule qui, dans toute formation de ce genre observée à la surface des métaux en fusion, se produit invariablement autour de la scorie. D'autres astronomes voient dans les taches solaires des tourbillons atmosphériques, des cyclones et des trombes formidables.

Le Soleil est regardé maintenant, d'après ces investigations, comme un corps formé d'un gaz très dense, presque liquide, lumineux par lui-même, environné d'une atmosphère non lumineuse, transparente, à travers laquelle passent d'abord les rayons émis par la surface incandescente du Soleil.

Les observations faites pendant l'éclipse totale de 1868 ont montré de plus que les hautes protubérances qui s'échappent du Soleil sous forme de longues flammes sont formées d'hydrogène incandescent. La surface de l'immense foyer n'est donc pas régulière, comme on serait porté à le croire, mais hérissée de flammes, de jets lumineux, de vagues aux crêtes gigantesques, de tourbillons inouïs, dont nos volcans terrestres et nos plus violentes tempêtes maritimes ne peuvent nous donner qu'une très faible idée.

Les observations d'analyse spectrale faites dans les Indes pendant l'éclipse totale du 12 décembre 1871 ont établi qu'il y a autour de cet astre colossal, et jusqu'à une énorme distance de lui, une vaste atmosphère gazeuse invisible dans laquelle l'hydrogène domine.

Grâce à une méthode d'observation imaginée par M. Janssen, astronome français, on peut voir en tout temps au spectroscope les *protubérances* du Soleil, qui n'étaient visibles que pendant les éclipses totales. Dans certains observatoires, on les observe et on les dessine tous les jours, par exemple à Rome, où je les ai suivies en novembre 1872 en compagnie du savant P. Secchi. On a même fondé en Italie une société astronomique spéciale pour cette étude : la Société des spectroscopistes. Déjà elle a publié un grand nombre de dessins. J'en choisis un pour le reproduire ici, et montrer quelle grandeur, quelle beauté, offrent ces éruptions solaires ; c'est l'éruption du 24 avril 1873. La figure 47 représente un fragment du bord du Soleil; on y remarque des vestiges de taches et de facules. Du bord s'échappent des flammes en forme de jets, qui s'élancent dans l'atmosphère du Soleil jusqu'à quarante et cinquante mille kilomètres de hauteur. Le globe solaire est entouré

de flammes analogues. Parfois, au contraire, il y a des éruptions
violentes et formidables. Le 7 septembre 1871, par exemple,
une explosion colossale a lancé des flammes immenses jusqu'à
300 000 kilomètres de hauteur, avec une vitesse d'ascension de
267 kilomètres par seconde! Le soir même il y eut sur la Terre
une aurore boréale. Quelle fournaise que ce Soleil! et quels problèmes il garde encore pour la science de l'avenir!

Il est difficile de déterminer la température effroyable de cet
astre colossal. Les meilleures analyses conduisent au chiffre d'environ 10 000
degrés centi-
grades.

Arrivons
maintenant
aux éléments
cosmographi-
ques du Soleil
et parlons d'a-
bord de ses
dimensions.

La grosseur
du Soleil,
1 *million* 280
mille fois plus

Fig. 47. — Explosion et protubérance solaire.

gros que la Terre, surpasse trop le degré de nos mesures habituelles
pour que l'on puisse espérer d'en donner une idée suffisante. Dans
l'ordre des volumes, comme dans celui des distances et des temps,
les grandeurs qui surpassent de trop haut nos conceptions ordinaires
ne disent plus rien à notre esprit, et toute la peine que nous prenons pour nous les représenter reste pour ainsi dire stérile. Notre
globe terrestre tout entier n'est presque qu'un point en comparaison du Soleil, et les plus grosses planètes, Jupiter et Saturne,
ne font à côté de lui que très modeste figure, comme vous avez
pu vous en rendre compte par le dessin de la page 133. Cepen-
pant une comparaison pourra tout au moins donner une idée
approchée de la grandeur dont nous parlons. Si l'on plaçait le

globe terrestre au centre du globe solaire, comme un noyau au milieu d'un fruit, la distance de 384 000 kilomètres qui nous sépare de la Lune serait comprise dans l'intérieur du corps solaire : la Lune elle-même se trouverait absorbée en lui, et pour aller de la Lune à la surface du Soleil, en suivant le même rayon, on aurait

encore à parcourir une distance de 320 000 kilomètres! (Voir la figure 48.)

On compte d'ici au Soleil 149 millions de kilomètres. C'est à cause de ce grand éloignement que cet astre si volumineux ne paraît pas mesurer un pied de diamètre, et c'est ce qui explique comment les anciens

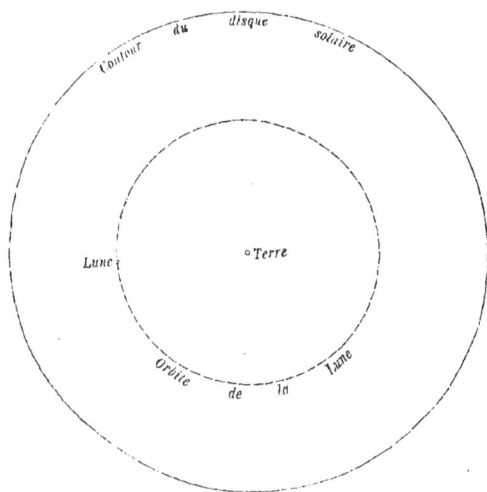

Fig. 48. — Dimensions comparées du globe du Soleil et de l'orbite de la Lune.

et Épicure en particulier ne l'estimaient pas plus grand que cette mesure. Cette distance est également la raison pour laquelle il ne nous paraît guère plus grand que la Lune, qui n'est qu'à 384 000 kilomètres d'ici. On peut à ce propos demander, avec une curiosité bien légitime, comment on a pu trouver cette distance du Soleil à la Terre. La méthode est trop compliquée pour que je la développe ici tout au long; mais on peut en donner une idée sans dépasser les bornes de cette causerie.

Entre le Soleil et la Terre il y a deux planètes, Mercure et Vénus, dont la dernière a rendu les plus grands services à la recherche de la distance qui nous sépare de l'astre radieux. Comme le plan de son orbite (circonférence qu'elle suit autour de

l'astre central) oscille et coïncide parfois avec celui de l'orbite de
la Terre, il arrive de temps en temps qu'elle passe entre le Soleil
et nous, comme un point noir traversant le disque lumineux. Ce
passage arrive aux intervalles singuliers de : 8 ans, 113 ans 1/2
moins 8 ans, 8 ans, 113 ans 1/2 plus 8 ans. Ainsi, il y a eu un
passage en août 1761 ; puis un autre, 8 ans après, c'est-à-dire en
août 1769. Ajoutons à cette année 113 ans 1/2 moins 8 ou 105 ans 1/2,
nous avons 1874, décembre : nouveau passage. Le suivant a eu
lieu 8 ans après, en décembre 1882. Les prochains auront lieu
en 2004 et en 2012. A ces époques précieuses, les astronomes de
tous les pays font abstraction de leurs nationalités, s'entendent
comme des frères, et s'arrangent de manière à observer en différents pays ce phénomène important. Deux observateurs situés en
leurs stations, les plus éloignées possible l'une de l'autre, marquent les deux points où la planète, vue de chacune de leurs stations, paraît se projeter au même moment sur le disque solaire.
Cette mesure leur donne l'écartement de l'angle formé par deux
lignes partant de leurs stations et venant se croiser sur Vénus pour
aboutir dans un angle opposé sur le Soleil. C'est la mesure de cet
angle, fait par des observateurs placés sur tous les points du globe,
qui donne ce que l'on nomme la *parallaxe du Soleil*. Nous avons
déjà parlé de cette méthode au chapitre de la distance des étoiles.

Au passage de Vénus du siècle dernier, un astronome français,
Le Gentil, que son nom aurait dû sauver de pareils désappointe-
ments de la part de Vénus, fut singulièrement récompensé de son
amour pour la science et de son désintéressement. Envoyé dans
les Indes par l'Académie des Sciences, il s'embarqua avec armes
et bagages pour observer en 1761 le passage de la planète dans le
ciel de Pondichéry. Sa grande activité, son ardeur, ne purent
vaincre les hasards de la traversée : la guerre avec l'Angleterre
l'empêcha de débarquer, et il ne put prendre la mesure désirée....
Les obstacles aigrissent le courage et l'augmentent encore. Il
prend la résolution héroïque de rester pendant huit ans au sein de
ce pays inconnu, afin de compenser son observation manquée : il
attend le passage de 1769 et prend alors toutes les dispositions
recommandées pour faire une observation irréprochable. L'année

et le jour arrivent enfin. Le ciel est pur, aucun obstacle n'empêchera
sa longue résolution de recevoir enfin son couronnement. Mais,
hélas! voilà que, juste au moment où le point noir va entrer sur le
disque solaire, un petit nuage se forme dans l'atmosphère, et reste
sur le Soleil jusqu'au moment où Vénus sortie du disque aura mis
fin à la possibilité de toute observation…. Pour comble de malheur,
ne pouvant de nouveau se résoudre à attendre le passage suivant (1874), l'astronome en reprenant la route de France manque
de faire naufrage, et en rentrant à Paris se trouve remplacé à
l'Académie et dépouillé de ses biens par ses héritiers, parce qu'on
l'avait cru mort depuis huit ans!

Par des considérations fondées sur l'action magnétique du Soleil,
on peut être autorisé à croire que sa lumière est de même nature
que la lumière électrique, mais incomparablement plus puissante,
attendu que les éléments dont nous disposons sont incomparablement inférieurs à ceux dont dispose la nature. Quelque éclatants
que soient nos foyers électriques, quelque éblouissantes que soient
leurs flammes, dont la blancheur nous étonne, projetée sur le
disque solaire, la lumière électrique a l'apparence d'une tache
noire!

L'intensité de la chaleur solaire n'est pas moins difficile à concevoir; les plus intenses de nos foyers qui s'élèvent à la température de la chaleur blanche ne nous en donnent qu'une faible idée.
Voici pourtant quelques comparaisons qui en indiqueront la valeur.
Que l'on se représente le Soleil sous la forme d'un globe volumineux comme presque treize cent mille globes terrestres, et entièrement couvert d'une couche de houille de vingt-huit kilomètres de
hauteur. La chaleur qu'il déverse annuellement dans l'espace est
égale à celle qui serait fournie par cette couche de houille brûlant
toute. — Cette chaleur solaire serait encore capable de fondre en
une seconde une colonne de glace qui mesurerait 4000 kilomètres
carrés de base et 310 000 kilomètres de hauteur. Si l'on proposait
simplement d'empêcher la chaleur solaire de rayonner, il faudrait
lancer à sa surface un jet d'eau glacée, ou pour mieux dire de
glace, qui mesurerait 70 kilomètres de diamètre, et qu'on lancerait
avec la vitesse de 300 000 kilomètres à la seconde. En recevant

une pareille colonne de glace, l'astre du jour ne rayonnerait plus; mais cela ne veut pas dire encore qu'il y aurait là une action suffisante pour l'éteindre.

Enfin, il est fort curieux de savoir combien pèse ce gigantesque corps. C'est un fort beau poids : 1879 *octillions* de kilogrammes. On écrit ce nombre comme ceci :

$$1\ 879\ 000\ 000\ 000\ 000\ 000\ 000\ 000\ 000$$

Si ce globe était encore aujourd'hui, comme du temps d'Apollon, traîné par quatre chevaux, il faudrait des coursiers d'une force vraiment exceptionnelle, surtout si l'on songe à la vitesse avec laquelle ils devraient voler pour arriver à faire le tour du globe en vingt-quatre heures. Voici maintenant, en regard du poids du Soleil, celui de la Terre où nous sommes, exprimé comme le précédent en kilogrammes :

$$5\ 958\ 000\ 000\ 000\ 000\ 000\ 000\ 000$$

Lorsque les astronomes placent le Soleil sur le plateau de la balance théorique dont ils se servent pour connaître le poids des astres, il leur faut mettre dans l'autre plateau 324 000 globes terrestres pour lui faire équilibre.

Nous n'avons pas à craindre que cet astre gigantesque vienne un jour à s'éteindre, laissant la Terre dans l'obscurité glacée. Il possède en son colossal foyer un nombre suffisant de degrés de chaleur pour que nous ayons devant nous des milliers de siècles pendant lesquels il nous serait impossible, lors même que cette chaleur décroîtrait, de nous en apercevoir. Le Soleil durera plus longtemps que notre globe, et les curieux des grands problèmes de la nature peuvent voir dans un livre intitulé *La Fin du Monde* qu'il peut briller encore pendant dix millions d'années.

Ce soleil, cette étoile resplendissante du jour, reste pour nous le plus beau et le meilleur des astres. Nous avons reconnu sa grandeur et sa puissance : nulle force n'est capable de rivaliser avec la sienne. En nous révélant les secrets de sa nature, la science n'a pas amoindri dans nos pensées son image vénérée, et, comme dans nos études précédentes, la réalité est ici supérieure à la fiction. Nos hommages lui restent donc, mieux compris et mieux justifiés que jamais. Nous pouvons encore lui dire avec Byron :

« Astre glorieux, adoré dans l'enfance du monde par cette race d'hommes robustes, ces géants nés des amours des anges avec un sexe qui, plus beau qu'eux-mêmes, fit tomber dans le péché ces esprits égarés, bannis à jamais du ciel ; astre glorieux ! tu fus encensé comme le dieu du monde, avant que le mystère de la création fût révélé. Premier ministre du Tout-Puissant, c'est toi qui réjouis le premier le cœur des bergers chaldéens sur la cime de leurs montagnes, jusqu'au jour où ils répandirent devant toi leur âme en prière ; roi des astres et centre d'une multitude de mondes, c'est à toi que la Terre doit sa durée ; père des saisons, roi des éléments et des hommes, les inspirations de nos cœurs comme les traits de nos visages sont sous l'influence de tes rayons, car de près ou de loin nos facultés intimes s'illuminent devant ton rayonnement aussi bien que nos aspects extérieurs. Nulle gloire n'égale la pompe de ton lever, de ton cours et de ton coucher [1]. »

1. Lord Byron, *Manfred.*

IV

MERCURE

Combien je chéris l'heure où s'éteint la clarté du
jour, où les rayons du soleil semblent se fondre dans
la mer silencieuse! C'est alors que s'élèvent les doux
rêves des jours passés; alors le souvenir exhale
vers toi son soupir du soir!

THOMAS MOORE. *Mélodies.*

Au-dessus du Soleil, à l'occident, quand l'astre radieux est
couché, ou bien à l'orient, avant son lever, on voit quelquefois
une petite étoile blanche, un peu nuancée de rouge. Les Grecs la
nommaient Apollon, le dieu du jour, et Mercure, le dieu des
voleurs, qui profitent du soir pour commettre leurs méfaits; car
ils voyaient en elle deux planètes différentes, l'une du matin,
l'autre du soir, comme ils firent pendant longtemps à l'égard de
Vénus. Il en fut de même des Égyptiens et des Indous. Les premiers lui donnaient les noms de Set et d'Horus; les seconds, ceux
de Bouddha et de Rauhineya, noms qui rappellent, comme les
précédents, les divinités du jour et du soir. Les Latins eux-mêmes,
qui du reste s'occupèrent fort peu d'astronomie, restèrent dans le
doute à cet égard. Ce n'est que dans les temps postérieurs qu'on
reconnut définitivement l'identité de ces deux astres, qui, comme
les frères Castor et Pollux, auxquels ils ont été assimilés, ne
paraissent jamais ensemble. On lui garda son nom du soir :
Mercure.

> Dans l'océan de flamme incessamment plongé,
> Roulant sa masse obscure en un orbe allongé,

Divers dans ses aspects, Mercure solitaire
Erra longtemps peut-être inconnu de la Terre.
Cependant quand, le soir, le soleil moins ardent
Laissait le crépuscule éclairer l'occident,
Au bord de l'horizon une faible lumière
Semblait suivre du dieu l'éclatante carrière.

DARU.

Première planète du système, Mercure reste toujours absorbé
dans le rayonnement royal du prince radieux ; aussi, comme les
courtisans, il se prive de son individualité pour se confondre dans
la personnalité de l'astre-roi. Il n'y gagne rien, comme vous
voyez, il y perd même beaucoup. Copernic désespéra de jamais
le voir : « Je crains, disait ce grand homme, de descendre dans la
tombe avant d'avoir jamais découvert la planète ». Et, en effet,
celui qui avait transformé le système du monde, et pris en main
chacune des planètes pour les placer autour du Soleil, mourut sans
avoir vu la première d'entre elles[1]. Galilée put l'observer, grâce
aux lunettes qui venaient d'être inventées ; mais on ne peut encore
dire qu'il l'ait connue suffisamment, puisqu'il lui fut impossible de
jamais distinguer ses phases. Les adversaires du nouveau système
opposaient précisément aux premiers astronomes, Copernic,
Galilée, Kepler, l'absence de phases chez les planètes Mercure et
Vénus. Car, disaient-ils, si ces planètes tournaient autour du Soleil,
elles changeraient d'aspect à nos yeux, comme le fait la Lune,
selon que nous verrions de face, de profil ou par derrière le côté
qu'elles tournent vers le Soleil. Copernic et ses collègues avaient
répondu : Nous ne distinguons pas de phases, il est vrai ; mais s'il
ne manque que cela pour que vous adoptiez notre système, Dieu
fera la grâce qu'elles en aient. En effet, elles en ont, les lunettes
d'approche ont été inventées pour les découvrir, et la figure 50
représente celles de Mercure.

Par l'observation des irrégularités visibles dans l'intérieur du
croissant ou du quartier, on a reconnu que cette planète est hérissée
de hautes montagnes, plus élevées que celles de la Terre, quoique
Mercure soit un globe beaucoup plus petit que le nôtre. On de

1. Voir notre *Vie de Copernic*.

même remarqué l'existence d'une atmosphère plus dense et plus élevée que la nôtre. Au milieu du siècle dernier, un des nombreux romanciers qui simulèrent des voyages aux planètes prétendit savoir que les montagnes de Mercure étaient les unes et les autres couronnées de jardins superbes, où croissaient naturellement, non seulement les fruits les plus succulents qui servent à la nourriture des Mercuriens, mais encore la plus grande variété de mets. Il paraîtrait qu'en cet heureux monde il n'est pas nécessaire de préparer, comme chez nous, les objets d'alimentation : poulets, jambons, beefsteaks, côtelettes, entremets, hors-d'œuvre, etc., y pousseraient de la

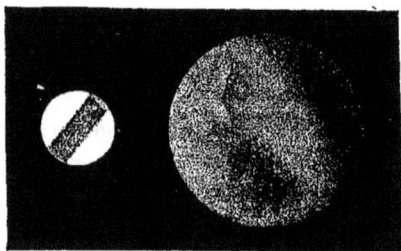

même façon que les pommes sur nos pommiers, et lorsqu'on veut servir un repas, on se contente de mettre le couvert ; alors viennent des oiseaux-serviteurs qui reçoivent vos ordres, s'envolent intelligemment, et en un clin d'œil, sur les montagnes où se trouvent

Fig. 49. — Mercure et la Terre (dimensions comparées).

les plats demandés, et vous en font hommage avec le plus grand empressement. Il vaut peut-être mieux croire que les végétaux de Mercure jouissent de ces dons précieux, et que ses oiseaux sont d'une intelligence aussi agréable, plutôt que de penser avec Fontenelle que les habitants de Mercure sont tous fous, et que leurs cerveaux sont brûlés par l'ardente chaleur que le Soleil déverse sur leurs têtes. Mais jusqu'à ce qu'un voyage authentique nous ait suffisamment renseignés à cet égard, nous nous en tiendrons aux éléments astronomiques de la planète, savoir : qu'elle roule à 57 millions de kilomètres du Soleil ; qu'elle est beaucoup plus petite que la Terre, son diamètre n'étant que les 37 centièmes du nôtre (lequel est de 12 742 000 mètres) ; que son année dure 87 jours 23 heures 15 minutes ; que sa masse, comparée à celle de la Terre, en est seulement les 52 millièmes ; que sa densité est un peu plus forte que la nôtre ; que la pesanteur y est plus de moitié plus faible

qu'en notre séjour ; enfin qu'elle reçoit sept fois plus de lumière
et de chaleur que la Terre, et qu'elle est fort *excentrique*.

. *Excentrique* veut dire que, dans son mouvement de révolution
autour du Soleil, elle ne demeure pas toujours à la même distance,
qu'elle suit une ellipse plutôt qu'une circonférence, et qu'à certaines époques de son année elle reçoit deux fois plus de chaleur
qu'aux époques opposées. On voit que le mot excentrique n'est pas
mal choisi,
puisqu'il re-
présente un
manque de ré-
gularité dans
le mouvement
circulaire des
planètes.

Pendant que
nous parlons
de cette singu-
larité, ajou-
tons encore

Fig. 50. — Phases de Mercure.

que, de tous les astres, les comètes sont les plus excentriques : à
certaines époques, elles s'approchent si près du Soleil, qu'on croirait vraiment qu'elles vont fondre dans son brasier ; dans la partie
opposée de leur cours, au contraire, elles s'en éloignent à de telles
distances, qu'elles finissent par le perdre de vue, qu'elles errent
dans les ténèbres et le froid des espaces solitaires.

Quant à la durée du jour et de la nuit sur Mercure, on ne la connaît pas encore. Les meilleures observations semblent même
indiquer qu'il tourne constamment le même hémisphère vers le
Soleil, comme la lune vers la Terre. Dans ce cas, il y aurait jour
éternel d'un côté, nuit perpétuelle de l'autre. Étrange calendrier !

V

VÉNUS

O toi. petite étoile scintillante du soir, diamant
qui étincelle sur un ciel d'azur! avec quel empressement je prendrai mon essor vers toi quand mon
âme sera dégagée de sa prison terrestre [1]!

La jeune fille poète qui chanta cette ravissante pensée, Maria
Lucrezia Davidson, s'envola de sa prison terrestre vers son étoile
bien-aimée, lorsque à peine elle avait vu fleurir son dix-septième
printemps. Comme la blanche étoile du matin et du soir, elle s'étei-
gnit à la première période de la vie et ne connut que son aurore.
Peut-être maintenant réside-t-elle, en effet, dans cette île de lumière,
contemplant de là le séjour terrestre qu'elle habitait naguère; peut-
être entend-elle la prière de ceux qui, comme elle le faisait autrefois, permettent à leurs espérances de s'envoler parfois aux régions
du ciel.

Quelques esprits de mauvaise humeur ont prétendu que, si Vénus
est belle de loin, c'est qu'elle est fort affreuse de près. Je vois d'ici
mes jeunes lecteurs et mes aimables lectrices, et je suis sûr que
pas un d'entre eux, et surtout que pas une d'entre elles, n'est de
cet avis-là : on peut être beau de près comme de loin, n'est-ce pas?
Ce n'est pas vous qui me contredirez. Eh bien, au risque de faire
évanouir une illusion charmante, j'avoue que, selon toute probabi-

1. Ces vers sont trop beaux pour n'être pas cités en original :

Thou little sparkling star of even
Thou gem upon an azure heaven!
How swiftly will I soar to thee
When this unprisoned soul is free.

lité, Vénus n'est pas un monde bien agréable à habiter. Elle est enveloppée, il est vrai, comme notre globe, d'une atmosphère, mais cette atmosphère est constamment couverte de nuages si épais que nous ne sommes pas assurés d'avoir jamais vu au télescope la surface de cette planète, de sorte que le ciel y est constamment couvert. Les irrégularités de son croissant montrent qu'il y a là des montagnes prodigieusement élevées. Le volume de cette planète est à peu près *le même que celui de la Terre*, un peu plus petit seulement, mais à peine, d'un millième peut-être pour la lon-gueur du dia-mètre, ce qui est insignifiant; sa masse est égale aux 79 centièmes de la nôtre, sa den-sité aux 8 di-xièmes et la pesanteur à la surface aux 8 dixièmes égale-ment. Quant à la durée du

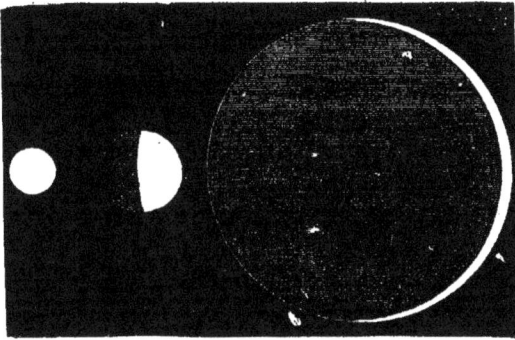

Fig. 51. — Variations du disque apparent de Vénus.

jour et de la nuit, comme pour Mercure, nous ne la connaissons pas encore non plus, et peut-être aussi tourne-t-elle toujours la même face au Soleil, de sorte qu'il y aurait un jour perpétuel d'un côté, une nuit perpétuelle de l'autre.

Ses montagnes, disons-nous, sont beaucoup plus hautes que les nôtres. On les a mesurées aux époques où Vénus se présente à nous sous la forme d'un croissant. Les inégalités que l'on remarque dans l'intérieur du croissant sont les parties plus élevées de la sur-face qui reçoivent encore les rayons du Soleil tandis que la plaine ne les reçoit plus.

Nous venons de parler du croissant de Vénus. Comme Mercure, en effet, cette planète est située entre la Terre et le Soleil, et le cercle qu'elle décrit dans son année se trouve compris dans l'inté-

rieur du cercle que décrit la Terre autour du même astre. Il suit de
là qu'à certaines époques la planète Vénus se trouve justement
entre le Soleil et nous, et alors elle nous présente sa partie obscure,
puisque sa partie éclairée est naturellement du côté du Soleil. En
d'autres temps, lorsqu'elle se trouve à droite ou à gauche du Soleil,
elle nous présente seulement un quartier. Enfin, lorsqu'elle se
trouve de l'autre côté du Soleil, elle nous présente sa partie éclairée
tout entière.

Vénus circulant dans une orbite intérieure à celle de la Terre,

à 108 millions de kilo-
mètres du Soleil, il y
a des périodes où elle
n'est qu'à 40 millions
de kilomètres de nous
(lorsqu'elle se trouve
entre le Soleil et nous)
et des périodes oppo-
sées où elle s'éloigne
à 260 millions (lors-
qu'elle se trouve de
l'autre côté). Ses di-
mensions apparentes
varient donc très sen-

Fig. 52. — Échancrures du croissant de Vénus.

siblement avec sa distance. La figure 51 montre ces variations.
Dans le dessin de droite, on voit Vénus entre le Soleil et la Terre,
position dans laquelle est tourné vers nous l'hémisphère non
éclairé de la planète. C'est le moment du croissant le plus mince
(à moins que Vénus ne passe exactement sur le Soleil, auquel cas
il n'y a plus de croissant du tout). Dans la seconde figure, la
planète est en quadrature. Dans le dessin de gauche, se trouvant
à l'opposite du Soleil, elle est pleine pour nous, mais très petite
et bien moins éclatante que même dans son croissant le plus mince.

Les phases de Vénus furent vues pour la première fois au mois
de septembre 1610 par Galilée, qui reçut de ce spectacle une joie
impossible à décrire, attendu qu'il témoignait éloquemment en
faveur du système de Copernic, montrant que, comme la Terre et

la Lune, les planètes reçoivent leur lumière du Soleil. Quand je
dis que ces phases furent vues pour la première fois au mois de
septembre 1610, vous n'en conclurez pas pour cela qu'elles n'existaient pas avant cette époque : mais vous tirerez seulement la conséquence qu'avant cette année on n'avait pas tourné de lunette du
côté de cette planète, et qu'à l'œil nu ses phases sont insensibles.

Suivant une coutume de l'époque, l'illustre astronome cacha sa
découverte sous un anagramme, pour justifier de l'authenticité de
cette découverte en cas de rivalité, et pour se donner le temps de
continuer ses observations et de les rendre plus parfaites. Il ter-
mina une lettre par cette phrase :

Hæc immatura a me jam frustra leguntur. o. y.

c'est-à-dire : « Ces choses, non mûries et cachées encore pour les
autres, sont lues par moi ». Sous ce cryptogramme, il serait difficile, n'est-ce pas, de trouver l'idée des phases de Vénus. Nos pères
étaient fort ingénieux, et de nos jours certaines découvertes n'auraient pas été si haut contestées si MM. les astronomes avaient
quelquefois employé la même ruse. Il y a dans cette phrase 34 lettres. En les plaçant dans un autre ordre, on en tire ces mots, dans
lesquels toute la découverte est également inscrite :

Cynthiæ figuras emulatur mater amorum.
La mère des amours suit les phases de Diane.

Galilée ne laissait pas d'être très fin. Deux mois plus tard, le
P. Castelli lui demandant si Vénus a des phases, il répond : « Je
suis en fort mauvais état de santé, et je me trouve beaucoup mieux
dans mon lit qu'à la rosée ». Ce n'est qu'à l'avant-dernier jour de
l'année qu'il annonça lesdites phases.

Il arrive parfois, lorsque le croissant est très mince, que l'on
aperçoit dans la lunette le reste du disque de Vénus, qui pourtant
n'est éclairé ni par le soleil, ni par aucun astre. Les premiers
soirs de la lunaison, on remarque dans l'intérieur du croissant
lunaire ce qu'on appelle la lumière cendrée de la lune, qui est
due au reflet de la lumière réfléchie par la Terre vers la Lune.
L'explication ne peut pas être la même pour Vénus. D'ailleurs, ce

disque de Vénus visible sur le fond du ciel n'est pas plus clair que
le ciel, mais au contraire, plus obscur, et d'un ton violacé. La
figure 53 montre l'observation que j'en ai faite, entre autres, au
mois de septembre 1895, à l'Observatoire de Juvisy. Quelle est
l'explication de cet aspect? Il est probable que la planète se pro-

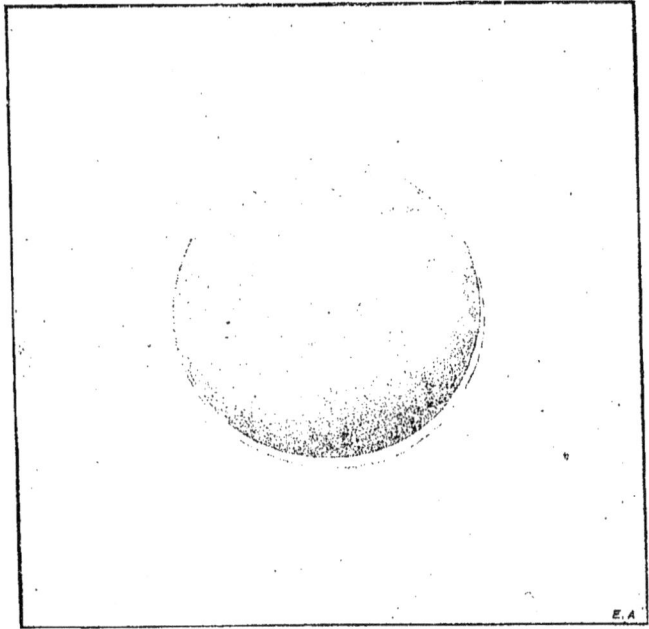

Fig. 53. — Visibilité de l'hémisphère obscur de Vénus.

jette alors sur un espace non parfaitement noir, rempli de corpuscules cosmiques éclairés par le soleil, extension de l'atmosphère
solaire et de la lumière zodiacale.

Vénus a-t-elle un satellite? — Elle en aurait plutôt deux qu'un,
avaient répondu les amis de Cassini aux adversaires de cet astronome. Au milieu du dernier siècle, on y croyait si fermement que
le roi bel esprit Frédéric de Prusse proposa de lui donner le nom

de son ami *d'Alembert*, ce dont l'illustre géomètre se défendit par
ce petit billet : « Votre Majesté me fait trop d'honneur de vouloir
baptiser de mon nom cette nouvelle planète. Je ne suis ni assez
grand pour devenir au ciel le satellite de Vénus, ni assez bien portant pour l'être sur la terre, et je me trouve trop bien du peu de
place que je tiens en ce bas monde pour en ambitionner une au
firmament ». On sait aujourd'hui, surtout par les comparaisons
dues à M. Stroobant, que les observations de petites étoiles que
l'on a faites de temps en temps dans le voisinage de Vénus ne se
rapportent pas à un satellite, mais à des étoiles devant lesquelles
cette planète passait.

Ce monde est deux fois plus près du Soleil que nous. Depuis les
origines de la poésie antique, sa position près du Soleil, qui le fait
apparaître le matin avant le jour, ou le soir avant la nuit, attira
vers lui les pensées contemplatives, et Vénus fut l'étoile de tous
ceux qui aiment à rêver le soir, depuis le berger à son retour des
champs jusqu'aux amis de cœur dont les âmes se rencontrent pendant la nuit. Au moyen âge, un bon père fait un voyage extatique
dans le ciel, et ne voit dans Vénus que des jeunes gens d'une
beauté ravissante, vivant au sein d'un parfait bonheur; c'étaient, à
ses yeux, les esprits directeurs de la planète Vénus, car on croyait
jadis qu'une légion d'anges ou de génies était préposée à la direction de chacune des sphères célestes. Plus tard, l'auteur de *Paul et
Virginie* fait encore de Vénus la description la plus merveilleuse :
c'est un paradis terrestre. De nos jours enfin, le poète des *Contemplations*, visitant l'île antique de Cythère, qui n'est plus aujourd'hui
qu'un roc désert et dénudé, reporte sa pensée dans le ciel, et c'est
là qu'il cherche désormais le séjour de Vénus.

Puissent les rayons d'or de cette belle étoile briller longtemps
encore sur nos soirs, ouvrant à nos pensées le cours des contemplations qui nous transportent transitoirement dans le céleste
monde! Qu'elle annonce encore le cortège étoilé des nuits profondes, et qu'elle soit l'avant-courrière des heures de paix et de
silence qui bercent l'âme dans la rêverie de ses souvenirs !

Dans mon adolescence, tout enveloppé encore de l'illusion charmante qui nous faisait croire autrefois que la planète Vénus était

la plus agréable de notre système, je lui avais dédié les vers qui suivent, que j'avais mis en musique, avant même de connaître mon ami Camille Saint-Saëns. En les relisant aujourd'hui, il me semble qu'ils s'appliqueraient mieux, à cause de la dernière strophe surtout, à la planète Mars que nous allons visiter. Selon toute probabilité, le monde de Mars doit offrir un séjour plus hospitalier que celui de Vénus.

Étoile radieuse
Qui te penches vers nous,
Beauté mystérieuse
Dont les yeux sont si doux,
Du haut du ciel splendide
Sur notre obscur séjour
Verse un rayon limpide,
Verse un regard d'amour.

Blanche perle attachée
Aux célestes lambris!
Sur la mère penchée
Au berceau de son fils,
Abaisse l'espérance
Dans un beau rayon d'or,
Promets-lui l'assistance,
Veille sur son trésor.

Sur la plaine brûlante,
Dans les champs du désert,
Étoile vigilante,
Vois si quelqu'un se perd;
Sur la mer orageuse
Aux perfides sentiers,
Étoile radieuse,
Guide les nautoniers.

Et quand la nuit suprême
S'étendra sur mes yeux,
Belle étoile que j'aime!
Dans ton palais des cieux,
A cette heure bénie,
Daigne me recevoir,
Et deviens ma patrie,
Blanche étoile du soir!

VI

MARS

Je reconnais ses traits, c'est le farouche Mars!
Sa pâleur que nuance une rougeur obscure
Sans peine à tous les yeux distingue sa figure :
Empreinte sur son front, cette sombre couleur
Du dieu dont les guerriers admirent la valeur
Nous peint la cruauté, la fureur homicide.
Et du sang des humains sa soif toujours avide.
Rien ne peut adoucir sa barbare fierté.
Des mortels et des dieux son glaive déteste
Souille toujours du sang sa funeste victoire.

. . . .
A son cruel aspect, la paix, la douce paix,
S'éloigne, et des mortels retire ses bienfaits.
De nos champs ravagés on voit fuir l'abondance....

RICARD.

Le pauvre Mars n'a pas été épargné, comme vous voyez. Sur lui et sur Saturne sont tombées toutes les malédictions des mortels, et ces deux planètes infortunées ont dû subir jusqu'à l'affront de vers détestables et soporifiques, comme on vient de le voir par les rimes de Ricard. A commencer par la guerre, ce fléau de l'humanité dont elle aura tant de peine à se guérir, tous les malheurs publics causés par la force ont été attribués à Mars, et, s'il sait ce que la Terre a pensé de lui depuis les jours de la mythologie, il doit la regarder d'un bien mauvais œil. Il est pourtant bien innocent de toutes ces calomnies, et nous devrions d'autant moins parler mal de lui, qu'il offre plus de ressemblance avec nous. Le monde de Mars, en effet, ressemble tant au monde de la Terre, que, s'il nous arrivait un jour de faire un voyage de son côté et d'oublier notre chemin, nous croirions presque revenir dans notre patrie, croyant

descendre en Australie ou dans quelque quartier terrestre un peu
excentrique.

De Vénus nous passerons à Mars sans nous arrêter à la Terre,
quoique notre planète les sépare dans l'ordre des distances au
Soleil. Honneur d'abord aux étrangers! Notre patrie viendra après.

La planète Mars, en effet, présente dans nos télescopes le même
aspect que la Terre doit offrir aux habitants de Vénus : un disque
circulaire, un peu aplati vers les pôles, tournant sur lui-même en
vingt-quatre heures environ, diversifié de plaines claires ou foncées,
terres ou mers; roulant obliquement sur lui-même, enveloppé
d'une atmosphère et recouvert de taches neigeuses à ses pôles. Sur
cette planète, les saisons ont à peu près le même caractère que
les nôtres; mais leur durée est deux fois plus longue, car Mars
n'accomplit sa révolution annuelle autour du Soleil qu'en 1 an
321 jours 22 heures, ou 1 an 10 mois et 24 jours. Les amoncellements de neige que l'on voit à ses pôles fondent en partie pendant
l'été de chaque hémisphère, et se reforment en hiver, comme cela
a lieu sur notre globe; et comme les saisons sont complémentaires
sur les deux hémisphères, les aspects de ces saisons se repro-
duisent en sens inverse : tandis que le pôle austral diminue, le
pôle boréal augmente, et réciproquement. De cette fonte des neiges
résultent des changements de température et des manifestations
météorologiques que l'on observe d'ici. Ainsi, les caractères fonda-
mentaux des saisons terrestres se retrouvent sur cette planète voisine. Mais elle est beaucoup plus petite que la Terre, car son
diamètre n'est que de 6 753 kilomètres, ou moitié du nôtre.

On peut cependant remarquer certaines différences entre l'aspect
du monde de Mars et le nôtre. Tandis que, vue de loin, la terre, en
raison de la couleur de son atmosphère, de sa végétation et de ses
eaux, doit paraître nuancée de vert, Mars est nuancé de rouge,
et c'est cette teinte qui lui donne l'éclat rougeâtre dont on le voit
briller à l'œil nu. Sans doute, cette couleur caractéristique est produite par la coloration dominante des éléments de sa surface, soit que
son sol soit ainsi coloré, comme celui de nos déserts, soit que les
végétaux qui le tapissent revêtent principalement cette nuance, et
c'est ce qui est le plus probable. Toutefois, les taches polaires gar-

dent toujours leur éclatante blancheur. Un philosophe de l'antiquité, Anaxagore, affirmait que la neige était noire; son paradoxe
eût été quelque peu allégé si les neiges de Mars, toutes les fois que
l'on put les apercevoir distinctement, avaient été rouges; mais elles
sont blanches aussi. La couleur des taches polaires est toujours
d'un blanc brillant et pur, en aucune façon semblable à la couleur
des autres parties de la planète. J'ai quelquefois vu Mars complètement obscurci par un nuage, à l'exception de l'éclatante tache
polaire, qui restait distinctement visible.

De plus, l'eau de Mars est-elle la même que l'eau de la Terre?
Le P. Kircher se demandait si celle de Vénus serait bonne pour
baptiser, et n'en doutait pas. Nous nous demandions s'il y a là
les mêmes éléments chimiques qu'ici, et nous en doutions. Que
les taches polaires de Mars soient des amas de glace et de neige,
c'est ce qui était démontré par l'observation, puisque les changements qu'elles subissent annuellement sont causés, comme chez
nous, par les variations de la chaleur solaire sur chaque hémisphère. Quand une tache offre une plus grande étendue, c'est après
un long hiver du pôle auquel elle appartient; quand la même
tache se montre très petite, c'est après un été qui l'a fondue et
graduellement diminuée. Mais aujourd'hui l'analyse spectrale a
prouvé que les neiges et les nuages de Mars sont formés de la
même eau chimique que les nôtres, quoique la température, la
densité et la pesanteur y soient en de tout autres conditions qu'ici.

La géographie de cette planète a même pu être tracée sur des
cartes analogues à nos cartes géographiques. Il n'y a pas de grands
océans sur Mars comme ici, mais seulement des méditerranées et
de longs golfes. Les continents y sont très découpés. Mais enfin,
dans son ensemble, ce monde offre les plus grandes ressemblances
avec le nôtre.

Un réseau de canaux rectilignes se montre traversant les continents, variant d'aspects suivant les saisons. C'est l'une des plus
curieuses découvertes de l'astronomie contemporaine; elle est due
à M. Schiaparelli, directeur de l'Observatoire de Milan. On en aura
une idée par la carte que nous reproduisons ci-après. Ces canaux
sont encore inexpliqués.

Éloignée du Soleil d'une distance moyenne de 226 millions de kilomètres, et enveloppant l'orbite de la Terre dans celle qu'elle décrit autour de l'astre central, il y a certaines époques où ces deux planètes sont très rapprochées : c'est lorsqu'elles sont toutes deux d'un même côté de leur cours relativement au Soleil. Quelquefois elles ne sont plus qu'à 56 millions de kilomètres de distance l'une de l'autre. C'est ce qui fait que Mars est, après la Lune, le monde le mieux connu de nous, et que Kepler a pu écrire ces

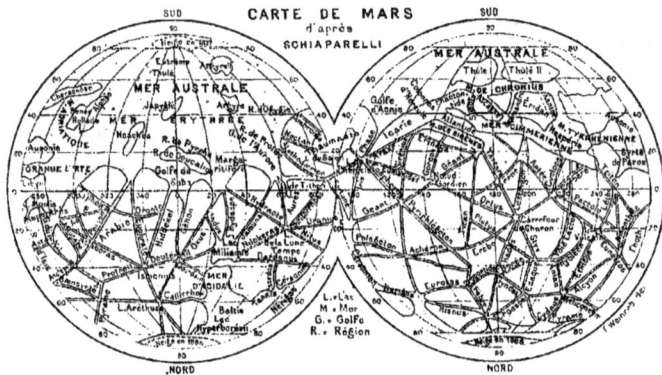

Fig. 54. — Carte de la planète Mars.

paroles : « C'est de la connaissance de Mars que nous viendra l'astronomie, et c'est de l'étude de cette planète que sortiront les progrès futurs de notre science ».

On choisit naturellement pour les observations les époques où la planète est la plus rapprochée de nous, lorsqu'il passe à l'opposé du Soleil relativement à nous ; c'est ce qu'on appelle son époque d'opposition, qui se renouvelle à peu près tous les deux ans. On aura une idée des aspects qu'elle offre dans les bons instruments par les figures suivantes faites pendant l'opposition de 1896 à l'équatorial de l'Observatoire de Juvisy.

La première observation, faite par moi, est du 5 novembre et la seconde, faite par M. Antoniadi, est du 10. Elles montrent en même temps que les aspects de la planète varient sensiblement dans le faible intervalle de cinq jours. La tache foncée que l'on

voit vers la droite se nomme sur la carte précédente le carrefour
de Charon. Simple sur la première figure, elle est double sur la
seconde. Sur la première aussi on remarque un canal double et
deux sur la seconde. Nous ignorons encore les mystères de cette
singulière nature [1].

Deux petites lunes ont été découvertes auprès de Mars au mois
d'août 1877 par M. Hall, astronome américain ; elles tournent très
rapidement autour de leur planète : la première en 7 heures 39

(5 novembre 1896)   (10 novembre 1896).

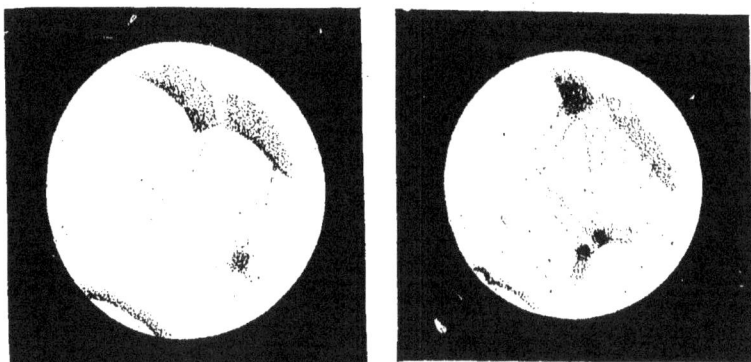

Fig. 55. — Aspects de la planète Mars.

minutes, la seconde en 30 heures 18 minutes. Elles ne sont pas
plus larges que Paris.

On appelle *conjonction* de deux planètes le point de leurs orbites
où elles se trouvent d'un même côté du Soleil et où elles sont le
plus près possible l'une de l'autre ; on donne le nom d'*opposition*
au point opposé de leur course, celui où elles se trouvent chacune
de côté et d'autre du Soleil. Ces positions ont jadis beaucoup
exercé la sagacité des tireurs d'horoscope, et Dieu sait combien
de destinées ont reçu de prétendues prédictions, selon que le dieu
de la guerre se trouvait en conjonction dans tel ou tel signe du

1. Pour plus de détails, voir notre *Astronomie populaire*, les *Terres du Ciel*, et
notre ouvrage sur *la Planète Mars*.

Zodiaque. La conjonction dans le Taureau n'était pas du tout la même que celle qui arrivait dans la Vierge, et lorsque par hasard elle avait le malheur d'arriver dans le Capricorne, les plus habiles se perdaient en inductions sur la mauvaise fortune présagée au nouveau-né. Les planètes inférieures, Vénus et Mercure, dont l'orbite est renfermée dans celle de la Terre, n'ont pas d'opposition, mais elles ont deux conjonctions : l'une supérieure, quand la planète se trouve au delà du Soleil et sur une même ligne droite; l'autre inférieure, quand elle est placée entre le Soleil et la Terre. Les planètes extérieures, celles qui renferment l'orbite terrestre et dont Mars est la première, ont la conjonction supérieure et l'opposition.

Au delà de la planète Mars, entre l'orbite de cette planète et celle de Jupiter (revoyez la fig. p. 129), on rencontre le groupe de petites planètes dont nous avons déjà parlé. Ce sont de tout petits mondes, si même ils méritent ce nom, qui n'ont guère que l'étendue d'une province ou même d'un département. Ils gravitent dans cette zone en nombre considérable, car il peut en exister plusieurs milliers. On en a déjà découvert plus de quatre cents. Peut-être sont-ils les débris d'un monde plus gros, brisé par quelque catastrophe; peut-être ont-ils été formés dans cette région de l'espace à l'état fragmentaire dans lequel nous les voyons aujourd'hui. C'est ce qui n'est pas encore décidé, attendu que, sur l'origine des choses, la science d'aujourd'hui, comme celle du temps de Virgile, ne peut encore se prononcer :

Felix qui potuit rerum cognoscere causas.

Ignorant le titre de noblesse originaire de ces astéroïdes et le sort qui les attend, traversons leur colonie et abordons, au delà, le plus magnifique des mondes de notre système.

VII

JUPITER

Oh! disait-elle, pourquoi mon destin ne m'a-t-il
pas fait naître esprit de cette belle étoile, habitant
sa sphère brillante, pure et isolée comme les anges,
sans autre emploi que de prier et de briller, et d'allumer mon encensoir au Soleil!

THOMAS MOORE. *Amours des Anges*.

Le monde de Jupiter est le plus volumineux de tous les globes
de notre système : il n'est qu'un millier de fois plus petit que le
Soleil, et vaut à lui seul 1279 globes terrestres. Aussi, quoiqu'il
roule dans une circonférence éloignée à 775 millions de kilomètres, et qu'il reçoive une lumière bien plus faible que celle
reçue par la Terre, sa grosseur se manifeste par l'éclat dont il
brille durant nos nuits étoilées, éclat égal, et souvent même supérieur à celui dont Vénus étincelle. Jupiter compte donc parmi les
premières beautés du ciel. Comme il est toujours sur l'écliptique et que, le soir, Vénus, quand elle est visible, est toujours
à l'occident, il est facile à reconnaître. Toutes les fois qu'en
une soirée quelconque de l'année vous voyez une étoile brillante cheminer soit à l'est, soit au-dessus de vos têtes, à travers
les constellations zodiacales, vous pouvez être assurés que c'est
Jupiter.

Ce monde est le plus important de la grande famille solaire. Son
diamètre surpasse de onze fois celui de notre médiocre planète et
son volume vaut, disons-nous, 1279 terres. Lorsqu'on le voit
arriver dans le champ du télescope, accompagné de son cortège
de satellites, l'œil en est véritablement ébloui et l'âme en reste

tout émue. De vastes zones de nuages le traversent de l'est à
l'ouest : il tourne rapidement sur lui-même : en neuf heures cin-
quante-cinq minutes. Peut-être ce globe colossal est-il encore
chaud et non solidifié. Son inclinaison est à peu près nulle, de
sorte qu'il n'a pas de saisons, comme la Terre et Mars, et n'en aura
jamais.

Il pèse 310 fois plus que notre globe, sa densité n'est que le
quart de la nôtre et la pesanteur y est deux fois et demie plus forte
qu'ici.

Ce monde de Jupiter offre une surface 126 fois plus étendue que

Fig. 56. — Jupiter et ses quatre satellites.

la surface terrestre. Je parle de la *surface* et non du volume. Or
cent-vingt-six terres placées les unes à côté des autres, et sur
lesquelles le genre humain pourrait se répandre à plaisir, constituent un fort beau pays, n'est-ce pas? On ne doit donc pas douter
qu'un pareil empire n'ait été fait pour servir de demeure à une
famille humaine vénérable et digne de tous nos respects. C'est
ainsi que nous raisonnons à propos de Jupiter, parce que nous avons
eu les moyens nécessaires pour le mesurer et l'apprécier à sa juste
valeur. Mais il est utile d'ajouter ici une petite remarque, qui a
son importance, pour compléter la comparaison entre ce monde
et le nôtre.

De ce que nous trouvons, par l'observation de la planète jovienne,
d'excellentes raisons de croire que ses habitants sont ou seront
favorisés, il ne s'ensuit pas que lesdits habitants puissent faire des
réflexions analogues à notre égard. Une bonne raison s'oppose à
ce qu'ils s'occupent de nous : c'est qu'ils ne se doutent probablement pas même de notre existence. Et, en effet, si jamais, dans un

avenir plus ou moins éloigné, il vous arrivait d'habiter Jupiter,
vous auriez grand'peine à retrouver votre ancienne patrie. Il faudrait pour cela vous lever un peu avant le Soleil (et notez qu'il
n'y a que cinq heures du coucher au lever de cet astre sur Jupiter)
et chercher à l'orient, cinq ou six minutes avant, une toute petite
étoile blanche. Avec des yeux assez fins, vous arriveriez peut-être
à l'apercevoir. Dans ce cas, vous sauriez que notre Terre est au
monde. Aussi bien pourriez-vous faire la même recherche, six mois
plus tard, à l'occident, quelques moments après le coucher de l'astre-

roi. Telle est
la condition
dans laquelle
se trouvent les
habitants de
Jupiter à notre
égard. Pendant
la nuit, de cette
distance on ne
voit jamais la
Terre ; c'est
précisément au
milieu des
nuits sereines
que nous pou-
vons d'ici ob-

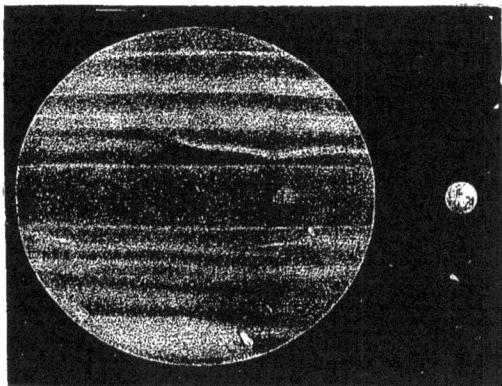

Fig. 57. — Jupiter et la Terre.

server le mieux cette magnifique planète. Aussi ces êtres inconnus,
qui se doutent probablement si peu de l'existence de notre monde,
se doutent-ils encore moins de la nôtre. Quant à ceux des planètes
qui vont suivre, Saturne, Uranus, Neptune,... ils nous ignorent
tout à fait.

L'aspect nuageux et perpétuellement variable de ce globe conduit à penser qu'il n'est pas encore entièrement terminé, qu'il
traverse les phases primordiales de la genèse que notre Terre a
traversée elle-même, que la vie commence peut-être à sa surface,
mais que sans doute une race intelligente ne l'habitera que dans
l'avenir. Le dessin publié ici, dû à Warren de la Rue, montre bien

cet aspect nuageux et tourmenté. La tache noire que l'on voit au bord d'une zone est l'ombre d'un satellite que l'on peut reconnaître non loin du bord à gauche.

A la distance à laquelle Jupiter gravite autour du Soleil, il marche avec une grande lenteur et son année égale presque douze des nôtres. Quel lent calendrier !

Ses quatre gros satellites ont été découverts par Galilée et Simon Marius les 7 et 8 janvier 1610. Ils ont reçu les noms d'Io, Europe, Ganymède et Callisto. Un cinquième, tout petit, a été découvert tout près de la planète, par M. Barnard, le 9 septembre 1892. Ils tournent rapidement autour du globe immense.

Un écrivain d'outre-Manche, James Wils, a chanté le monde de Jupiter en termes qui méritent d'être offerts à nos lecteurs. Il parle, dans ce chant, de la beauté de cet astre, de la découverte de ces quatre lunes ou satellites par Galilée, et de l'espérance fondée que nous avons de croire ce monde peuplé d'êtres pensants, aussi bien que les autres planètes.

« Voyez dans les hauteurs du ciel cette planète argentée : c'est l'orbe de Jupiter. Mille terres réunies n'égaleraient pas ce vaste monde, qui roule autour de notre commun Soleil, dans le même système, lié dans le même réseau. Quoique l'espace qui nous en sépare paraisse immense, quoique ce globe soit trop éloigné pour que le regard curieux des mortels puisse en distinguer les forêts ou les campagnes éclairées, et pour que l'oreille humaine puisse saisir le bruit de sa vie prodigieuse, quoiqu'il soit, dans sa clarté silencieuse, au-dessus des atteintes de la haine ou de l'amour de notre monde, que son astre radieux n'attire pas l'œil d'un conquérant, et que ses vastes et riches royaumes soient réduits par la distance à ce point qui brille sur nos têtes : pourtant la Terre, sa sœur, n'ose pas dire qu'il est mort.

« Oh ! quelle vision transporta le noble Toscan dans sa tour solitaire, à l'heure où il ouvrit à la pensée de la Terre une ère plus glorieuse que la fondation du plus puissant empire ! lorsque le brillant mystère révéla à son verre, dans les profondeurs de la nuit, une lumière surnaturelle, rivage de l'espace, continent du ciel, plus beau que celui qui s'offrit au navire traversant les ondes

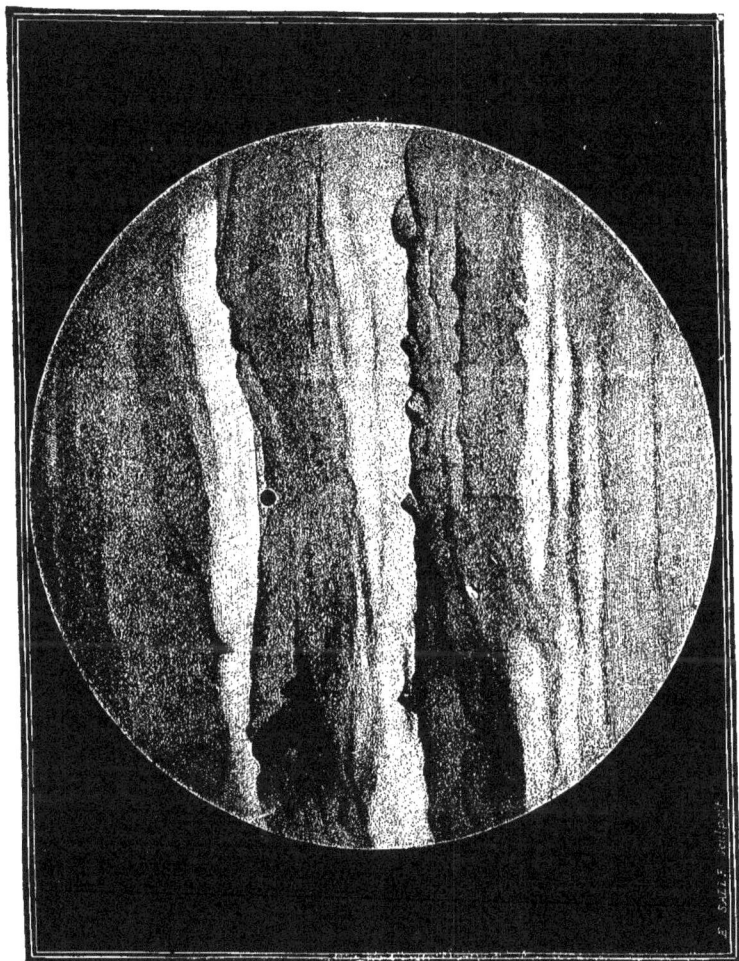

Fig. 58. — Aspect télescopique de Jupiter.

dans son voyage téméraire aux rives de l'Atlantique! Quelle merveille solennelle fit tressaillir son cœur lorsque le magnifique
système s'éleva devant lui, monde accompli, enveloppé d'orbes de

moindre lumière, pour accompagner son cours et illuminer ses nuits!

« Expliquez pourquoi ces brillants compagnons attendent l'heure du sommeil où ils garderont leurs veilles silencieuses, pourquoi cette planète roule sur son axe tournant, pourquoi elle penche alternativement ses pôles vers le Soleil. Dites dans quel but cette étendue fut préparée pour la vie, avec ses saisons qui suivent le cours de l'année, et la lumière de ses lunes, mesurée pour une nuit plus spacieuse ou pour la compensation d'un soleil moins brillant.... A quoi bon ces variétés de nuits et de jours si nul regard ne s'éveillait pour saluer le jour naissant ; si les saisons inutilement constantes n'apportaient aucune jouissance, aucun fruit, aucune chose vivante, si Celui qui gouverne ce bas monde connu, obéi, adoré des intelligences qui l'habitent, n'était ni connu ni obéi, ni adoré par aucun être, et ne régnait que sur une immense et stérile solitude?

« Le Soleil, qui illumine les vallons et les gais pâturages de notre terre verse là sur des champs plus vastes les mêmes rayons joyeux. Notre aurore les éclaire, et la main qui a formé ce monde est la même qui a versé sur la terre les rayonnements de la vie souveraine. Pourrait-il se faire que tout cela fût stérile et mort, que mille royaumes enveloppés d'un jour glorieux fussent étendus pour briller de loin dans l'obscurité sur notre nuit et dorer notre ciel d'une lumière ineffective? Monde absorbant sans fruit les rayons solaires, campagne dénudée, orbe triste et stérile qui ne donnerait ni verts pâturages ni souffle vital, — vaste et silencieux domaine de la mort! »

Non, Jupiter est une terre, une terre splendide, auprès de laquelle la nôtre n'est vraiment qu'une lune. Le dessin reproduit plus haut (fig. 57) permet en même temps de juger la différence des deux planètes.

S'il nous était donné d'observer ce monde de près et de nous accoutumer à sa nature, de vivre quelque temps au milieu de son cortège et d'apprécier toute son importance, nous trouverions notre globe bien modeste en sortant d'un tel séjour. Nous serions comme ces bons villageois qui viennent une fois dans leur vie voir Paris, et qui, s'ils ont le malheur d'y rester un mois seulement, ne savent plus que penser de leur village : il reste éclipsé par le seul souvenir des splendeurs entrevues.

Si Jupiter n'est pas encore habité actuellement, il n'en sera pas moins, dans l'histoire de notre système, la capitale de la grande famille solaire.

VIII

SATURNE

. . . . Seul dans notre système
Il marche le front ceint d'un double diadème.
Quels tableaux variés doivent offrir aux yeux
Ces deux écharpes d'or flottantes dans les cieux !
Oui, Saturne, à bon droit, en contemplant sa masse,
Ce soleil qui pour lui n'est qu'un point dans l'espace,
Ses gardes, sa couronne et leurs orbes divers,
Peut se croire le roi, centre de l'univers.

DARU.

S'il vous arrivait un jour de faire un petit voyage à la planète Saturne, qui n'est qu'à 1421 millions de kilomètres d'ici, vous
éprouveriez à son aspect un étonnement indicible, dont n'approche
certainement aucun des sentiments de surprise que vous avez pu
éprouver sur la Terre. Imaginez-vous un globe immense, non pas
seulement de la grandeur de la Terre, mais aussi volumineux que
719 terres entassées. Il tourbillonne sur lui-même avec une telle
rapidité, que, malgré sa grosseur, il achève son mouvement de
rotation diurne en dix heures environ. Autour de lui, au-dessus de
son équateur et à une faible distance, un immense anneau, plat et
relativement très mince, l'environne de toutes parts. Cet anneau
est suivi d'un second qui l'entoure, et celui-ci encore d'un troisième.
Or ce système d'anneaux multiples n'a peut-être pas 100 kilomètres
d'épaisseur, tandis qu'il mesure 48 000 kilomètres de largeur. Ils
ne planent pas immobiles, mais sont emportés par un mouvement
circulaire autour de la planète, mouvement d'une rapidité supérieure encore à la précédente. Là ne se borne pas le domaine du
monde saturnien. Au delà de ces anneaux, on voit *huit lunes* cir-

culer dans le ciel autour de l'étrange système ; le plus rapproché de
ces satellites est séparé de l'anneau extérieur par une distance de
48 000 kilomètres ; le dernier suit une orbite éloignée du centre de
la planète de 3 688 8000 kilomètres. Saturne commande donc un
monde qui ne mesure pas moins de 7 376 000 kilomètres de diamètre, c'est-à-dire 23 millions de kilomètres de tour.

Voilà un monde à côté duquel la Terre fait bien modeste figure,
et Micromégas était bien pardonnable de prendre la Terre pour
une taupinière du ciel, lorsque, en sortant de Saturne, il vint à passer
près de notre
petit globe. Ses
années sont
trente fois plus
longues que les
nôtres ; ses sai-
sons durent
chacune sept
ans et quatre
mois ; une di-
versité sensi-
blement égale
à celle qui dis-

Fig. 59. — Saturne et ses satellites.

tingue les nôtres les varie : l'été succède au printemps et l'automne
à l'été.

Mais le phénomène qui attire le plus l'attention sur ce monde,
c'est ce système d'anneaux gigantesques qui l'enveloppe de toutes
parts. On fut longtemps sans pouvoir se rendre compte de la nature
de cet appendice, unique dans tout le système planétaire.

Galilée, qui, le premier, vit de chaque côté de Saturne quelque
chose de brillant dont il ne put distinguer la forme, fut grande-
ment émerveillé d'un pareil aspect. Il l'annonça d'abord sous un
anagramme, dans lequel Kepler lui-même n'a rien pu reconnaître,
et, comme il l'avait fait pour Vénus, en cachant sa découverte, il se
donna le temps de la mener à bonne fin. Il nomma Saturne *tri-
corps*, en attendant mieux. « Lorsque j'observe Saturne, écrivait-il
plus tard à l'ambassadeur du grand-duc de Toscane, l'étoile cen-

trale paraît la plus grande ; deux autres, situées l'une à l'orient,
l'autre à l'occident, et sur une ligne qui ne coïncide pas avec la
direction du zodiaque, semblent la toucher. Ce sont comme *deux
serviteurs qui aident le vieux Saturne à faire son chemin* et restent
toujours à ses côtés. Avec une lunette de moindre grossissement,
l'étoile paraît allongée et de la forme d'une olive. »

Le laborieux astronome eut beau chercher, il ne fut pas favorisé
dans ces recherches comme il l'avait été dans les précédentes. A
l'époque où les anneaux de Saturne se présentent à nous par leur
tranche, ils disparaissent à cause de leur minceur. Galilée, se
trouvant une certaine nuit dans l'impossibilité absolue de rien distinguer de chaque côté de la planète, là où quelques mois auparavant il avait encore observé les deux objets lumineux, fut complètement désespéré ; il en vint jusqu'à croire que les verres de ses
lunettes l'avaient trompé. Tombé dans un profond découragement,
il ne s'occupa plus de Saturne, et mourut sans savoir que l'anneau
existait. Plus tard, Hévélius déclara de même qu'on y perdait son
latin, et ce n'est qu'en 1659 que Huygens, le véritable auteur de la
découverte de l'anneau, en fit la première description et en donna
la première explication.

Pour les contemporains de Galilée, Saturne était *une boule avec
deux anses*, ou encore, *un chapeau de cardinal*, plus tard, on l'as-
simila à *une savonnette au milieu d'un plat à barbe*. Au milieu du
xviiiᵉ siècle, Maupertuis conjectura que l'anneau n'était qu'une
queue de comète enroulée comme un turban autour du globe
saturnien. Vers la fin du même siècle, Du Séjour écrivit son
*Essai sur les phénomènes relatifs aux disparitions périodiques de
l'anneau de Saturne*, dans lequel il trouva théoriquement la durée
de la rotation de l'anneau ; il offrit son ouvrage à Voltaire, avec la
dédicace gracieuse que voici :

« Monsieur, recevez, je vous prie, l'histoire d'un vieillard respectable, dont on s'occupera sur la terre tant que le savoir sera en
honneur parmi les hommes ; son front est orné d'une couronne
immortelle ; il nous éclaire et nous offre un des phénomènes les
plus singuliers de la nature. Ce vieillard est Saturne, je m'em-
presse de le nommer, de peur qu'on n'en désigne un autre dont

votre modestie vous empêcherait de reconnaître le portrait. Puisse
cette *analogie* mériter à mon ouvrage un accueil favorable de votre
part! »

· Sans la dernière remarque, Voltaire lui-même, et plutôt que
personne, eût pu croire, en effet, que Saturne était fort étranger à
la dédicace. A cette époque, le monde de Saturne comptait déjà,
outre ses anneaux, cinq satellites circulant autour de lui. Depuis,

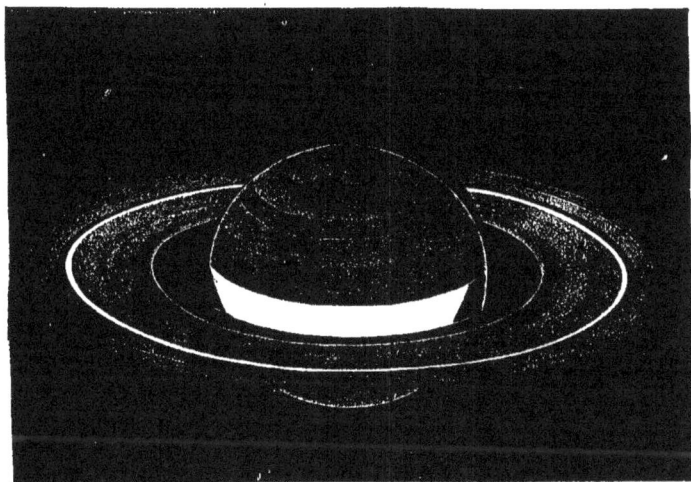

Fig. 60. — Les anneaux de Saturne.

on en a découvert trois autres, et le cortège se compose de huit
membres. Voici l'ordre de leurs distances à la planète, les noms
qui les distinguent, les auteurs et la date des découvertes :

1. Mimas.	Herschel.	1789
2. Encelade.	Herschel.	1789
3. Thétis.	Cassini.	1684
4. Dioné.	Cassini.	1685
5. Rhéa.	Cassini.	1672
6. Titan.	Huygens.	1655
7. Hypérion.	Bond et Lassell.	1848
8. Japet.	Cassini.	1671

Vus de la Terre, les anneaux de Saturne présentent des aspects très variés : tantôt ils apparaissent comme un large ovale lumineux qui enveloppe presque toute la planète ; tantôt, se rétrécissant peu à peu, ils ne laissent voir qu'un sillon lumineux débordant le disque, ou même disparaissant tout à fait. Il est aisé de se rendre compte de cette variété d'apparences.

Dans son mouvement autour du Soleil, l'axe de Saturne reste parallèle à lui-même. Il en est donc de même de ses anneaux, et, comme leur inclinaison sur le plan de l'orbite est loin d'être nulle, il en résulte que le Soleil éclaire tantôt l'une des faces du système, tantôt l'autre. En même temps, l'obliquité des anneaux, par rapport à nous, varie d'une époque à une autre.

Que résulte-t-il pour la Terre de ces positions diverses? Évidemment que les anneaux, par des effets de perspective, dont la figure 60 peut rendre aisément compte, apparaissent tantôt plus, tantôt moins ouverts ; pendant une moitié de l'année de la planète, la partie intérieure de l'appendice se projette sur l'hémisphère nord ; pendant l'autre moitié, la courbure est en sens inverse et nous voyons le bord recouvrir une partie de l'hémisphère sud. Enfin, à deux époques (équinoxes de Saturne), l'anneau, n'étant plus éclairé que par la tranche, disparaît à peu près entièrement. Les instruments les plus puissants montrent alors une légère ligne lumineuse dans le prolongement de l'équateur de Saturne, et sur le disque une ligne obscure.

Au moment où je corrigeais les épreuves de la troisième édition des *Merveilles célestes* (été de 1869), j'observai Saturne au télescope, et je remarquai que ses anneaux se présentaient précisément dans leur position la plus ouverte, comme on le voit dans la figure. A partir de 1869, ils se sont présentés plus obliquement, et il est arrivé qu'au moment de la sixième édition (septembre 1877), on ne les voyait plus que par la tranche. En 1885, lors d'une nouvelle édition encore, ils étaient de nouveau complètement ouverts. En ce moment (1897), on réimprime cet ouvrage et dans quelques mois, en 1898, ils se remontreront comme en 1869. On voit qu'une vie d'homme suffit amplement pour reconnaître tous ces aspects (voir la figure).

Saturne n'a pas été favorisé des anciens poètes, qui ne se doutaient en aucune façon de sa grandeur et de sa richesse. Situé à la
dernière limite du système planétaire, et en marquant la frontière
jusqu'à l'époque de la découverte d'Uranus, il passait pour le plus
froid et le plus lent de tous les astres. C'était le dieu du temps,
détrôné et relégué dans une sorte d'exil. Malheur à ceux qui nais-
saient sous son influence! Si au moment de la naissance il se trou-

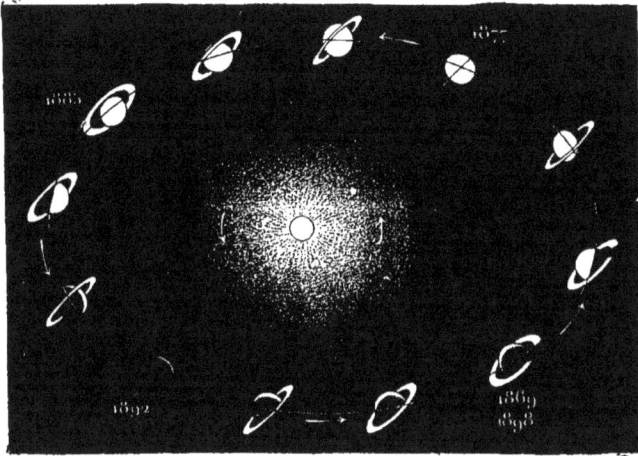

Fig. 61. — Variations des anneaux de Saturne.

vait dans le signe zodiacal du mois, les nouveau-nés n'avaient plus
qu'à demander à rentrer dans le néant. Pendant mille ans un
nombre considérable d'hommes sérieux ajoutèrent foi pleine et
entière aux tireurs d'horoscopes, abusés eux-mêmes dans l'ignorance et souvent de bonne foi. Ces idées, heureusement évanouies
à la lumière des sciences, sont trop curieuses pour que je ne vous
en donne pas un petit spécimen.

Écoutez, par exemple, un astrologue [1] qui écrivit en 1575 les
facéties suivantes : « Saturne est au septième ciel. Il fait les gens
rustiques, signifie les païsans, manœuvriers et mercenaires; fait

1. La Taille de Boudaroy, *Géomancie abrégée.*

les gens maigres, solitaires et resveurs, qui en se promenant regardent la terre; il signifie aussi les vieillards courbez, les juifs et les mendiants, les servants, faitnéantz, gens méchaniques et de basse condition, et fait la cherté, la glace et l'épidémie : bref il n'a aucune clarté, sinon celle que les autres lui départent. » Voilà pour les conditions; mais ceci n'est rien à côté de l'influence de cette malheureuse planète sur les maladies.

« Saturne, dit La Martinière, est une planète pesante, diurne, sèche, nocturnale et malveillante, à qui l'on attribue les fièvres longues, quartes et quotidiennes, les incommodités de la langue, des bras et de la vessie, la paralysie universelle, les gouttes, les tubes, les abcès, apostumes, obstructions du foye et de la rate, la jaunisse noire, les cancers, polipes, les maladies des intestins, comme sont les coliques venteuses, pituiteuses, hémoroïdes douloureuses, les hernies, les varices, cors aux pieds, crachements de sang pulmonin, appétit canin, difficultés de respirer, sourdites, pierres tant aux reins qu'à la vessie, l'épilepsie, alopécie, opiasie, cachexie, hydropysie, mélancolie, lèpres, et autres maladies provenant des humeurs sales et pourries... (je ne veux pas tout citer). Ceux qui sont nés sous sa saison sont mélancholiques et pituiteux », etc.

Le bon Saturne ne se doute guère d'avoir causé de pareilles infortunes aux habitants de la Terre. Espérons, pour notre réputation là-bas, que les astrologues de Saturne n'auront pas usé de représailles, car alors de quels maléfices ne nous accuserait-on pas? Mais nous avons une bonne raison de croire que nous ne sommes pas mal vus des Saturniens; cette raison (qui ne nous fait pas grand honneur du reste), c'est que de Saturne nous ne sommes pas vus du tout, parce que notre globe est trop petit et qu'il est caché dans le soleil.

D'après un auteur plus singulier encore, on peut faire venir... le diable chez soi, en l'appelant un samedi, le jour du sabbat consacré à Saturne, par une formule cabalistique extrêmement difficile à prononcer, et en offrant à Saturne un parfum préparé de la manière suivante : « Mélangez de la graine de pavot, de la graine de jusquiame, de racine de mandragore, de poudre d'aimant et de

bonne myrrhe ; pulvérisez toutes ces drogues, et les incorporez
avec du sang de chauve-souris et de la cervelle de chat noir », etc.
Je ne veux pas tout dire, je craindrais que vous n'essayassiez la
recette.

Chaque planète influait sur la destinée des hommes selon la
date de leur naissance. Ainsi, dans le premier signe du Zodiaque,
Jupiter faisait « les évêques, les préfets, les nobles, les puissants,

Fig. 62. — Saturne et la Terre (dimensions comparées).

les juges, les philosophes, les sages, les marchands, les banquiers.
Mars signifiait les guerriers, les boute-feu, les meurtriers, les
médecins, les barbiers, les bouchers, les orfèvres, les cuisiniers,
les boulangers et tous les métiers qui se font par le feu. Vénus
faisait les reines et les belles dames, les apothicaires (comme cela
se suit bien !), les tailleurs d'habits, les faiseurs de joyaux et
d'ornements, les marchands de drap, les joueurs, ceux qui hantent
les cabarets, ceux qui jouent aux dés, les libertins et les brigands ;
Mercure, les clercs, les philosophes, les astrologues, les géomè-
tres, les arithméticiens, les auteurs latins, les peintres, les ouvriers
ingénieux ou subtils, tant hommes que femmes, et leurs arts. »

Mars peut être comparé à Saturne pour la mauvaise réputation que lui ont faite les astrologues; la phrase suivante suffit pour édifier à son égard : « Les gens auxquels Mars préside sont aspres et rudes, invincibles, et qui par nulles raisons ne se peuvent gaigner, entiers, noiseux, téméraires, hasardeux, violents, et qui ont accoustumé à tromper le public; gourmans, digérants aisément beaucoup de viandes, forts, robustes, impérieux, avec des yeux sanglants, cheveux rouges, n'ayant guères bonne affection envers leurs amis, exerçants les arts de feu et de fer ardent : bref, il fait ordinairement les hommes furieux, ricteux, paillards, suffisques et colériques. »

Quant à Vénus, nul astre n'eut jamais une influence plus favorable que la sienne; il est inutile de dire en quoi consistait principalement son action : mais il paraît que ceux auxquels elle présidait étaient de fort heureux mortels.

Ces idées bizarres et erronées sur une prétendue influence des planètes, et toutes celles qui constituent le vaste domaine astrologique, avaient pour cause la superstition de l'homme, qui est toujours entraîné vers le merveilleux, et son orgueil, qui lui représentait l'univers comme formé tout exprès pour lui [1]. Tant que régna l'ancien système du monde, fondé sur les apparences, l'homme fut en proie à cette erreur malsaine. Le flambeau de la vraie science, de la science fondée sur l'observation raisonnée et sur le calcul, était seul capable d'apporter quelque lumière au sein de ces ténèbres, et de les dissiper à mesure que l'homme s'élèverait davantage dans la connaissance véritable. Ce sera le plus grand titre de gloire pour les siècles qui viennent de briller, d'avoir délivré l'esprit humain de ces illusions et en avoir à jamais triomphé. Souvent à ces époques où la vie de l'homme était facilement sacrifiée, astrologues, alchimistes, sorciers, furent brûlés vifs, pendus, roués, décapités, écartelés ou suppliciés par de longues tortures, pour avoir fait une prédiction mal reçue. Je pourrais aligner quelques centaines de sorcières brûlées pour de prétendus maléfices ou pour des profanations qui avaient bien plutôt

---

1. Voir notre ouvrage les *Mondes imaginaires et les Mondes réels*.

pour cause leur crédulité que leur méchanceté, d'astrologues
pendus ou noyés selon le bon plaisir des princes, de chercheurs de
pierre philosophale exécutés pour avoir fait pacte avec le diable;
mais ce n'est pas ici le lieu, et en parlant d'astrologie au chapitre
de Saturne j'ai seulement voulu profiter de la circonstance pour
montrer une fois de plus quelles actions de grâce on doit à la
science et dans quelle nuit on pourrait craindre que l'homme ne
retombât un jour, si le flambeau des sciences venait à s'éteindre.

Le monde de Saturne mérite mieux de notre part. Non seulement nous faisons main basse sur les influences sinistres dont il se
trouvait l'innocent auteur, mais encore nous admirons en lui un
magnifique séjour de vie, au sein duquel les forces de la nature
agissent sous des aspects qui nous restent inconnus. Au milieu de
ses anneaux splendides et de son riche système de huit mondes
secondaires, il trône pacifiquement dans les cieux, et nous aimons
à contempler sa vénérable figure, dans ces lointaines régions,
comme le type d'une création avancée déjà dans cette ère de perfection à laquelle tous les êtres aspirent.

Cet inquiétant Saturne n'a pas été toujours cependant traité par
les modernes avec plus d'égards que par les anciens; aurait-il donc
à son tour une mauvaise étoile lui-même? Quelques-uns le regardent encore d'un bien mauvais œil, — par exemple l'auteur des
Contemplations, qui en a fait le lieu du châtiment des âmes
méchantes, tandis que les âmes heureuses s'élèvent de sphère en
sphère :

> . . . . Chacun ferait ce voyage des âmes
> Pourvu qu'il ait souffert, pourvu qu'il ait pleuré.
> Tous, hormis les méchants, dont les esprits infâmes
>   Sont comme un livre déchiré.
>
> Ceux-là, Saturne, un globe horrible et solitaire,
> Les prendra pour un temps où Dieu voudra punir,
> Châtiés à la fois par le ciel et la terre,
>   Par l'aspiration et par le souvenir!
>
> Saturne! sphère énorme! astre aux aspects funèbres!
> Bagne du ciel, prison dont le soupirail luit!
> Monde en proie à la brume, aux souffles, aux ténèbres,
>   Enfer fait d'hiver et de nuit!

Ce serait bien laid ! Espérons qu'il y a dans ce tableau quelques réminiscences des opinions antiques sur Saturne, et que ce globe est moins affreux qu'il n'en a l'air aux yeux mal prévenus. Il ne manque pas de richesses, ce monde étrange ! et s'il nous était donné de lui faire visite un jour, sans doute le trouverions-nous beaucoup plus beau que la Terre, et formerions-nous le vœu de recevoir désormais pour résidence ce royal et majestueux domaine.

Saturne gardait, aux yeux des anciens, la frontière de l'empire solaire dont les Sept composants ne pouvaient voir augmenter leur nombre. La science, téméraire et indépendante, qui se joue des opinions et des préjugés, a franchi cette barrière sans aucun scrupule, et voilà qu'elle découvrit de nouveaux mondes qui reculèrent plus de trois fois au delà de leur position antique les remparts de la cité solaire.

IX

URANUS

Mais la philosophie, en sa veille assidue,
De la création explore l'étendue ;
Œil sublime, elle prend son vol audacieux.
Du système elle atteint la borne qui s'efface....
Quel est au loin, là-bas, ce globe merveilleux,
Ce nouveau monde errant qui sillonne l'espace ?
C'est Uranus ; il suit son cours majestueux,
Réfléchit du soleil la lumière émanée
Et roule lentement sa languissante année.

HÉLÉNA-MARIA WILLIAMS.

Le 13 mars 1781, entre dix et onze heures du soir, un ancien organiste d'Halifax, qui s'était fabriqué lui-même le meilleur télescope qu'il y eût alors au monde, observait les petites étoiles de la constellation des Gémeaux, avec un télescope de deux mètres de long et un grossissement de 227 fois. Pendant son observation, il s'aperçoit que l'une des étoiles offre un diamètre inusité. Étonné et désireux de vérifier le fait, il prend un oculaire grossissant le double, et trouve que le diamètre de l'étoile augmente, tandis que celui des autres étoiles reste le même. De plus en plus surpris, il va chercher son grossissement de 932 fois, dont la puissance était plus du quadruple de la première, et se remet à observer. L'étoile mystérieuse est encore plus grosse. Dès lors il n'en doute plus : c'est là un astre nouveau, ce n'est pas une étoile. Il continue les jours suivants et remarque qu'elle se déplace lentement parmi les autres. Évidemment, il s'agit ici d'une découverte. C'est donc une *comète*. William Herschel, car c'était lui, la présente le 26 avril à la Société royale de Londres, par son mémoire intitulé *Account of*

13

a comet; et le monde savant de tous les pays enregistre le nouvel astre cométaire et s'occupe de l'observer afin de déterminer sa courbe.

Le nom de l'astronome était alors si peu connu, qu'on le trouve écrit de toutes les façons : Mersthel, Herthel, Hermstel, Horochelle, etc. Cependant la découverte d'une comète nouvelle était un événement assez important pour qu'on se donnât la peine de la vérifier et d'étudier l'astre nouveau. Laplace, Méchain, Boscowich, Lexell, cherchèrent à déterminer la courbe le long de laquelle le déplacement s'opérait. On fut plusieurs mois sans se douter qu'il s'agissait là d'une véritable planète, et ce n'est qu'après avoir reconnu que toutes les orbites imaginées pour la prétendue comète se trouvaient bientôt contrariées par les observations, et qu'il y avait probablement une orbite circulaire, beaucoup plus éloignée du Soleil que Saturne, jusqu'alors frontière du système, que l'on arriva à consentir à la regarder comme planète. Encore ne fut-ce d'abord qu'un consentement provisoire.

Il était, en effet, plus difficile qu'on ne pense d'agrandir ainsi sans scrupule la famille du Soleil. Bien des raisons de convenance s'y opposaient. Les idées anciennes sont tyranniques. On était habitué depuis si longtemps à considérer le vieux Saturne comme le gardien des frontières, qu'il fallait un grand effort pour se décider à reculer ces frontières et à les faire garder par un nouveau monde. Il en fut pour cela comme pour la découverte des petites planètes situées entre Mars et Jupiter. Lorsque, deux siècles avant cette découverte, Kepler avait imaginé, pour l'harmonie du monde, une grosse planète en cet intervalle, on lui avait opposé les considérations les plus frivoles, les plus dénuées de sens. On avait, par exemple, tenu des raisonnements comme celui-ci : « Il n'y a que sept ouvertures dans la tête : les deux yeux, les deux oreilles, les deux narines et la bouche; il n'y a que sept métaux; il n'y a que sept jours dans la semaine; il n'y a que sept couleurs : donc il n'y a que sept planètes », etc. Des considérations de ce genre et d'autres non moins imaginaires arrêtèrent souvent les progrès de la science.

Lorsque William Herschel, ayant assisté comme spectateur aux

débats suscités par sa découverte, vint à croire que sa comète était
une planète située aux confins de notre système, il réclama le
droit qui lui appartenait incontestablement de baptiser le nouvel
astre. Animé par un légitime motif de reconnaissance envers

George III, le roi d'Angleterre, qui
avait apprécié sa valeur d'astronome
et lui faisait une pension annuelle,
il proposa d'abord le nom de *Geor-*
gium sidus, l'astre de George ; comme
Galilée avait nommé astres de Médi-
cis les satellites de Jupiter, découverts par lui ; comme Horace avait
dit : *Julium sidus*. D'autres propo-

Fig. 63. — Uranus et la Terre.

sèrent le nom de *Neptune*, afin de garder le caractère mythologique : Saturne se serait ainsi trouvé entre ses deux fils, Jupiter
et Neptune. D'autres ajou'aient à Neptune le nom de George III,
d'autres encore proposèrent *Astrée*, considé-
rant que la déesse de la justice s'était éloignée
le plus possible de la Terre ; — *Cybèle*, mère
des dieux ; — *Uranus*, le plus ancien de
tous, auquel on devait réparation pour tant
de siècles d'oubli.

Lalande proposa le nom d'*Herschel*
pour immortaliser le nom de son
auteur. Ces deux dernières dénominations
prévalurent. Longtemps la planète porta le
nom d'Herschel, mais l'usage s'est déclaré
depuis pour l'appellation mythologique.

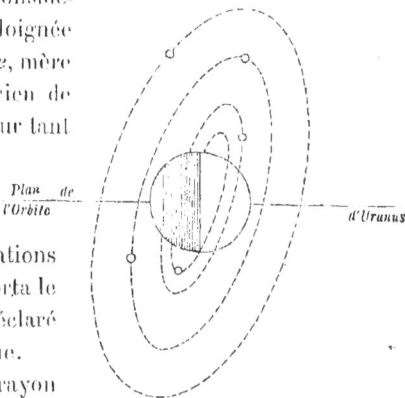

Fig. 64. — Inclinaison des
orbites des satellites
d'Uranus.

La découverte d'Uranus a porté le rayon
du système solaire de 1421 millions à
2834 millions de kilomètres. Pour un pas,
il en valait la peine. A côté des précédentes,
cette planète n'est pas bien grosse, car elle n'est guère que 69 fois
plus *volumineuse* que la Terre, 17 fois plus étendue en *surface* et
4 fois 2 dixièmes plus large en *diamètre* (fig. 63).

Ses saisons durent vingt et un ans, et ses années quatre-vingt-quatre ans. Elle voit circuler autour d'elle quatre satellites. Ce qu'il y a de curieux dans ces lunes, c'est qu'au lieu de tourner d'occident en orient comme toutes les lunes et toutes les planètes du système, elles marchent d'orient en occident, et de plus circulent sur une inclinaison singulièrement prononcée. Pourquoi? C'est ce que l'on ne peut encore deviner.

C'est ainsi qu'à l'époque où la société européenne allait entrer dans une ère de révolutions et de guerres, la Science, aux pacifiques conquêtes, voyait s'augmenter sa gloire et visitait de nouveaux cieux.

X

NEPTUNE

D'ici la vue est profonde ;
Elle flotte entre le monde
Et les profondeurs du ciel.
GOETHE, *Faust*.

Le monde qui marque présentement les frontières du système est situé à une telle distance du Soleil, que la lumière et la chaleur qu'il en reçoit sont neuf cents fois moindres que celles dont la Terre est baignée, de telle sorte qu'entre le jour et la nuit de cette planète lointaine la différence est bien moins grande qu'en notre séjour ensoleillé, et que pour elle le disque solaire est presque réduit à l'exiguïté des étoiles. Il suit de là qu'à sa surface les étoiles du ciel peuvent bien être visibles le jour comme la nuit, et que le Soleil n'est qu'une étoile plus brillante que les autres. De Neptune donc, l'œil situé entre le monde planétaire et le ciel étoilé se trouve dans une région où il doit être beaucoup plus sensible et doué de propriétés particulières qui lui permettent de mieux apprécier le monde sidéral et son opulence.

C'est une distance de 4 milliards 470 millions de kilomètres qui sépare ce monde du Soleil. Jusqu'à l'époque de sa découverte, le système planétaire, déjà agrandi par l'adjonction d'Uranus, voyait ses frontières se fermer sur une orbite de 16 milliards de kilomètres de circonférence. Depuis sa découverte, ces frontières ont été reculées de près du double. Est-ce à dire que ce soient là des limites infranchissables, et que l'analyse ne puisse un jour percer plus loin et ajouter de nouveaux membres à la famille toujours grandissante du Soleil? Non. Lorsque des observations, échelonnées sur une assez longue suite d'années et comparables entre elles, auront été faites, la loi universelle de la gravitation, par laquelle l'existence de cette planète fut connue avant d'avoir jamais été aperçue dans les champs du télescope, cette admirable loi démontrera l'existence de nouvelles planètes, s'il en existe d'autres, comme il est probable; et les progrès de l'optique suivant pour leur part les progrès de l'astronomie permettront à la puissance visuelle encore amplifiée de découvrir cette lointaine planète qui sera sans doute de 16ᵉ ou 17ᵉ grandeur.

Représentez-vous un astre 55 fois plus gros que la Terre [3 fois 8 dixièmes plus large en *diamètre* (fig. 65), cinq fois plus étendu en *surface*], représentez-vous ce monde planétaire porté dans les déserts ténébreux du vide à cette distance de l'orbite neptunienne. Il vogue, isolé, dans l'obscurité de l'espace, suivant une courbe immense, purement idéale, et qui n'existe qu'en théorie dans le décret des lois éternelles. Il suit cette courbe, il marche en roulant sur lui-même, sans jamais dévier de son chemin.... Pour terminer sa route démesurée et revenir à son point de départ, il lui faudra cent soixante-quatre ans.... Il y reviendra et repassera par ce point mystérieux de l'espace planétaire où il passa près de deux siècles auparavant. Quelle est la puissance qui le meut? Quelle est la main qui conduit cet aveugle dans la nuit des régions lointaines et qui lui fait décrire cette courbe harmonieuse?

C'est l'attraction universelle.

Au lieu de suivre une ellipse régulière autour du Soleil, la planète Uranus subissait, de la part d'une cause inconnue, une perturbation qui retardait sa marche théorique et enflait vers un certain point sa courbe circulaire, comme si une cause attractive eût séduit le voyageur dans sa marche, l'eût fait dévier de son chemin tracé. On calcula que, pour produire en cet endroit une attraction de telle intensité, il fallait qu'il y eût de ce côté du système, plus loin qu'Uranus, une planète de telle masse pour telle distance. Plusieurs mathématiciens, mais deux surtout, l'un français (Le Verrier), l'autre anglais (Adams), s'occupaient en même temps de cette recherche. On trouva théoriquement la cause perturbatrice, et des observateurs dirigèrent leurs lunettes vers le ciel, à l'endroit indiqué par la théorie. On ne tarda pas à découvrir effectivement l'astre vers le point indiqué, et l'on put annoncer au monde la plus brillante confirmation de la gravitation universelle.

C'est en 1846 que Le Verrier annonça le premier cette découverte, et qu'un astronome allemand (Galle) la vérifia télescopiquement. Cette planète n'est pas visible à l'œil nu et n'offre que l'éclat d'une étoile de 8° grandeur.

La distance de cette planète avait été théoriquement basée sur une loi empirique bien connue, nommée la *loi de Bode*, mais qui fut émise pour la première fois par Titius. Cette loi, c'est celle-ci. A partir de 0 écrivez le nombre 3, et doublez successivement :

0   3   6   12   24   48   96   192   384.

Augmentez de quatre chacun de ces nombres :

4   7   10   16   28   52   100   196   388.

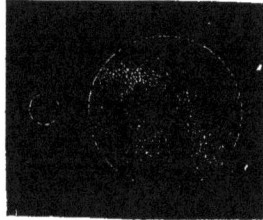

Fig. 65. — Neptune et la Terre.

Or il arrive que ces chiffres représentent les distances successives des planètes au Soleil, même des petites planètes, qui n'étaient pas connues à l'époque où cette loi fut promulguée pour la première fois. L'orbite de Mercure est marquée par le nombre 4, celle de Vénus par 7, la Terre par 10, Mars par 16. Le chiffre 28 désigne l'orbite moyenne des astéroïdes. Jupiter est marqué par 52, Saturne par 100 et Uranus par 196. On paraissait donc avoir, par cet accord, un droit légitime de placer la nouvelle planète à la distance de 388. Or la distance réelle de Neptune n'est que de 300 ; et c'est à cette régularité de la série à partir d'Uranus que l'on doit le désaccord qui existe en réalité entre les éléments de la prédiction théorique de Neptune et ceux donnés par son observation ultérieure.

C'est que cette formule n'est pas, comme celle de l'attraction, l'expression de la force infinie qui gouverne les sphères. Après que

Kepler eut reconnu les trois lois fondamentales que nous avons énoncées plus haut, Newton trouva le mode d'action de cette force universelle, à laquelle on doit la stabilité du monde : « Les corps s'attirent en raison directe des masses et en raison inverse du carré des distances ». Dans l'immensité des vastes cieux, les soleils gigantesques de l'espace obéissent à cette formule, et dans l'humilité des actions qui s'opèrent à la surface de la Terre, la fonction mécanique des petits êtres n'est pas soustraite à son empire. Elle est la loi de la création, soutenant la vie de l'édifice dans l'invisible comme dans l'immense. « L'attraction, disait l'auteur de *Paul et Virginie*, est une lyre harmonieuse qui résonne sous des doigts divins. »

Lorsqu'on a contemplé ces translations grandioses des sphères sur leurs orbites, dans le système confié à la garde de notre Soleil, lorsqu'on a vu que ces lois formidables régissent les mouvements des systèmes stellaires avec la même souveraineté qu'elles dirigent ceux qui s'exécutent autour de nous, et lorsque à cette grandeur merveilleuse des lois de la nature on compare la faiblesse humaine et notre insignifiance au sein de cette création sublime, on admire avec sincérité le génie des hommes qui s'élevèrent à la notion de ces causes : il semble que leur puissance se répande sur les autres hommes, et l'on se sent plus fier d'appartenir à l'humanité.

Étant 30 fois plus éloigné du Soleil que nous, Neptune en reçoit 30 × 30 ou 900 fois moins de lumière et de chaleur. Ce n'est pas une raison pour en conclure que sa température moyenne soit 900 fois plus froide que celle de la surface terrestre, car son atmosphère peut conserver, accumuler, thésauriser la quantité proportionnellement reçue, et peut-être a-t-elle d'autres sources de chaleur inconnues de nous, chaleur centrale, chaleur électrique, que sais-je? Dans tous les cas, la différence radicale qui sépare ces mondes lointains du nôtre au point de vue de la constitution matérielle et de la densité, et les révélations de l'analyse spectrale sur leurs atmosphères, s'accordent pour nous prouver que Neptune et Uranus sont des mondes bien différents de celui que nous habitons; qu'ils ne peuvent pas être peuplés par un état de vie analogue au nôtre, et que les forces de la Nature y ont sans doute donné naissance à des productions entièrement étrangères aux productions organiques terrestres, — si extra-terrestres, en vérité, que, les voyant de nos yeux, nous ne les reconnaîtrions pas pour des êtres organisés, et qu'un voyage accompli de la sphère de Saturne à celle de Neptune serait incomparablement plus prodigieux, plus fantastique, plus insensé que tous les rêves des *Mille et une Nuits*, tous les contes de fées et toutes les créations sorties des bulles de savon soufflées par la folle du logis.

Nous avons dit que chaque année des habitants de Neptune est égale à 164 des nôtres : 164 ans et 9 mois. Quel calendrier ! Si les choses s'y passaient comme ici, une jeune fille de dix-sept ans aurait déjà vécu deux mille huit cents ans !

Neptune termine notre excursion planétaire. Au delà, c'est le désert sidéral. L'étoile la plus proche est neuf mille fois plus loin ! Mais il y a encore dans la République solaire d'autres provinces, des hordes nomades : les comètes.

XI

LES COMÈTES

Je viens vous annoncer une grande nouvelle :
Nous l'avons, en dormant, madame, échappé belle,
Un monde près de nous a passé tout du long,
Est chu tout au travers de notre tourbillon ;
Et s'il eût en chemin rencontré notre terre,
Elle eût été brisée en morceaux comme verre.

MOLIÈRE.

Ce propos de Trissotin à Philaminte, qui commence la parodie des craintes causées par l'apparition des comètes, n'eût pas été une parodie il y a quatre ou cinq siècles. Ces astres chevelus, qui viennent subitement flamboyer dans les cieux, furent longtemps regardés avec terreur comme autant de signes avant-coureurs de la colère divine. Les hommes se sont toujours crus beaucoup plus importants qu'ils ne le sont au point de vue de l'ordre universel : ils ont eu la vanité de prétendre que la création tout entière était faite pour eux, tandis qu'en réalité la création tout entière ne se doute pas de leur existence. La Terre que nous habitons n'est qu'un des mondes les plus petits ; aussi n'est-ce point à son intention que furent créées toutes les merveilles du ciel ; l'immense majorité lui reste cachée. Dans cette disposition de l'homme à voir en soi le centre et le but de toutes choses, il lui était facile, en effet, de considérer la marche de la nature comme déployée en sa faveur, et si quelque phénomène insolite se présentait, nul doute que ce ne fût un avertissement du ciel ! Si ces illusions n'avaient eu d'autres résultats que de rendre meilleure la société craintive, on pourrait regretter ces âges d'ignorance ; mais non seulement ces prétendus avertissements étaient stériles, attendu qu'une fois le danger passé l'homme revient tel qu'il était auparavant, mais encore ils entretenaient dans les familles humaines des terreurs chimériques et renouvelaient les résolutions funestes causées par la crainte de la fin du monde.

Lorsqu'on croit le monde près de finir — et c'est ce que l'on a cru pendant plus de mille ans, — on n'est en aucune façon sollicité au travail de l'amélioration de ce monde, et, par l'indifférence ou le dédain où l'on tombe, on prépare les périodes de famine et de malaise général qui, à certaines époques, ont fondu sur l'Europe chrétienne. A quoi serviraient les biens d'un monde qui va périr? A quoi bon travailler, s'instruire, s'élever dans le progrès des sciences ou des arts? Mieux vaut oublier le monde et s'absorber dans la contemplation stérile d'une vie inconnue. C'est ainsi que les périodes d'ignorance pèsent sur l'homme et l'enfoncent de plus en plus dans les ténèbres, et c'est ainsi que la science fait reconnaître par son influence sur la société entière sa puissante valeur et la grandeur de sa destinée.

L'histoire d'une comète serait un épisode instructif de la grande histoire du ciel[1] : on peut concentrer en elle la description du mouvement progressif de la pensée humaine, aussi bien que la théorie astronomique de ces astres extraordinaires. Prenons pour exemple l'une des comètes les plus mémorables et les mieux connues, et donnons en quelques traits l'esquisse de ses passages successifs près de la Terre.

Comme les mondes planétaires, les comètes périodiques, annexées au système solaire, sont soumises à la domination de l'astre-roi. C'est la loi universelle de la gravitation qui régit leur marche, c'est l'attraction solaire qui les gouverne, aussi bien qu'elle gouverne le mouvement des planètes et des modestes satellites. La remarque essentielle à faire pour les distinguer des planètes, c'est que leurs orbites sont *très allongées*, et qu'au lieu d'être à peu près circulaires comme celles des sphères célestes, elles ont une forme *elliptique*; par suite de la nature de ces orbites, la même comète

---

1. Voir cette histoire dans nos *Récits de l'infini*.

peut s'approcher très près du Soleil et s'en éloigner ensuite à d'effrayantes distances. Ainsi, la comète de 1680, dont la période a été évaluée à 3000 ans, se rapproche du Soleil à 230 000 kilomètres seulement (environ 154 000 kilomètres de moins que la distance de la Terre à la Lune), tandis qu'elle s'en éloigne à une distance de 127 milliards, c'est-à-dire à 853 fois la distance de la Terre au Soleil. Le 17 décembre 1680, elle se trouvait à son périhélie, à son plus grand rapprochement; elle continue maintenant sa marche dans les déserts extra-neptuniens. Sa vitesse varie suivant sa distance à l'astre solaire : à son périhélie, elle parcourt des milliers de kilomètres par minute; à son aphélie, elle ne parcourt plus que quelques mètres. La proximité où elle se trouve du Soleil en passant près de cet astre avait fait penser à Newton qu'elle recevait une chaleur 28 000 fois plus grande que celle que nous éprouvons au solstice d'été, et que, cette chaleur étant 2000 fois plus grande que celle d'un fer rouge, un globe de fer de même dimension serait cinquante mille ans à perdre entièrement sa chaleur. Newton ajoutait qu'en fin de compte les comètes finiraient par se rapprocher tellement du Soleil, qu'elles ne pourraient plus se soustraire à la prépondérance de son attraction, et qu'elles tomberaient les unes après les autres dans cet astre flamboyant, servant ainsi à l'alimentation de la chaleur qu'il verse perpétuellement dans l'espace. C'est cette fin déplorable, assignée aux comètes par l'auteur du livre des *Principes*, qui a fait dire en riant à Rétif de la Bretonne : « Une puissante comète, déjà plus grosse que Jupiter, s'est encore augmentée dans sa route en s'amalgamant six autres comètes languissantes. Ainsi dérangée de sa route ordinaire par ces petits chocs, elle n'enfila pas juste son orbite elliptique, de sorte que cet infortunée vint se précipiter dans le centre dévorant du Soleil.... On prétend, ajoutait-il, que la pauvre comète, brûlée vive, poussait des cris épouvantables. »

Il sera donc intéressant, à double titre, de suivre une comète à ses différents passages en vue de la Terre. Prenons la plus importante dans l'histoire de l'astronomie, celle dont l'orbite fut calculée par l'astronome Edmond Halley et qui fut baptisée de son nom. C'est en 1682 qu'elle parut dans son éclat, accompagnée d'une queue qui ne mesurait pas moins de 50 millions de kilomètres. Par l'observation de la route qu'elle décrivait dans le ciel et du temps qu'elle employait à la décrire, cet astronome calcula son orbite, et reconnut que cette comète était la même que celle que l'on avait admirée en 1531 et en 1607, et qu'elle devait reparaître en 1759. Jamais prédiction scientifique n'excita un plus vif intérêt. La comète revint à l'époque assignée, et le 12 mars 1759 elle passa à son périhélie.

Depuis l'an 12 avant l'ère chrétienne, elle s'était déjà présentée

Fig. 66. — Comète de Halley à son retour de 1835. — 1. Vue à l'œil nu. — 2. Vue dans une lunette.

vingt-quatre fois en vue de la Terre; c'est surtout par les annales astronomiques de la Chine que l'on a pu la suivre jusqu'à cette époque et constater en même temps qu'elle devait être chargée d'une bonne part des terreurs superstitieuses de l'humanité. Sa première apparition mémorable dans l'histoire de France est celle de 837, sous le règne de Louis Ier le Débonnaire. Un chroniqueur anonyme du temps, surnommé l'Astronome, a donné de cette apparition les détails suivants, relatifs à l'influence de la comète sur l'imagination impériale : « Au milieu des saints jours de Pâques, un phénomène toujours funeste et d'un triste présage parut au ciel. Dès que l'empereur, très attentif à de tels phénomènes, l'eut aperçu, il ne se donna plus aucun repos qu'il n'eût fait appeler un

certain savant et moi-même. Dès que je fus en sa présence, il
s'empressa de me demander ce que je pensais d'un tel signe. Et,
comme je lui demandais du temps pour considérer l'aspect des
étoiles, et rechercher par leur moyen la vérité, promettant de la
lui faire connaître le lendemain, l'empereur, persuadé que je voulais gagner du temps (ce qui était vrai) pour n'être point forcé à
lui annoncer quelque chose de funeste : « Va, me dit-il, sur la
« terrasse du palais, et reviens aussitôt me dire ce que tu auras
« remarqué, car je n'ai point vu cette étoile hier, et tu ne me l'as
« point montrée ; mais je sais que ce signe est une comète ; dis-
« moi ce que tu crois qu'il m'annonce ». Puis, me laissant à peine
répondre quelques mots, il reprit : « Il est une chose encore que
« tu tiens en silence, c'est qu'un changement de règne et la mort
« d'un prince sont annoncés par ce signe ». Et comme j'attestais
le témoignage du prophète qui a dit : « Ne craignez point les signes
« du ciel comme les nations les craignent », ce prince, avec sa
grandeur d'âme et sa sagesse ordinaires, me dit : « Nous ne
« devons craindre que Celui qui a créé nous-mêmes et cet astre ;
« mais, comme ce phénomène peut se rapporter à nous, recon-
« naissons-le comme un avertissement du ciel ». Louis le Débonnaire se livra, lui et sa cour, au jeûne et à la prière, et bâtit églises
et monastères. Il mourut trois ans plus tard, en 840, et des historiens ont profité de cette légère coïncidence pour trouver dans l'apparition de la comète un présage de cette mort. Le chroniqueur
Raoul Glaber ajoutait plus tard : « Ces phénomènes ne se manifestent jamais aux hommes dans l'univers sans annoncer sûrement
quelque événement merveilleux et terrible ».

La comète de Halley apparut de nouveau en avril 1066, au
moment où Guillaume le Conquérant envahissait l'Angleterre. On
a prétendu qu'elle avait eu la plus grande influence sur le sort de
la bataille de Hastings, qui livra ce pays aux Normands. Un versi-
ficateur du temps, faisant probablement allusion au diadème d'Angleterre dont Guillaume s'était couronné, avait proclamé dans un
distique « que la comète avait été plus favorable à Guillaume que
la nature à César : celui-ci n'avait pas de chevelure, Guillaume en
reçut une de la comète ». Un moine de Malmesbury avait apos-

trophé la comète en ces termes : « Te voilà donc, te voilà, source
des larmes de plusieurs mères ! Il y a longtemps que je ne t'ai vue,
mais je te vois maintenant plus terrible, tu menaces ma patrie d'une
ruine entière ! » La reine Mathilde, épouse de Guillaume, a représenté fort naïvement cette comète et l'ébahissement de ses sujets
sur la tapisserie de Bayeux, dont nous donnons ici une reproduction.

En 1455, la même comète fit une apparition plus mémorable

encore. Les Turcs et les
chrétiens étaient en guerre ;
l'Occident et l'Orient semblaient armés de pied en cap,
sur le point de s'anéantir l'un
l'autre. La croisade entreprise par le pape Calixte III
contre les Sarrasins enva-
hisseurs sentit son ardeur
tourmentée par l'apparition
subite de l'astre à la flam-
boyante chevelure. Maho-
met II prit d'assaut Constan-
tinople et mit le siège sous
Belgrade. Mais le pape ayant
conjuré à la fois les maléfices de la comète et les des-

Fig. 67. — Ébahissement causé par la
comète de Guillaume le Conquérant,
d'après la tapisserie de Bayeux.

seins abominables des musulmans, les chrétiens gagnèrent la
bataille et anéantirent leurs ennemis dans une sanglante bou-
cherie. — La prière de l'*Angelus* au son des cloches date de ces
ordonnances de Calixte III à propos de la comète.

Dans son poème sur l'*Astronomie*, Daru a retracé cet épisode
en termes éloquents :

> Un autre Mahomet a-t-il d'un bras puissant
> Aux murs de Constantin arboré le croissant,
> Le Danube étonné se trouble au bruit des armes,
> La Grèce est dans les fers, l'Europe est en alarmes :
> Et pour comble d'horreur, l'astre au visage ardent
> De ses ailes de feu va couvrir l'Occident.

Au pied de ses autels, qu'il ne saurait défendre,
Calixte, l'œil en pleurs, le front couvert de cendre,
Conjure la comète objet de tant d'effroi.
Regarde vers les cieux, pontife, et lève-toi !
L'astre poursuit sa course, et le fer d'Huniade
Arrête le vainqueur, qui tombe sous Belgrade.
Dans les cieux cependant, le globe suspendu,
Par la loi générale à jamais retenu,
Ignore les terreurs, l'existence de Rome,
Et la Terre peut-être, et jusqu'au nom de l'homme,
De l'homme, être crédule, atome ambitieux,
Qui tremble sous un prêtre et qui lit dans les cieux.

Fig. 68. — Comète de 1577.

Cette comète à longue période fut témoin de bien des révolutions dans l'histoire humaine. A chacune de ses apparitions, même en ses dernières (1682, 1759, 1835), elle s'offrit aussi à la Terre sous les aspects les plus divers, passant par une grande variété de formes, depuis l'apparence d'un sabre recourbé, comme en 1455, jusqu'à celle d'un jet de vapeur, comme dans sa dernière visite (fig. 66).

Du reste, elle ne fait pas exception à la règle générale, car ces astres à l'aspect mystérieux ont eu le don d'exercer sur l'imagination une puissance qui la plongeait dans l'extase ou dans l'effroi. *Épées de feu, croix sanglantes, poignards enflammés, lances, dragons, gueules*, et autres dénominations du même genre, leur sont données au moyen âge et à la Renaissance. Des comètes comme celle de 1577 paraissent du reste justifier, par leur forme étrange, les titres dont on les salue généralement. Les écrivains les plus sérieux ne s'affranchissent pas de cette terreur. C'est ainsi que, dans un chapitre sur les *Monstres célestes*, le célèbre chirurgien Ambroise Paré décrit sous les couleurs les plus vives et

les plus affreuses la comète de 1528 : « Cette comète étoit si horrible
et si épouvantable et elle engendroit si grande terreur au vulgaire,
qu'il en mourut aucuns de peur, et que les autres tombèrent
malades. Elle apparoissoit estre de longueur excessive, et si estoit
de couleur de
sang ; à la
sommité d'i-
celle, on vo-
yoit la figure
d'*un bras
courbé* tenant
une grande
espée en la
main, *comme
s'il eust voulu
frapper.* Au
bout de la
pointe, il y
avoit trois
estoiles. Aux
deux costés
des rayons de
cette comète,
il se voyoit
grand nombre
de haches, de
cousteaux,
espées colo-
rées de sang,
parmi les-

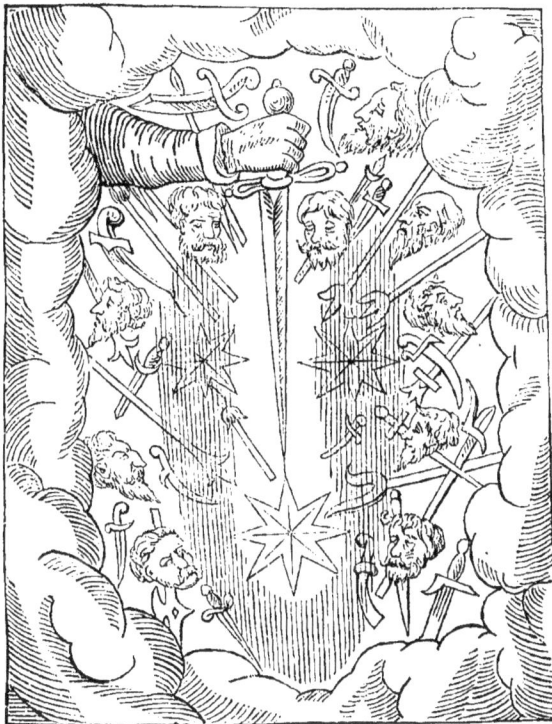

Fig. 69. — Dessin bizarre d'Ambroise Paré prétendant
représenter la comète de 1528.

quels il y avoit grand nombre de faces humaines hideuses, avec
les barbes et les cheveux hérissez. »

On peut, du reste, admirer cette fameuse comète dans la reproduction fidèle que j'en donne ici. L'imagination a vraiment de
bons yeux, quand elle s'y met!

La grande et étrange variété des aspects cométaires est retracée

14

avec exactitude par le P. Souciet dans son poème latin sur les
comètes : les plus remarquables sont passées en revue. « La plupart, dit-il, brillent de feux entrelacés comme une épaisse *chevelure*,
et c'est de là qu'elles ont pris le nom de *comètes*[1]. L'une traîne après
soi les replis tortueux d'une longue queue ; l'autre paraît avoir une
barbe blanche et touffue ; celle-ci jette une lueur semblable à celle
d'une lampe qui brûle pendant la nuit ; celle-là, ô Titan, représente
ton visage resplendissant, et cette autre, ô Phœbé, la forme de tes
cornes nais-
santes. Il en est
qui sont hérissées
de serpents entor-
tillés. Parlerai-je
de ces armées qui
ont quelquefois
paru dans les
airs, de ces nua-
ges qui traçaient
un long cercle
ou qui ressem-
blaient à des têtes
de Méduse ? N'y
a-t-on pas vu sou-
vent des figures

Fig. 70. — Comète de 1744.

d'hommes ou d'animaux sauvages ? Parfois, dans les ténèbres de la
nuit éclairée par ces tristes feux, on a entendu le son horrible des
armes, le cliquetis des épées qui se choquaient dans les nues,
l'éther en fureur retentir de mugissements extraordinaires qui
abattaient les peuples sous le poids de la terreur. Toutes les
comètes ont une lumière triste, mais elles n'ont pas toutes la même
couleur. Les unes ont la couleur du plomb ; les autres, celle de la
flamme ou de l'airain. Il y en a dont les feux ont la rougeur du
sang ; d'autres imitent l'éclat de l'argent ; celles-ci ressemblent à
l'azur ; celles-là ont la couleur sombre et pâle du fer. Cette diffé-

---

1. Étymologie κόμη (comè), chevelure ; en latin, *coma*.

rence vient de la diversité des vapeurs qui les environnent ou de la différente manière dont elles reçoivent les rayons du Soleil. Ne voyez-vous pas comme dans nos foyers les diverses espèces de bois donnent des couleurs différentes? Les sapins rendent une flamme mêlée d'une fumée sombre. Celle qui sort du soufre et de l'épais bitume est azurée. La paille enflammée donne des étincelles d'une couleur rougeâtre; l'olivier, le laurier, et tous les arbres qui con-

Fig. 71. — Comète de 1811.

servent toujours leur sève, jettent une lumière blanchâtre assez semblable à celle d'une lampe. Ainsi, les comètes, dont les feux sont formés de matières différentes, prennent et conservent chacune une couleur qui leur est propre. »

Au lieu d'être une cause de crainte et de terreur, les comètes sont aujourd'hui pour les savants de magnifiques sujets de curiosité, comme nous allons en être convaincus par l'observation de ces astres, plus terribles de loin que de près.

XII

LES COMÈTES (suite)

> Ces astres, après avoir été si longtemps la terreur
> du monde, sont tombés tout à coup dans un tel dis-
> crédit, qu'on ne les croit plus capables de causer que
> des rhumes.
>
> MAUPERTUIS.

Ainsi s'exprime le géomètre à qui l'on doit une partie des premières mesures relatives à la figure de la Terre. Et voici, en effet,
quelques-unes des idées émises dans ses *Lettres sur la comète
de 1742*.

On n'est pas d'humeur aujourd'hui à croire que des corps aussi
éloignés que les comètes puissent avoir des influences sur les
choses d'ici-bas, dit-il, ni qu'ils soient des signes de ce qui doit
arriver. Quel rapport ces astres auraient-ils avec ce qui se passe
dans les conseils et dans les armées des rois? Pour savoir à quoi
s'en tenir, il faudrait que leur influence fût connue ou par la révélation, ou par la raison, ou par l'expérience ; et l'on peut dire que
nous ne la trouvons dans aucune de ces sources de nos connaissances. Il est bien vrai qu'il y a une connexion universelle entre
tout ce qui est dans la nature, tant dans le physique que dans le
moral : chaque événement, lié à ce qui le précède et à celui qui le
suit, n'est qu'un des anneaux de la chaîne qui forme l'ordre et la
succession des choses; s'il n'était pas placé comme il est, la chaîne
serait différente et appartiendrait à un autre univers.

En raisonnant ainsi, notre astronome doute de la non-influence
des comètes aussi bien qu'il doute de leur influence ; pour asseoir

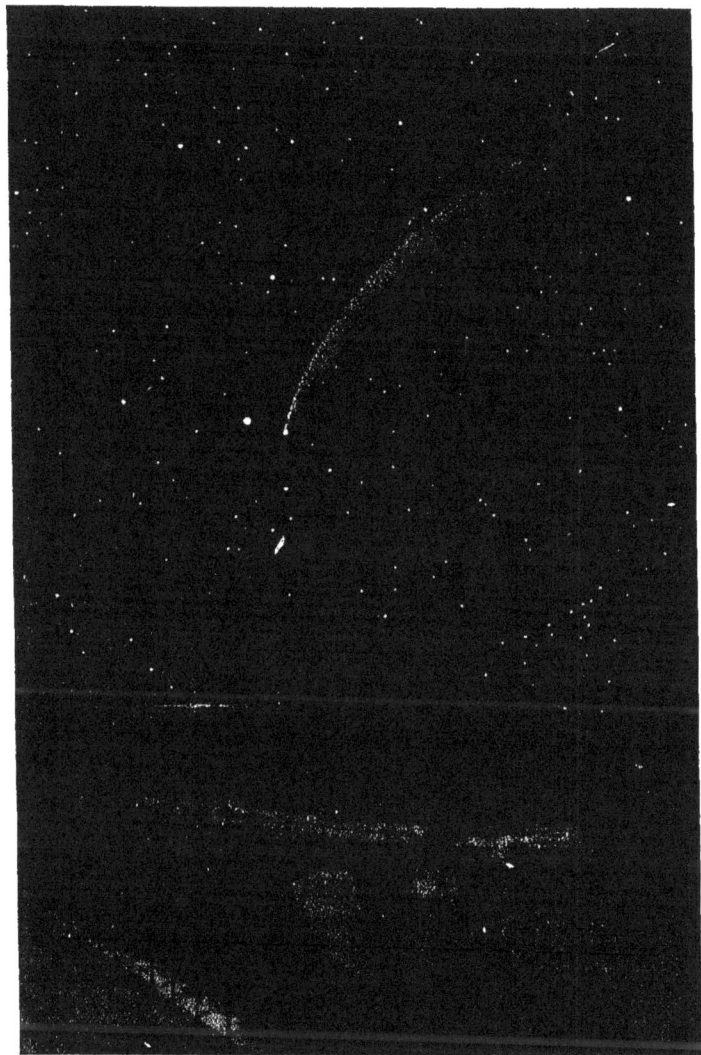

Fig. 72. — La comète de 1858, découverte par Donati.
Vue prise derrière Notre-Dame, à Paris.

ses idées, il rapporte celles des autres, et bientôt il en vient à croire
que les comètes causent de bien autres événements que de simples
rhumes.

« Du temps d'Aristote, les comètes étaient des météores formés
des exhalaïsons de la terre et de la mer, et ce fut là, comme on
peut le croire, le sentiment de la foule des philosophes qui n'ont
ni cru ni pensé que d'après lui. Plus anciennement, on avait eu
des idées plus justes sur les comètes. Les Chaldéens savaient
qu'elles sont des astres durables et des espèces de planètes dont on
dit qu'ils étaient parvenus à calculer le cours. Sénèque avait
embrassé cette opinion; il nous parle des comètes d'une manière
si conforme à tout ce qu'on en sait aujourd'hui, qu'on peut dire
qu'il avait deviné ce que les expériences et les observations des
modernes ont découvert. »

C'est après avoir parlé des opinions des anciens que Maupertuis
exprime la sienne. « Le cours réglé des comètes ne permet plus de
les considérer comme des présages, ni comme des flambeaux
allumés pour menacer la Terre. Mais, quoiqu'une connaissance
plus parfaite que celle qu'en avaient les anciens nous empêche de
les regarder comme des présages surnaturels, elle nous apprend
qu'elles pourraient être les causes physiques de grands événements. »

Et, en effet, il redoute pour la Terre l'approche des astres chevelus. Dans la variété de leurs mouvements, il voit la possibilité
d'une rencontre avec quelques planètes, et, par conséquent, avec
la Terre. « On ne peut douter, dit-il, qu'il n'arrivât alors de ces
terribles accidents. A la simple approche de ces deux corps, il se
ferait de grands changements dans leurs mouvements, soit que ces
changements fussent causés par l'attraction qu'ils exerceraient
l'un sur l'autre, soit qu'ils fussent causés par quelque fluide res-
serré entre eux. Le moindre de ces mouvements n'irait à rien moins
qu'à changer la situation de la Terre. Telle partie du globe qui
auparavant était vers l'équateur se trouverait après un tel événement vers les pôles, et telle qui était vers les pôles se trouverait
vers l'équateur. L'approche d'une comète, ajoute-t-on, pourrait
avoir d'autres suites encore plus funestes. Il y a sur ces queues,

Fig 73. — La comète de 1874, découverte par Coggia, vue du Pont-Neuf, à Paris.

aussi bien que sur les comètes, d'étranges opinions ; mais la plus probable est que ce sont des torrents immenses d'exhalaisons et de vapeurs que l'ardeur du Soleil fait sortir de leur corps. Une comète accompagnée d'une queue peut passer si près de la Terre, que nous nous trouverions noyés dans ce torrent qu'elle traîne avec elle.... »

Telle est la perspective où nous conduit petit à petit notre physicien ; mais il nous donne une singulière consolation. Comme le genre humain périrait tout entier dans cette catastrophe, englouti sous l'eau bouillante ou empoisonné par les gaz méphitiques, et qu'il ne resterait plus personne pour pleurer sur l'agonie de la Terre, il nous assure qu'il nous est facile de nous en consoler. « Un malheur commun n'est presque pas un malheur.... Ce serait celui qu'un tempérament mal à propos trop robuste ferait survivre seul à un accident qui aurait détruit tout le genre humain, qui serait à plaindre ! Roi de la Terre entière, possesseur de tous ses trésors, il périrait de tristesse et d'ennui : toute sa vie ne vaudrait pas le dernier moment de celui qui meurt avec ce qu'il aime. »

C'est ainsi qu'au siècle dernier on croyait encore au terrible pouvoir de ces astres de malheur. Aujourd'hui, et surtout depuis la fameuse comète de 1811, les habitants de nos campagnes s'imaginent plutôt qu'elles annoncent d'excellentes vendanges. Ces idées sont aussi gratuites que les premières.

Qui pourrait, du reste, effacer l'impression produite par certains aspects étranges de ces astres bizarres? On conçoit facilement qu'ils aient pu être considérés comme des signes de malédiction, planant sur les hommes et sur les empires. Telle est la plainte de lord Byron dans *Manfred*, auquel le septième esprit adresse les paroles suivantes : « L'astre qui préside à ta destinée était dirigé par moi avant que la Terre fût créée. Jamais planète plus belle n'avait erré autour du Soleil. Son cours était libre et régulier, et nul astre plus beau n'avait été bercé dans le sein de l'espace. L'heure fatale arriva. Cet astre devint une masse errante de flamme informe, une *comète vagabonde*, malédiction et menace de l'univers, roulant toujours par sa force innée, mais ayant perdu son titre de monde et son cours harmonieux. Horreur brillante des régions du ciel! monde difforme parmi les constellations. »

Cependant rien ne prouve que les comètes soient douées d'une influence quelconque, je ne dis pas sur le moral des hommes, cela va de soi, mais sur la physique et la mécanique de l'univers. Leur légèreté, l'extrême diffusion de leur substance nous invitent plutôt à croire qu'elles ne possèdent aucune espèce d'action sur les planètes. Croyons qu'elles sont très inoffensives. Comme ces nuées atmosphériques dont la grandeur, la forme et la nuance varient au caprice des vents et selon le jeu fortuit des rayons solaires, les agglomérations vaporeuses qui constituent les comètes prennent toutes les formes pos-sibles sous l'impulsion de forces cosmiques plus ou moins intenses. A leur approche de l'as-tre brûlant, leur sub-stance se distend, prend une extension prodi-gieuse et se développe sur une étendue de plu-sieurs millions de kilo-mètres. Elles sont d'une telle légèreté, d'une

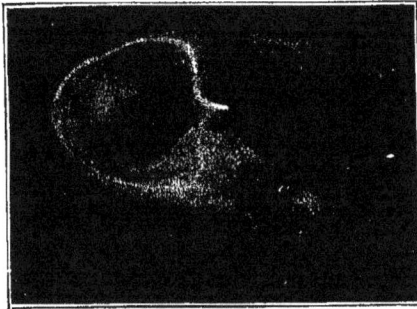

Fig. 74. — Comète de 1862 : aspect de la tête.

telle souplesse, qu'un rayon de chaleur peut, à sa fantaisie, leur faire prendre toutes les figures; vous avez l'image de cette légèreté dans la comète observée en 1862; la forme et la position des aigrettes lumineuses changeaient d'un jour à l'autre, et l'on aurait pu croire qu'une partie de la substance même du noyau coulait dans l'espace comme une goutte d'huile.

Réciproquement, leur ténuité est telle, que dans la queue de certaines comètes on pourrait couper un morceau de la grosseur de Notre-Dame et le respirer en forme d'aspiration homéopathique. On a vu des comètes de plusieurs millions de kilomètres d'étendue, et dont le poids était néanmoins si léger, qu'on aurait pu, sans trop de fatigue, les porter sur l'épaule. Ainsi, l'extrême variabilité des formes cométaires doit, au contraire, proclamer inoffensifs ces astres de terreur, et l'on peut dire avec l'ami de la marquise du

Châtelet ces paroles qui représentent en même temps la nature du
mouvement de ces astres :

> Comètes, que l'on craint à l'égal du tonnerre,
> Cessez d'épouvanter les peuples de la Terre :
> Dans une ellipse immense achevez votre cours;
> Remontez, descendez près de l'astre des jours;
> Lancez vos feux, volez, et, revenant sans cesse,
> Des mondes épuisés ranimez la vieillesse.

Et en effet ces corps célestes ne sont pas des phénomènes
exceptionnels : ils sont soumis comme les autres aux lois inexo-
rables de la nature. Il y a deux mille ans, Sénèque avait écrit :
« Un jour viendra où le cours de ces astres sera connu et assujetti
à des règles comme celui des planètes ». La prophétie du philosophe est réalisée. On sait aujourd'hui que, comme les planètes,
les comètes gravitent autour du Soleil et dépendent également de
son attraction centrale. Seulement, au lieu de suivre des courbes
circulaires ou voisines de cette forme, elles suivent des courbes
ovales, des ellipses très allongées : c'est là la grande distinction à
établir entre leurs mouvements réciproques. Ensuite, au lieu
d'être des corps opaques, lourds et importants comme nos planètes,
elles sont d'une grande légèreté et d'une extrême ténuité. Un jour,
la comète de 1770 emportée par sa marche rapide traversa le système de Jupiter; les satellites et la planète se trouvèrent pendant
quelques heures enveloppés par la comète, et lorsque l'astre che-
velu les eut quittés, ils n'avaient pas subi la plus légère déviation
dans leur cours. Lorsque Maupertuis, voulant expliquer l'origine
de l'anneau de Saturne, crut trouver une idée ingénieuse en attri-
buant cet appendice à la queue d'une comète qui serait enroulée
autour de la planète, il ne devinait pas l'extrême ténuité de ces
vapeurs impuissantes.

Le caractère original des comètes réside surtout dans l'étendue
de leur cours, dans l'immense durée de leurs voyages à travers
les régions célestes, dans cette destinée d'astres cosmopolites qui
en fait une exception au milieu du système planétaire. C'est là surtout ce qui distingue ces mondes étranges, et c'est par là qu'ils
sont remarquables.

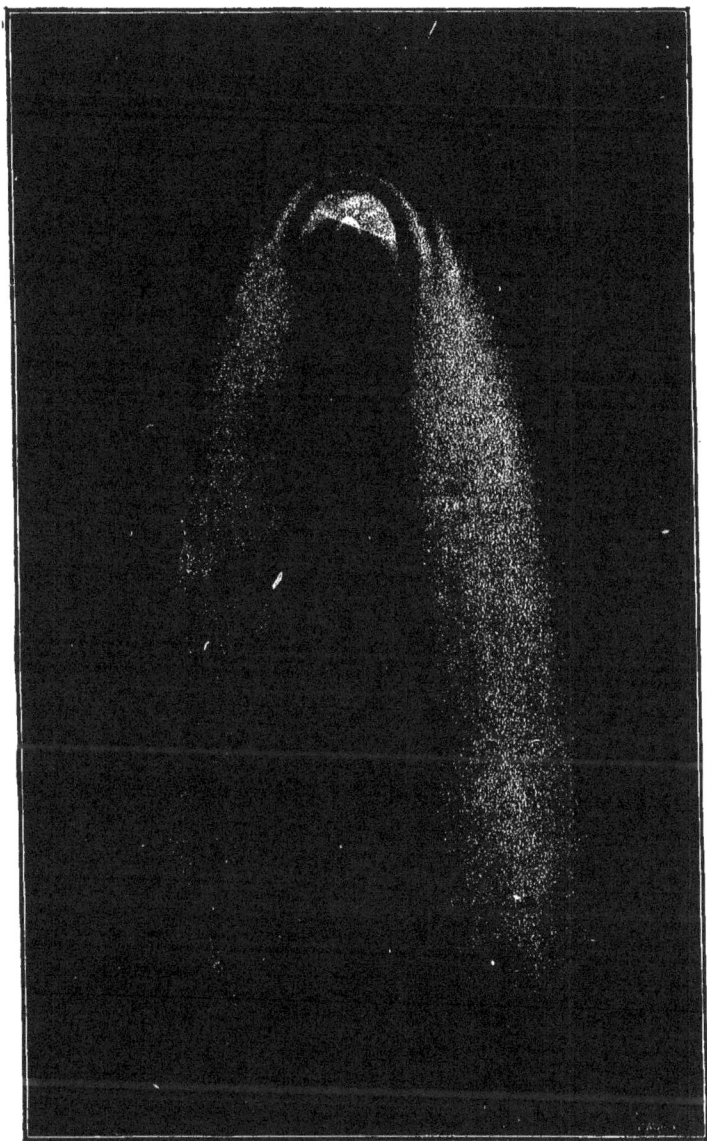

Fig. 75. — Tête et noyau de la comète de Donati (1858).

Les dernières belles comètes visibles à l'œil nu en France ont été celles de 1858, 1861, 1862, 1874 et 1882. La plus splendide a été celle de 1858, découverte par Donati, à Florence. Je reproduis ici le dessin que j'ai fait de la dernière le 9 octobre 1882, à 4 heures du matin.

L'analyse spectrale qui en a été faite, comme pour les comètes télescopiques visibles chaque année pour les astronomes, y a découvert des vapeurs de carbone.

C'est ici le lieu d'ajouter, à propos des comètes, que les étoiles filantes et les bolides, que l'on voit de temps en temps traverser le ciel, ne sont pas, comme chacun le devine aisément, de vraies étoiles qui tomberaient de l'infini, mais seulement des fragments, des corpuscules très petits, qui voyagent à travers l'immensité, en décrivant, comme les comètes, des ellipses très allongées. Il est même probable que ce sont des désagrégations de comètes. Ces débris rencontrent la Terre par hasard, sont attirés par elle, s'enflamment dans notre atmosphère par le frottement, et tombent à

Fig. 76. — Comète de 1882.

la surface du globe. Il en tombe en réalité plus de cent milliards par an sur la surface entière du globe.

Les aérolithes, ou pour mieux dire *uranolithes*, puisqu'ils arrivent de l'espace céleste et non de notre atmosphère, sont des fragments solides dans lesquels le fer domine, qui ne paraissent pas avoir la même origine que les étoiles filantes. Il en tombe parfois de très gros. Au Muséum d'histoire naturelle de Paris on en a réuni plusieurs milliers de kilogrammes.

Fig. 77. — Pluie d'étoiles filantes.

Ajoutons enfin, pour compléter cette esquisse générale, que l'on donne le nom de *lumière zodiacale* à une clarté qui s'élève de l'horizon occidental, après le coucher du soleil, suit la direction du zodiaque et monte assez haut dans le ciel, en se terminant en pointe. Elle paraît due à une extension considérable de l'atmosphère solaire[1].

1. Nous rappelons que ces *Merveilles célestes* ne sont qu'une esquisse à larges traits du vaste système du monde. Pour le développement, les explications et les détails, consulter l'*Astronomie populaire*, les *Terres du Ciel*, les *Étoiles*, etc.

LA TERRE

I

LE GLOBE TERRESTRE

La Terre, nuit et jour, à sa marche fidèle,
Emporte Galilée et son juge avec elle.
RACINE FILS.

En passant la revue des mondes appartenant à la domination solaire, nous avons franchi d'un bond la distance qui sépare Vénus de Mars, sans nous préoccuper d'un astre qui réside entre ces deux planètes. Cet astre pourtant doit nous intéresser un peu, car il nous touche de plus près que tous les autres.

La Terre, en effet, isolée dans l'espace comme toutes les autres planètes que nous avons vues, est située à 149 millions de kilomètres du Soleil, et suit autour de lui une orbite qu'elle parcourt en 365 jours 1/4. Comme quelques-unes de ses compagnes, elle est assistée d'un compagnon fidèle, d'un satellite circulant autour d'elle. C'est son petit système, et la Lune l'accompagne humblement dans tous ses voyages à travers l'espace.

Comme les autres planètes aussi, elle tourne sur elle-même, avec une grande rapidité, car sa surface tourne en raison de 465 mètres par seconde à l'équateur, de 305 mètres à la latitude de Paris. Ce mouvement de rotation, de même que son mouvement de translation autour du Soleil, s'effectue d'occident en orient (fig. 78 et 79). Il en est de même de ces deux mouvements dans toutes

les planètes du système solaire. Elle est sphérique et un peu aplatie
à ses pôles, ce qui témoigne de son état de fluidité primitive. De cet
état, un témoignage plus facile à reconnaître reste encore dans ses
volcans, bouches toujours ouvertes, d'où jaillissent les substances
intérieures de la Terre à l'état de fusion et de haute température
où elles se trouvent encore aujourd'hui. Il est même probable que
le globe tout entier est encore un globe de substances liquides,
fondues par la chaleur intense qui brûle sous nos pieds, et que la
couche solide de ce globe, la croûte qui l'enveloppe et sur laquelle
nous habitons, n'a pas plus de quarante kilomètres d'épaisseur. La
Terre ressemble à un mince globe de verre d'un mètre de diamètre
rempli d'un minerai chaud et
pâteux. Certains géologues ont
même pensé que s'il n'y avait pas
quelques ouvertures, c'est-à-dire
quelques volcans pour laisser
échapper les vapeurs, il serait
possible que ce globe éclatât.

Fig. 78. — Rotation et translation
de la Terre.

En nous éloignant dans l'espace,
nous pourrions mieux juger de
la valeur de la Terre comme astre.
Dès la distance de la Lune, à
384 000 kilomètres, la Terre nous apparaîtrait comme celle-ci nous
apparaît, non moins lumineuse, et beaucoup plus grande. A dix
fois cette distance, notre planète aurait encore à l'œil nu un disque
appréciable, sa lumière serait intermédiaire entre celle de la Lune
et celle des étoiles. Dix fois plus loin encore, c'est-à-dire à la distance de l'orbite de Vénus, on verrait la Terre sous la forme d'une
belle étoile de 1ʳᵉ grandeur, sans disque appréciable, comme un
point brillant, à peu près avec l'éclat dont brille à nos yeux Jupiter.
Mais si l'on s'éloignait davantage, la Terre, élevée du rang de globe
obscur à celui d'étoile de 1ʳᵉ grandeur, descendrait ensuite de grandeur en grandeur, jusqu'au dernier ordre de visibilité, et finirait
par devenir invisible. — Il n'est pas nécessaire d'ajouter que
l'éclat dont elle aurait brillé et dont elle resplendit dans l'espace
n'est autre que la lumière que nous recevons du Soleil, et qu'on

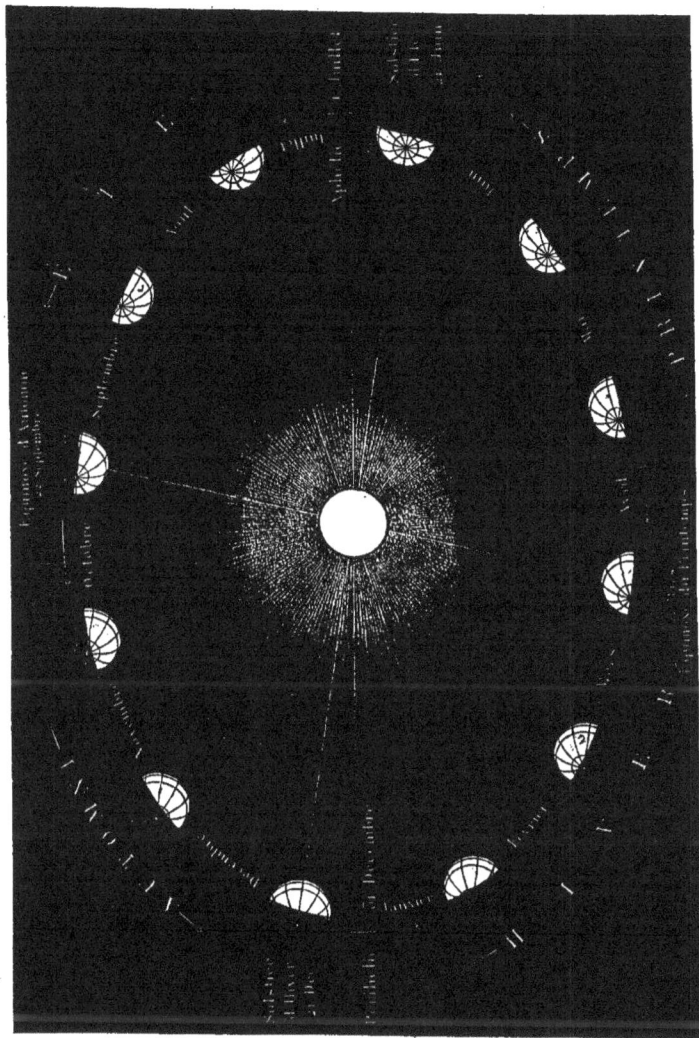

Fig. 79. — Orbite annuelle de la Terre autour du Soleil.

la verrait sous toutes les phases possibles, selon qu'on regarderait
en plein sa face éclairée, ou par côté, ou obliquement en tournant
jusqu'à son hémisphère opposé au Soleil.

Quelle est la grosseur réelle de ce globe? Représentez-vous un
gigantesque dé à jouer, dont chaque arête mesurerait un kilomètre
de long : vous aurez là un volume de 1 000 kilomètres cubes. Pour
former un volume égal à celui de la Terre, il faudrait entasser
1 000 milliards de ces kilomètres cubes.

Quel est son poids? Nous l'avons déjà entrevu en parlant du

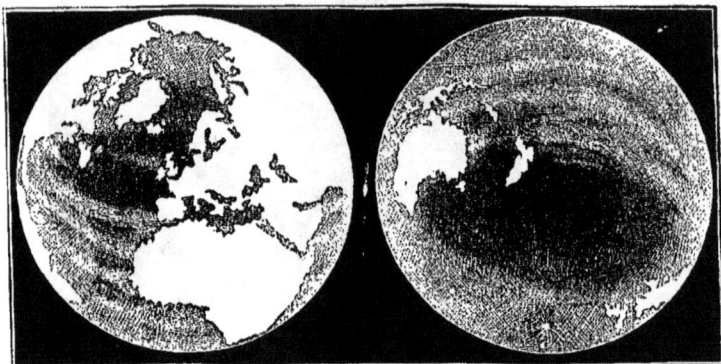

Fig. 80. — La Terre dans l'espace : hémisphère continental et hémisphère maritime.

poids du Soleil. Pour l'exprimer en kilogrammes, il faut une rangée
de vingt-cinq chiffres :

6 957 930 000 000 000 000 000 000 kilogrammes.

Autour de ce globe repose une enveloppe aérienne, comme ce
duvet léger dont les pêches non flétries par la main des hommes
sont délicatement enveloppées. Cette enveloppe pèse

6 263 000 000 000 000 000 kilogrammes :

ce n'est que la millionième partie du poids de la Terre entière.
Chacun de nous porte sur ses épaules une pression de 16 000 kilogrammes. — Disons en passant que si cette pression, toute

respectable qu'elle est, n'est pas sensible pour nous, c'est qu'elle est contre-balancée par une pression égale exercée dans tous les sens par le fluide aérien dont notre corps est comme imbibé.

La surface de la Terre est d'environ 510 millions de kilomètres carrés. Il faudrait à peu près mille Frances pour couvrir la superficie entière du globe, et pourtant (soit dit sans vanité) notre pays représente un peu plus que la millième partie de l'importance du globe : intellectuellement, il en forme bien le quart à lui tout seul.

De cette étendue, l'Océan domine sur 383 200 000 kilomètres carrés : 136 600 000 seulement restent à la terre ferme. Il n'y a donc que le quart de la Terre qui soit habitable pour nous ; le reste demeure caché dans le sein des ondes.

La surface des eaux tranquilles définit en chaque lieu ce que l'on appelle la surface géométrique de la Terre : c'est celle de l'Océan, supposée prolongée de manière à couvrir la totalité du globe terrestre. On sait que

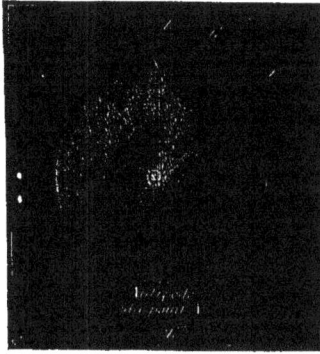

Fig. 81. — La verticale. — La sphère. Les antipodes.

cette surface est sensiblement sphérique. Il suit de là que les diverses verticales vont aboutir au centre de la Terre. La figure ci-dessus montre la position relative de quelques verticales menées de ce centre au zénith CZ, CZ′, CZ″; on voit évidemment qu'elles forment entre elles des angles égaux à la distance angulaire qui sépare les lieux correspondants, distance qu'il est toujours facile de calculer.

Dans un même lieu, les verticales, à raison de la distance considérable du centre de la Terre, doivent être considérées comme véritablement parallèles. Cherchons, par exemple, l'angle formé par deux verticales situées à 1 mètre de distance. On sait que 10 millions de mètres correspondent au quart de la circonférence terrestre, c'est-à-dire à 90 degrés; une longueur de 1 mètre représente donc une distance angulaire égale à $\frac{90}{10\,000\,000}$, c'est-à-dire à $\frac{3}{100}$ de seconde environ (0″032), quantité complètement inappréciable, même avec nos instruments les plus précis.

La Terre tourne autour du Soleil, dans un mouvement de translation analogue à celui que nous avons remarqué chez toutes les planètes. C'est ce mouvement qui constitue son *année* (fig. 79). Son mouvement de rotation sur elle-même, que l'on peut comparer à celui de la toupie qui pirouette tout en décrivant des spires dans sa marche générale, constitue sa période diurne, son *jour*. C'est à ce second mouvement que l'on doit l'illusion du mouvement apparent de tous les astres autour d'elle.

Tout ce que nous avons dit sur le mouvement diurne des étoiles autour de l'étoile polaire, sera facilement compris si l'on réfléchit que cette étoile se trouve dans le prolongement de l'axe de la Terre. La Terre tournant, je suppose, de gauche à droite de la ligne des pôles, tous les objets situés en dehors d'elle, c'est-à-dire les astres, paraîtront tourner de droite à gauche, en sens opposé du mouvement qui nous emporte. Quand vous vous trouvez en wagon, si vous oubliez la marche du train, les objets de la campagne fuiront en arrière sous vos yeux, et si vous ne saviez pas de façon très certaine que c'est vous qui marchez, vous croyant immobile, vous auriez la conviction que ce sont les arbres et les collines qui s'en vont. Une illusion analogue se présente lorsqu'on se trouve au sommet d'une tour élevée, et que les nuages courent rapidement sur notre tête. Il semble que la tour s'avance et marche sous vos pieds. Un matin du printemps de 1865, je me trouvais au sommet du svelte clocher de la cathédrale de Strasbourg! le Soleil était à peine levé, et des nuages venus du Rhin me cachaient entièrement la ville et tout l'espace inférieur. Ces bandes de nuages étaient poussées par un vent d'est et passaient au-dessous de moi. Malgré la certitude complète que j'avais naturellement de la solidité de la haute cathédrale, il me fut impossible de garder dans mon esprit le sentiment de la réalité, et, l'illusion l'emportant, je me crus encore en chemin de fer : la cathédrale marchait certai-

nement vers l'Allemagne. Je fermai les yeux, et ce ne fut que dix
minutes après que, le soleil ayant éclairé la scène et dissipé les
vapeurs, les toits multicolores de Strasbourg me rendirent le sentiment de la réalité.

Le mouvement apparent de révolution du Soleil autour de la
Terre, lequel s'effectue d'orient en occident — à l'inverse du mouvement réel de la Terre, dirigé d'occident en orient, — constitue
la durée du jour et celle de la nuit. Le moment où le Soleil atteint
le milieu de son cours, le point culminant, est celui qui divise la
journée en deux parties égales. Le moment opposé, où le Soleil est
diamétralement sous nos pieds, marque le milieu de la nuit. Il est
visible par là que notre midi est le minuit des peuples qui vivent
aux contrées situées à l'opposé de la France, aux antipodes, et que,
réciproquement, lorsqu'ils ont midi, nous avons minuit. Le Soleil
règle donc l'heure en passant sur la tête de chacun des peuples qui
entourent le globe.

Le jour civil commence à minuit et se compose de deux périodes :
le matin, de minuit à midi ; le soir, de midi à minuit. Les astronomes ne suivent pas cet usage de la société : ils comptent leur
jour à partir de midi, et le laissent composé d'une seule période,
de 0 heure à 24 heures, qu'ils comptent d'un midi au midi
suivant.

Voyons maintenant comment ils étudient la Terre, et par quels
moyens ils reconnaissent ses diverses parties.

Une sphère quelconque étant donnée (fig. 82), on appelle *pôles*
les deux points des extrémités opposées où aboutit l'axe idéal
autour duquel elle tourne. Si l'on trace, perpendiculairement à cet
axe, un grand cercle à égale distance des deux pôles, qui couperait
la sphère en deux parties égales, ce cercle est l'*équateur*. Maintenant, de l'équateur aux pôles, de chaque côté, à égales distances,
on fait 90 divisions, ou 90 tranches transversales : ce sont les
degrés de *latitude*. Enfin, on a partagé le grand cercle de l'équateur lui-même, ou la circonférence entière du globe, en 360 parties
égales, disposées en long sur la sphère, comme des tranches de
melon : ce sont les lignes de *longitude*. Il y en a, par conséquent,
180 dans la moitié de la sphère et 90 dans le quart. — Ces noms

de longitude et de latitude datent d'une époque où la contrée terrestre qu'on avait seule mesurée (l'Europe méridionale) était une figure oblongue dont la longueur s'étendait dans le sens des premiers cercles (de l'ouest à l'est), et la largeur dans le sens des seconds (du sud au nord).

Les degrés de latitude sont donc comptés à partir de l'équateur, soit au nord, soit au sud, jusqu'au pôle boréal et jusqu'au pôle austral. Les degrés de longitude les coupent, et sont comptés à partir d'un point quelconque soit à l'est, soit à l'ouest.

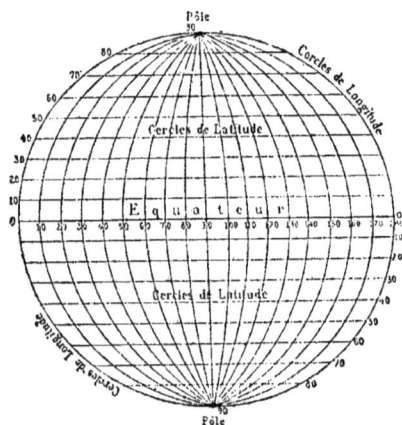

Fig. 82. — Divisions du globe.

La ligne des pôles va du nord au sud ou du sud au nord, comme on voudra; la ligne de l'équateur va de l'est à l'ouest, ou de l'ouest à l'est. Quand on avance du côté de l'orient ou de l'occident, on ne change pas de latitude, mais de longitude. Si, par exemple, on va de Paris à Vienne en Autriche, on aura fait 15 degrés de longitude vers l'orient. Comme le soleil emploie vingt-quatre heures pour le tour qu'il paraît faire, il parcourt 15 degrés par heure, 180 en douze heures, ou 360 en vingt-quatre heures : chaque heure équivaut donc à 15 degrés. Ainsi, à Vienne, on a midi une heure plus tôt qu'à Paris. En continuant de s'avancer à l'est, le voyageur gagnera une heure de 15 en 15 degrés, et s'il garde sa montre réglée sur le temps de Paris, elle retardera d'une heure par 15 degrés. S'il lui arrive de faire le tour entier du globe, il arrivera chez des peuples qui avancent de six heures, puis de douze, puis de dix-huit heures, sur son heure de Paris. Et s'il met sa montre à l'heure des pays qu'il traversera, elle avancera sur Paris à mesure qu'il continuera son voyage, si bien qu'en arrivant à Paris, après avoir fait le tour du monde, il aura gagné vingt-quatre heures et comptera un jour de plus que nous : il serait au lundi tandis que nous serions encore au dimanche.

Un autre observateur, qui s'avancerait du côté de l'occident, retarderait, à l'opposé de notre voyageur précédent, et, revenant à Paris après avoir fait le tour du monde, il ne compterait que samedi lorsque nous serions au dimanche.

On éprouverait cette singularité dans la manière de compter, toutes les fois qu'on voit arriver un vaisseau qui a fait le tour du monde, si l'équipage avait compté les jours dans le même ordre, sans se réformer sur les pays où il a passé; par la même raison, dit Lalande (*Astronomie des dames*), les habitants des îles de la mer du Sud, qui sont éloignés de douze heures de notre méridien, doivent voir les voyageurs qui viennent des Indes, et ceux qui leur viennent de l'Amérique, compter différemment les jours de la semaine, les premiers ayant un jour de plus que les autres, car, supposant qu'il est dimanche à midi pour Paris, ceux qui sont dans les Indes disent qu'il y a six ou sept heures que dimanche est commencé, et ceux qui sont en Amérique sont encore au samedi soir. Ce fait parut très singulier à nos anciens voyageurs, qu'on accusa d'abord de s'être trompés dans leur calcul et d'avoir perdu le fil de leur almanach. Dampier étant allé à Mendanao par l'ouest trouva qu'on y comptait un jour de plus que lui. Varenius dit même qu'à Macao, ville maritime de la Chine, les Portugais comptent habituellement un jour de plus que les Espagnols ne comptent aux Philippines, quoique peu éloignées; les premiers sont au dimanche, tandis que les seconds ne comptent que samedi. Cela vient de ce que les Portugais établis à Macao y sont allés par le cap de Bonne-Espérance, en avançant toujours du côté de l'occident, c'est-à-dire en partant de l'Amérique et en traversant la mer du Sud.

On voit par cette esquisse que la Terre, astre du ciel, est réglée par ses mouvements planétaires, qu'il n'y a rien d'absolu dans aucune de ces données de temps et d'espace, que tout est relatif à la condition de chaque planète, et que sur chacun des astres ces éléments diffèrent suivant leur grandeur et les mouvements qui leur donnent naissance. Mais, dira-t-on, sur quels fondements ces règles théoriques sont-elles établies, et qui nous prouve qu'au contraire la Terre n'est pas le monde absolu, fixe, immobile au centre de l'univers, et que tous ces mouvements ne sont pas réels comme ils le paraissent? Comment peut-on nous prouver qu'il y a là une illusion de nos sens; et puisqu'on ne raisonne que par l'observation, comment a-t-on su qu'il n'y a là que de simples apparences?

Si vous voulez m'écouter quelques instants encore, vous serez à ce sujet aussi complètement convaincus que moi.

II

PREUVES POSITIVES QUE LA TERRE EST RONDE

QU'ELLE TOURNE SUR ELLE-MÊME ET AUTOUR DU SOLEIL.

Un astronome de mes amis me citait l'autre jour l'exemple de plusieurs personnes de bonne foi, braves gens au fond, qui n'avaient jamais rien de plus empressé que de lui adresser mille questions d'astronomie, et qui n'avaient pas plutôt reçu ses réponses, qu'elles lui riaient au nez avec la plus grande ingénuité du monde. Sans compter leur impolitesse vraiment primitive, on pourrait s'étonner de voir des gens à la fois si curieux et si difficiles à contenter. A leurs yeux, les savants étaient des rêveurs, qui *croyaient* savoir, mais qui en réalité ne pouvaient se prévaloir sur le commun des mortels au point de trouver le mot de l'énigme de la nature ; ils vivaient sous l'empire d'une obsession. — J'ai connu moi-même d'autres personnes, un peu plus instruites que les précédentes, et qui, considérant les différentes phases de l'histoire des sciences, ses succès et ses revers, pensaient que nous tournions dans un cercle vicieux ; que nous n'avions point la connaissance vraie des choses, et que nos systèmes, quelque solidement fondés qu'ils parussent, ne devaient jamais être reçus qu'à titre d'hypothèses.

La question cosmographique qui nous touche de plus près, celle de l'isolement et du mouvement de la Terre dans l'espace, a particulièrement le privilège de soulever les doutes dont je parle. Pour ceux qui les ont entendu formuler et qui n'ont pas toujours eu en main des preuves irréfragables à fournir, je résumerai ici les observations principales sur lesquelles s'appuie cet élément fondamental du système du monde.

Nous disons d'abord que la Terre est *ronde*, qu'elle a la forme d'une sphère un peu aplatie aux pôles. Le premier fait qui en rend témoignage, c'est la convexité de l'immense étendue d'eau qui recouvre la plus grande partie du globe. L'observation d'un navire en mer suffit pour montrer cette courbure. Arrivé à la ligne bleue qui semble former la séparation du ciel et des eaux, le navire qui s'éloigne paraît à ce moment posé sur l'horizon. Un peu plus tard, il disparaît, non par le haut, mais par le bas. La mer s'élève d'abord entre le pont et l'observateur; ensuite elle cache les voiles basses; les sommets des mâts s'évanouissent les derniers. Un phénomène semblable se produit pour l'observateur placé sur le navire : ce sont les côtes basses qui disparaissent les premières pour lui; les édifices, les tours élevées et les phares sont les objets qui restent le plus longtemps sur la ligne de visibilité. Ce double fait démontre d'une manière évidente la convexité de la mer. Si c'était une surface plane, la distance seule ferait perdre de vue le navire avec ses agrès, et sa base inférieure ne serait pas cachée avant son sommet.

Il résulte, de plus, de ce même ordre d'observations, que la courbure de l'Océan est la même dans toutes les directions : or cette propriété n'appartient qu'à la sphère.

La convexité de la mer s'étend en terre ferme. Malgré les inégalités du terrain, la surface des continents ne diffère pas essentiellement de la surface des mers, car on sait que les plus hautes chaînes de montagnes sont loin de produire, sur la surface générale de la Terre, des protubérances comparables aux rugosités de la peau d'une orange. Or la surface des fleuves qui coupent en tous sens la terre ferme pour se réunir dans l'Océan est peu supérieure au niveau de celui-ci, et peut être considérée comme la surface prolongée de la mer dans toute l'étendue des continents.... Les mesures barométriques sur la hauteur des montagnes ont, d'un autre côté, confirmé ce fait. Le sol des continents s'éloigne donc peu de ce niveau et présente dans son ensemble une courbure entièrement pareille à celle des eaux. Du reste, en terre ferme comme en mer, les objets les plus élevés sont toujours les premiers et les derniers que le voyageur aperçoive.

Les voyages de circumnavigation ont d'autre part donné une preuve palpable de la sphéricité de la Terre. Le premier des navigateurs qui ait fait cette entreprise hardie du tour du monde, le Portugais Magellan, partit de l'Espagne en 1519, se dirigeant toujours vers l'*occident*. Sans avoir changé sa direction, l'un de ses vaisseaux (lieutenant Cano) retrouva l'Europe trois ans après comme s'il fût venu de l'*orient*. Les nombreux voyages de circumnavigation accomplis depuis cette époque ont surabondamment confirmé cette vérité : la Terre est arrondie dans tous les sens.

Fig. 83. — Courbure des mers.

Une nouvelle preuve de la convexité de la Terre est fournie par le changement d'aspect que présente le ciel pendant les voyages. Que l'on se dirige vers le pôle ou que l'on s'approche de l'équateur, on découvre sans cesse de nouveaux astres, de même que l'on perd de vue ceux des latitudes dont on s'éloigne. Ce fait ne peut s'accorder qu'avec celui de la rondeur de la Terre ; si la Terre était plane, tous les astres resteraient visibles à la fois. On a déjà vu ce raisonnement, page 67.

L'ombre projetée par la Terre sur la Lune pendant les éclipses
est toujours circulaire, quel que soit le côté que le disque terrestre
présente au disque lunaire dans les diverses éclipses. On s'en
rendra compte, par exemple, sur un dessin que j'ai pris pendant

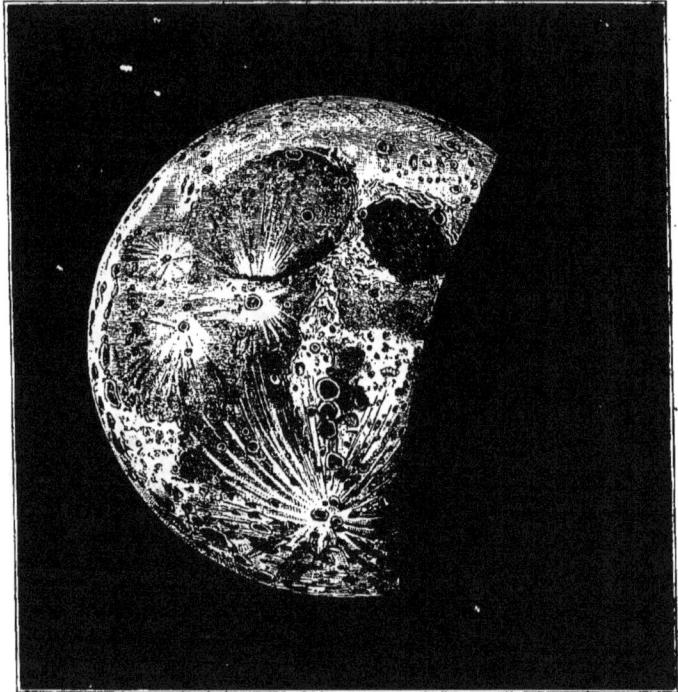

Fig. 84. — L'ombre de la Terre sur la Lune, pendant une éclipse de lune.

l'éclipse du 4 octobre 1884, dans lequel on reconnaît en même
temps l'ombre de l'atmosphère terrestre. Cette ombre ronde, universellement observée, est une nouvelle preuve en faveur de la
sphéricité de la Terre.

Tels sont les faits vulgaires qui démontrent d'une manière positive
la vérité que nous avons avancée. Si nous voulions entrer en géo-
désie ou en mécanique rationnelle, je présenterais des considéra-

tions plus rigoureuses encore ; mais les preuves précédentes suffisent
certainement pour prouver d'une manière irréfragable que *la Terre
est ronde*. Voyons maintenant sur quelle base on s'appuie lorsqu'on
avance que la Terre est *isolée* et en mouvement dans l'espace.

La difficulté que certains esprits ont manifestée à croire que la
Terre peut être suspendue comme un ballon dans l'espace, et complètement isolée de toute espèce de point d'appui, provient d'une
fausse notion de la pesanteur. L'histoire de l'astronomie ancienne
nous montre une anxiété profonde chez les anciens observateurs
qui commençaient à concevoir la réalité de cet isolement, mais qui
ne savaient pas comment empêcher de *tomber* ce globe si lourd sur
lequel nous marchons. Les premiers Chaldéens avaient fait la Terre
creuse et semblable à un bateau ; elle pouvait alors flotter sur
l'abîme des airs. Quelques anciens voulaient qu'elle reposât sur
des tourillons placés aux deux pôles. D'autres supposaient qu'elle
s'étendait indéfiniment au-dessous de nos pieds. Tous ces systèmes
étaient conçus sous l'impression d'une fausse idée de la pesanteur.
Pour s'affranchir de cette antique illusion, il faut savoir que la
pesanteur n'est qu'un phénomène constitué par l'attraction d'un
centre. Un corps ne tombe que lorsque l'attraction d'un autre corps
plus important le sollicite. Les images de haut et de bas ne peuvent s'appliquer qu'à un système matériel déterminé, dans lequel
le centre attractif sera considéré comme *le bas* ; hors de là elles ne
signifient plus rien. Lors donc que nous supposons notre globe
isolé dans l'espace, nous ne faisons là rien qui puisse donner prise
à l'objection signalée plus haut qui craint de voir tomber la Terre
on ne sait où.

La Terre peut être isolée dans l'espace. Mais non seulement elle
le peut, elle l'est en réalité. Si elle était appuyée sur un corps voisin
par quelque point de sa surface, ce support, qui aurait nécessairement de très grandes dimensions, serait certainement aperçu lorsqu'on approcherait de lui. On le verrait sortir de terre et se perdre
dans l'espace. Nous n'avons pas besoin de dire que les voyageurs
qui ont fait en tous sens le tour du globe n'ont jamais rien aperçu
de pareil : la surface terrestre est entièrement détachée de tout ce
qui peut exister autour d'elle.

Venons maintenant au troisième point de ce chapitre, aux preuves positives du *mouvement* de la Terre.

Remarquons d'abord que les apparences des objets extérieurs seront identiquement les mêmes pour nous, soit que, la Terre étant en repos, ces objets soient en mouvement; soit que, ces objets étant en repos, la Terre soit en mouvement elle-même. Si la Terre entraîne dans son mouvement toutes les choses qui lui appartiennent, les eaux, l'atmosphère, les nuages, etc., nous ne pourrons avoir conscience de ce mouvement auquel nous participons que par l'aspect changeant du ciel immobile. Or, puisque dans l'un et l'autre cas les apparences sont les mêmes, nous allons voir que l'hypothèse du mouvement de la Terre explique tout, tandis que sans elle on tombe dans une inacceptable complication de systèmes.

Si la Terre tourne en vingt-quatre heures sur elle-même, nous pouvons voir immédiatement que, son rayon moyen étant de 6 371 kilomètres et sa circonférence de 40 000, un point situé sur l'équateur parcourra 465 mètres *par seconde*. Cette vitesse, qui paraît considérable, a été présentée comme une objection contre le mouvement de la Terre. Mais nous allons voir de quelle vitesse sans égale il faudrait animer les sphères célestes pour leur faire parcourir à chacune la circonférence du ciel dans le même laps de vingt-quatre heures.

Et d'abord, le Soleil étant éloigné de la Terre de 23 000 fois le rayon terrestre, dans l'hypothèse de l'immobilité de la Terre, le Soleil décrirait une circonférence 23 000 fois plus grande que les points de l'équateur : ce qui donne une vitesse de 10 695 kilomètres par seconde.

Jupiter est environ cinq fois plus loin : sa vitesse serait de 53 475 kilomètres par seconde.

Neptune 30 fois plus loin : il devrait parcourir 320 000 kilomètres par seconde.

Telles seraient les vitesses diverses dont les planètes devraient être animées pour tourner autour de notre globe en vingt-quatre heures, comme elles le paraissent faire. On voit que l'objection contre le mouvement de la Terre de 465 mètres par seconde au maximum à l'équateur n'est plus rien à côté de celle qui naît de pareils nombres.

Que serait-ce si nous considérions les étoiles fixes! Notre voi-

Fig. 85. — Isolement de la Terre dans l'espace.

sine, l'étoile Alpha du Centaure, éloignée à une distance 275 000 fois supérieure à celle du Soleil, devrait parcourir 2 milliards 941 millions de kilomètres *par seconde*. Et de proche en proche, jusqu'aux étoiles lointaines, nous creuserions l'infini sans trouver un nombre qui pût exprimer la vitesse des astres, pour tourner autour de ce petit point imperceptible qui s'appelle la Terre!

Ajoutons à cela que ces astres sont, l'un 1 300 fois plus gros que la Terre, un autre 1 300 000 fois, d'autres plus volumineux encore; qu'ils ne sont réunis entre eux par aucun lien solide qui puisse les attacher à un mouvement des voûtes célestes; qu'ils sont tous situés aux distances les plus diverses; et cette effrayante complication du système des cieux témoignera par elle-même de sa non-existence, de son impossibilité mécanique.

Mais non seulement le mouvement diurne de la sphère céleste ne peut se comprendre que par l'admission du mouvement de la Terre autour de son axe; les mouvements des planètes dans le zodiaque, leurs stations et leurs rétrogradations réclament avec la même rigueur le mouvement de notre planète dans le ciel. Pour expliquer ces effets de perspective en supposant la Terre immobile, les anciens avaient dû imaginer jusqu'à soixante-dix cercles enchevêtrés les uns dans les autres, cercles solides ou cieux de cristal dont rien n'égalait la complication, et qui, s'ils avaient pu exister un instant, auraient été bientôt mis en pièces par les comètes vagabondes ou par les uranolithes qui circulent dans l'espace.

D'autre part encore, l'analogie est venue confirmer singulièrement l'hypothèse du mouvement de la Terre et changer en certitude sa haute vraisemblance. Le télescope a montré dans les planètes des terres analogues à la nôtre, mues elles-mêmes par un mouvement de rotation autour de leur axe : Mars tourne sur lui-même en 24 h. 37 m., Jupiter en 9 h. 55 m., Saturne en 10 h. 14 m., etc. Ainsi, la simplicité et l'analogie sont en faveur du mouvement de la Terre.

Toutes les observations prouvent le double mouvement de rotation et de translation de notre planète. *Aucune* ne le contredit.

La grande difficulté que l'on avait avancée contre ces mouvements, et qui fut en faveur pendant quelque temps, était celle-ci : si la Terre tourne sous nos pieds, en nous élevant dans l'espace et en trouvant le moyen de nous y tenir quelques secondes ou davantage, nous devrions tomber après ce laps de temps en un point plus occidental que le point de départ. Celui, par exemple, qui, à l'équateur, réussirait à se soutenir immobile dans l'atmosphère pendant une minute, devrait retomber 27 900 mètres à l'ouest du lieu d'où il serait parti. — Ce serait une excellente façon de voyager, et Cyrano de Bergerac prétendait l'avoir employée lorsque, s'étant élevé dans les airs par un ballon de sa façon, il était tombé, quelques heures après son départ, au Canada, au lieu de redescendre en France. — Quelques sentimentalistes, Buchanan entre autres, ont donné à l'objection une forme plus tendre, en disant que si la Terre tournait, la tourterelle n'oserait plus s'élever de son nid, car bientôt elle perdrait inévitablement de vue ses jeunes tourtereaux.

Le lecteur a déjà répondu à cette objection en réfléchissant que tout ce qui appartient à la Terre participe, comme nous l'avons dit, à son mouvement de rotation, et que jusqu'aux dernières limites de l'atmosphère notre globe entraîne tout dans son cours.

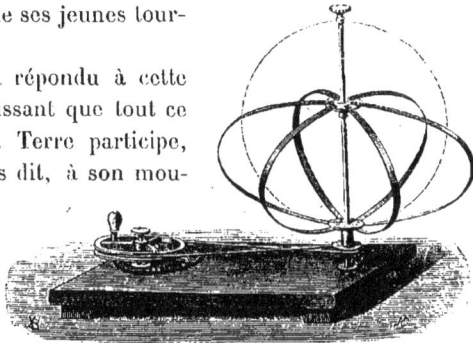

Fig. 86. — Effet de la force centrifuge.

La figure sphéroïdale de la Terre, aplatie aux pôles et renflée à l'équateur, est le témoignage permanent de son mouvement de rotation déterminant la force centrifuge. Cette force est rendue manifeste, dans les cours de physique, à l'aide de l'appareil que représente cette figure. Des cercles d'acier, tournant rapidement autour d'un axe, prennent la forme d'ellipses aplaties aux extrémités de l'axe, et l'aplatissement est d'autant plus considérable que la vitesse de rotation est plus grande. La Terre, Mars, et surtout Jupiter et Saturne, présentent cet aplatissement dû au mouvement de rotation.

L'observation directe de divers phénomènes a encore confirmé la théorie du mouvement de la Terre par des preuves matérielles irrécusables.

Si le globe tourne, il développe, comme nous venons de le dire, une certaine force centrifuge; cette force sera nulle aux pôles,

16

aura son maximum à l'équateur, et sera d'autant plus grande que l'objet auquel elle s'applique sera lui-même à une distance plus grande de l'axe de rotation. Ce sera en grand ce qui existe en petit dans une fronde ou dans une roue libre en mouvement rapide. Or supposons qu'on fixe un fil à plomb au sommet d'une tour, et que le poids qui le tend descende jusqu'à la surface du sol, la direction de ce fil à plomb vers le centre de la Terre, c'est-à-dire suivant la perpendiculaire au niveau d'eau, sera un peu modifiée par l'effet de la force centrifuge résultant de la rotation du globe mesurée au pied de la tour. Si l'on fixe également au sommet

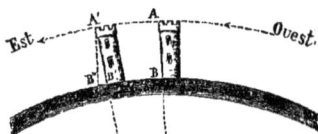

Fig. 87. — Déviation dans la chute des corps.

de la tour, à une petite distance à l'est du premier, un second fil à plomb très court, dont le poids serait situé un peu au-dessous du point d'attache, ce second fil n'aura pas tout à fait la direction du premier, car la force centrifuge due au mouvement de la Terre étant plus grande au sommet de la tour qu'au pied, fera dévier le fil un peu plus à l'est. — Si on laisse tomber une pierre de A en B (fig. 87), elle tomberait réellement en B si la Terre était immobile ; mais au sommet de la tour la pierre est animée d'une vitesse de l'ouest à l'est plus grande qu'au pied de la tour : cette vitesse se combine avec celle de la chute, et au lieu de suivre les parois de la tour, partie de A′ elle tombe en B″.

Un poids situé à une certaine hauteur tomberait au pied de la verticale si la Terre était immobile. Mais pendant la durée de sa chute le mouvement de rotation lui fait décrire un arc plus grand que l'arc décrit par le pied de la verticale. Abandonné à lui-même, il conserve sa vitesse d'impulsion primitive et tombe à l'orient du point inférieur. Telle est la déviation qu'indique la théorie, et qui, nulle au pôle, va en croissant jusqu'à l'équateur. L'expérience confirme le raisonnement. Dans l'atmosphère, il est difficile de faire cette vérification, à cause des agitations de l'air ; mais on a pu constater qu'une boule métallique, abandonnée à elle-même à l'orifice d'un puits très profond, tombe un peu à l'est du pied d'un fil à plomb qui marque la verticale. La déviation dépend de la profondeur des puits; elle est à l'équateur de 33 millimètres pour un puits de 100 mètres de profondeur. Dans les puits de mine de Freiberg (Saxe), on a constaté une déviation orientale de 28 millimètres pour une profondeur de 158m,5. Il est évident que c'est là une preuve expérimentale du mouvement de rotation de la Terre. Nous avons à l'Observatoire de Paris un puits qui descend aux catacombes, à 28 mètres, et traverse l'édifice jusqu'à la terrasse, dont la hauteur est également de 28 mètres. C'est donc un puits de 56 mètres. Du temps de Cassini, on y a fait l'expérience précédente, pour donner une preuve expérimentale du mouvement de la Terre.

Les oscillations du pendule à secondes appuient encore le fait précédent. Non seulement elles sont plus lentes à l'équateur qu'aux pôles, parce que le rayon équatorial est plus grand que le rayon polaire, mais la différence est trop grande pour être attribuée à cette seule cause. A l'équateur, la force centrifuge atténue en partie l'effet de la pesanteur.

Un pendule d'*un mètre* de longueur qui, à Paris, fait dans le vide 86 137 petites oscillations en 24 heures, transporté aux pôles, en ferait 86 242, et, à l'équateur, n'exécuterait plus, dans le même temps, que 86 017 oscillations.

La longueur du pendule à secondes, pour la station de Paris, est de 994 millimètres. Voici celle que le calcul et les observations ont fait trouver, pour le même pendule, aux pôles, à l'équateur et à une latitude moyenne de 45°. Nous y joignons les nombres qui mesurent l'intensité de la pesanteur en ces divers lieux, c'est-à-dire le nombre de mètres indiquant la vitesse acquise, après une seconde, par les corps tombant dans le vide.

	Longueur du pendule à secondes.	Intensité de la pesanteur.
A l'équateur..................	994mm,03	9m,78 103
A la latitude de 44°..........	993 ,52	9 ,80 606
Aux pôles....................	996 ,19	9 ,83 100

Les variations de la pesanteur sur le globe terrestre dépendent et de la forme même de ce globe, qui n'est pas sphérique, mais ellipsoïdal, et de la force centrifuge engendrée par la vitesse de rotation. La pesanteur diminue donc des pôles à l'équateur plus qu'elle ne le ferait sans cette rotation.

Une remarque curieuse à faire ici, c'est qu'à l'équateur cette force est $\frac{1}{289}$ de la pesanteur. Or, comme la force centrifuge croît proportionnellement au carré de la vitesse de rotation, et que 289 est le carré de 17, si la Terre tournait 17 fois plus vite, les corps placés à l'équateur *ne pèseraient plus* : une pierre lancée dans l'espace ne retomberait pas!

Voici un autre fait non moins positif que les précédents, et plus facile à apprécier dans ses conséquences en faveur du mouvement de la Terre. Si la Terre était immobile et si tous les astres tournaient autour d'elle en vingt-quatre heures, les astres ne passeraient jamais au méridien, ne se lèveraient ni ne se coucheraient jamais, à l'instant où l'indique la ligne de leur longitude dans le ciel. Les rayons lumineux qu'ils nous envoient, mettant des intervalles inégaux à nous venir, selon leurs distances variables, mettraient une confusion extrême dans les heures de leurs passages apparents. Les distances variant du jour au lendemain, d'une semaine à l'autre, et constamment entre les planètes et la Terre, leur lumière arrivant plus tôt lorsqu'ils sont plus proches, et plus tard lorsqu'ils sont plus éloignés, ils ne passeraient pas tous les jours au méridien à l'instant précis du calcul, mais offriraient des variations considérables. Quelque régulier qu'il fût en réalité, leur mouvement de révolution en 24 heures ne le paraîtrait plus.

Les mouvements apparents annuels des étoiles dans le ciel, dont nous avons parlé dans l'exposé de la méthode employée pour déterminer la distance des étoiles, fournissent également une preuve positive du mouvement de la Terre autour du Soleil. Il en est de même du phénomène de l'aberration de la lumière.

La physique du globe a, elle aussi, apporté son contingent de preuves à la théorie du mouvement de la Terre, et l'on peut dire que toutes les branches de la science qui se rattachent, de près ou de loin, à la cosmographie, se sont unies pour la confirmation unanime de cette théorie. La forme même du sphéroïde terrestre montre que cette planète fut une masse fluide animée d'une certaine vitesse de rotation, conclusion à laquelle les géologues sont arrivés dans leurs recherches personnelles.

D'autres faits, comme les courants de l'atmosphère et de l'Océan, les courants polaires et les vents alizés, trouvent également leur cause dans la rotation du globe; mais ces faits ont une valeur moindre que les pré-cédents, attendu qu'ils pourraient s'accorder avec l'hy-pothèse du mouve-ment du Soleil.

Nous terminerons en rappelant la bril-lante expérience de Foucault au Pan-théon. A moins de nier l'évidence, cette expérience démontre invinciblement le mouvement de la Terre. Elle consiste, comme on sait, à encastrer un fil d'a-cier par son extré-mité supérieure dans une plaque métal-lique fixée solidement à une voûte. Ce fil est tendu à son extré-

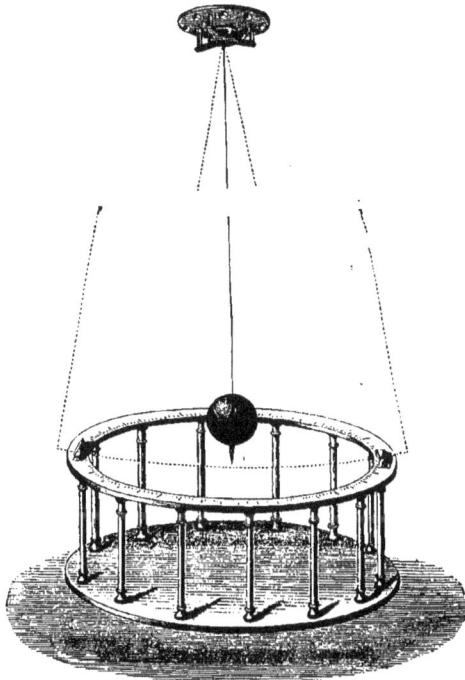

Fig. 88. — Expérience de Foucault.

mité inférieure par une boule de cuivre d'un poids assez fort. Une pointe est attachée au-dessous de la boule, et deux petits mon-ticules de sable fin sont disposés sur un cadre divisé, aux points où passe le pendule oscillant. Or la pointe du pendule entame le sable à chaque oscillation. Les lignes, croisées au centre, se suc-cèdent, et manifestent une déviation du plan des oscillations de l'orient vers l'occident. En réalité, le plan des oscillations reste fixe; la Terre tourne au-dessous, d'occident en orient. L'explication est basée sur ce fait que la torsion du fil n'empêche pas le plan des oscillations de rester invariable.

Si l'on suspend une boule pesante à l'extrémité d'un fil, et

Fig. 89. — Déviation apparente du pendule.

qu'après l'avoir écartée de la verticale, on l'abandonne à l'action de la pesanteur, cette force lui fera faire une série d'oscillations qui toutes auront lieu dans un même plan vertical, passant par le point de suspension. On démontre en mécanique que si, pendant les oscillations du pendule, on fait tourner le plan auquel le point de suspension est lié, le plan vertical dans lequel ont lieu les oscillations *reste invariable*.

Un appareil très simple permet de constater ce fait. On fait

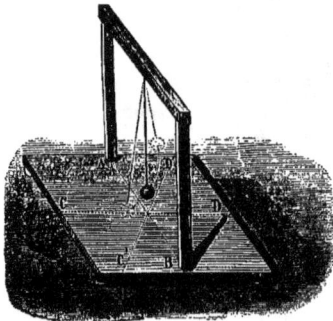

Fig. 90. — Déviation apparente du pendule.

d'abord osciller le pendule dans la direction CD (fig. 89), perpendiculaire à la ligne AB ; puis, pendant qu'il oscille, on fait tourner lentement l'appareil sur lui-même, de façon à lui donner la position marquée dans la figure 90. La direction C′D′ du plan d'oscillation restera la même que CD, comme on pourra s'en assurer à l'aide des repères fixes pris *hors* de l'appareil. Seulement, sur le plan AB, le plan d'oscillation *paraîtra* avoir dévié en sens contraire de la rotation imprimée au support, et si l'on n'avait pas conscience de ce mouvement, il est clair que la déviation semblerait réelle.

Tel est le principe de l'expérience imaginée par Foucault, et réalisée par ce savant regretté, sous la coupole du Panthéon en 1849.

Si nous imaginions qu'un pendule d'une grande hauteur fût suspendu à l'un des pôles de la Terre, une fois ce pendule en mouvement, le plan de ses oscillations restant invariable, malgré la torsion du fil, la Terre tournerait sous lui, et le plan d'oscillation du pendule paraîtrait tourner en vingt-quatre heures autour de la verticale, en sens contraire, par conséquent, du véritable mouvement de rotation de la Terre.

Si le pendule était suspendu en un point de l'équateur, il n'y aurait plus de déviation. Mais, pour l'horizon d'un lieu situé à une altitude quelconque, l'invariabilité du plan d'oscillation se manifeste par une déviation en sens contraire du mouvement de la Terre.

Ainsi, comme tous les astres du ciel, la Terre tourne. Le repos absolu n'existe pas dans l'univers. Tout est en mouvement, et c'est dans cette loi universelle du mouvement que réside la condition de la stabilité du monde.

Une question se présente ici : la Terre tourne; fort bien! mais pourrait-elle s'arrêter? Qu'arriverait-il si, par une cause quelconque, elle cessait subitement, ou petit à petit, de rouler dans son mouvement rapide? Voyons un peu : le sujet ne manque pas d'intérêt.

Ce n'est pas qu'en cherchant à répondre à cette curieuse petite question je veuille lui donner plus d'importance qu'elle n'en a en réalité. Que notre globe cesse un jour subitement de tourner, c'est ce que nous pouvons sans crainte déclarer impossible, et cela avec toute l'autorité qui appartient aux principes de la mécanique céleste. De la part de notre monde, nous n'avons pas à attendre,... à craindre cette fantaisie-là, car, en effet, voici les conséquences inévitables qui résulteraient du simple arrêt de la Terre dans son cours.

Rappelons d'abord que la vitesse d'un corps situé à la surface de la Terre se compose de deux parties : du mouvement de rotation diurne du globe autour de son axe, et de son mouvement de translation autour du Soleil. En vertu du premier, les corps placés à l'équateur terrestre parcourent 465 mètres par seconde. Cette vitesse diminue de l'équateur, où elle est maximum, aux pôles, où elle est nulle, puisque les corps ont naturellement d'autant moins de chemin à parcourir que leur cercle de latitude est plus petit. Par suite du second mouvement de la Terre, de sa révolution dans l'espace autour du Soleil, tous ses points indistinctement parcourent 29 500 mètres par seconde, 1 770 kilomètres par minute, 106 000 kilomètres à l'heure : un train express lancé à toute vapeur va plus de mille fois moins vite.

Tous les points qui appartiennent à un système matériel en mouvement étant animés du même mouvement que lui, si, par un arrêt brusque, ce système est mis subitement en repos, les points qui peuvent se déplacer à sa surface continueront, en vertu de la vitesse acquise, à se mouvoir dans la direction primitive. C'est en vertu de ce principe que lorsque votre cheval s'affaisse brusquement sous le timon de votre voiture, vous vous trouvez malencontreusement lancé par-dessus la tête de votre pégase ; c'est encore en vertu du même principe qu'il faut prendre certaines précautions en descendant d'un omnibus en marche, afin que, vos pieds étant subitement attachés au sol immobile, tandis que votre corps est encore animé de la vitesse acquise, vous n'alliez pas baiser les traces du véhicule.

La Terre est, comme nous l'avons vu, une voiture plus rapide que les omnibus, les calèches, les bicyclettes et les wagons. Si elle s'arrêtait subitement, il va sans dire que toutes les précautions seraient superflues pour éviter une mort instantanée. Tous les objets qui ne sont pas implantés et fixés dans le sol, et qui n'adhèrent à la surface que par la pesanteur, seraient immédiatement et d'un seul trait lancés vers l'est. Les promeneurs paisibles, les travailleurs et les gens en repos, les animaux domestiques et ceux qui vivent dans les forêts, les oiseaux dans le ciel, nos voitures et nos locomobiles, tout cela s'élancerait d'un seul bond dans la direction du mouvement de la terre. Quant à l'Océan, qui recouvre les deux tiers du globe, sa masse liquide s'élançant elle-même par-dessus les rivages, submergerait en un clin d'œil les îles et les continents dans sa course impétueuse, couronnant l'édifice de la mort; bientôt elle s'élancerait sur les flancs des plus hautes montagnes et ferait subir à notre globe une transformation de surface dont n'approche aucune des révolutions antiques qui l'ont tourmenté.

Les théoriciens qui se sont amusés à chercher au déluge biblique une cause naturelle n'ont pas manqué de mettre en jeu cette supposition féconde, et d'avancer que le choc d'une comète pourrait facilement opérer cet arrêt et ses lourdes conséquences. Nous savons aujourd'hui que les comètes n'ont pas de masses assez fortes pour produire de pareils bouleversements.

Un autre fait bien curieux qui suivrait l'anéantissement de la vitesse de la Terre dans son mouvement autour du Soleil est celui-ci : la force centripète qui entraîne les planètes vers le Soleil n'étant plus contre-balancée par la force centrifuge, la Terre tomberait en ligne droite vers le Soleil. S'il y avait encore sur le globe d'autres êtres que les poissons pour le voir, cet astre s'agrandirait à vue d'œil dans un gigantesque épanouissement. La Terre arriverait sur lui 64 jours après le choc, et disparaîtrait dans sa surface comme un aérolithe dans la mer.

Il va sans dire que notre globe n'est pas une exception à la règle générale, et que le même sort serait réservé aux autres planètes si elles se trouvaient dans le même cas. Ainsi, si la vitesse de Mercure, de Vénus, de Jupiter ou de Saturne était arrêtée, ces planètes tomberaient dès lors dans le Soleil, la première en quinze jours, la seconde en quarante, la troisième en sept cent soixante-six, la dernière en dix-neuf cents.

Mais voici une autre conséquence bien plus curieuse encore, qui résulterait immédiatement de l'arrêt subit de la Terre dans son cours.

Il est reconnu que le mouvement ne peut s'anéantir, pas plus que nul atome de matière; il peut se communiquer, se diviser, se perdre en une certaine somme de forces partielles, mais non s'anéantir. Il peut, et c'est là le point important ici, il peut se transformer en chaleur, et il s'y transforme effectivement toutes les fois qu'il paraît se perdre comme force motrice. Ainsi, vous frappez à plusieurs reprises sur un clou enfoncé et désormais

immobile; le mouvement du marteau ne se *communiquant* plus au
clou, se *transforme* en chaleur; vous pourrez facilement vous en
apercevoir au toucher. Sans multiplier les exemples, chacun a
constaté par expérience cette transformation mécanique du mouvement en chaleur.

Or, si, par une cause quelconque, on pouvait suspendre instan-
tanément le mouvement multiple qui anime notre globe, ce mouvement subirait cette transformation dont nous venons de parler.
La Terre s'échaufferait tout à coup, et veut-on savoir à quel degré?
La quantité de chaleur engendrée par l'arrêt du globe terrestre,
équivalant à un choc colossal, suffirait non seulement pour *fondre
la Terre entière*, mais encore pour en réduire la plus grande
partie *en vapeur!*

Cette conséquence domine toutes les précédentes et les absorbe.
La Terre ne serait plus une planète; sa masse, son volume et sa
densité, changés du tout au tout, ne permettraient plus les applica-
tions que nous signalions tout à l'heure sur le mouvement désor-
donné des corps à sa surface, le déversement des mers et sa chute
dans le Soleil; tous ces éléments donnés par la mécanique seraient
modifiés suivant le mode plus ou moins rapide dont se serait opéré
l'arrêt du mouvement de la Terre.

Si cet arrêt n'était qu'un ralentissement progressif, dont l'accom-
plissement demanderait une durée de quelques instants, au lieu
d'être instantané, la Terre pourrait encore devenir assez chaude
pour que tous les êtres vivants qui existent à sa surface périssent
subitement.

Terminons ces réflexions comme nous les avons commencées, en disant que la question est plus curieuse que mena-
çante, et que très certainement nous pouvons dormir tranquilles,
sans laisser en nous les moindres traces des craintes imaginaires qu'elle aurait pu momentanément faire naître dans notre
esprit.

D'ailleurs, notre globe n'a pas grande importance dans l'univers,
et sa disparition serait peu remarquée. Ce n'est qu'une insignifiante bulle de savon, comme le disait notre poète national
Béranger en célébrant la nuit de son ascension :

Dans mon vol, sous mes pieds, qu'entends-je?
C'est le triste son d'un pipeau,
Qui mène au gré d'un tout jeune ange
L'un des corps nains du grand troupeau.
Petit globe, objet de risée!
On dirait, à le voir courir,
Du savon la bulle irisée
Qu'un souffle fait naître et périr.

Je demande à l'enfant céleste
Si c'est son jouet dans les cieux.
— Énorme géant, sois modeste,
Dit-il, regarde et juge mieux.
Je me penche alors sur la boule,
Prêt à la prendre dans ma main!
Dieu! j'y vois s'agiter la foule
Que nous nommons le genre humain.

Ma confusion est profonde.
— Est-ce donc là notre séjour!
— Oui, dit l'ange, voilà ce monde
Dont peu d'entre vous font le tour.
Ton œil y distingue sans doute
Ces monts qui sont géants pour vous,
Et votre océan, cette goutte
Qui suffit à vous noyer tous.

LA LUNE

Le soir ramène le silence.
Assis sur les rochers déserts,
Je suis dans le vague des airs
Le char de la nuit qui s'avance.

Tout à coup, détaché des cieux,
Un rayon de l'astre nocturne
Glissant sur mon front taciturne
Vient mollement toucher mes yeux.

Doux reflet d'un globe de flamme,
Charmant rayon, que me veux-tu ?
Viens-tu dans mon soin abattu
Porter la lumière à mon âme?

Descends-tu pour me révéler
Des mondes le divin mystère?
Les secrets cachés dans la sphère
Où le jour va te rappeler ?

Une secrète intelligence
T'adresse-t-elle aux malheureux?
Viens-tu la nuit briller sur eux
Comme un rayon de l'espérance?

Viens-tu dévoiler l'avenir
Au cœur fatigué qui t'implore?
Rayon divin, es-tu l'aurore
Du jour qui ne doit pas finir?

LAMARTINE.

Astre par excellence de la rêverie et du mystère, le flambeau destiné à l'illumination des nuits terrestres a toujours eu le privilège d'attirer les regards et les pensées. Il semble que, régnant sur l'empire du silence et de la paix, il soit plus mystérieux, plus solitaire que nul autre : sa lumière blanche et glacée vient encore affermir l'impression première; il reste dans la pensée comme représentant la Nuit elle-même. Dès les âges antiques, les anciens avaient nommé souveraine des nuits silencieuses Diane au croissant d'argent, Phœbé à la blonde chevelure. Le clair de lune a quelque chose de mélancolique, même lorsqu'il est charmé par le chant du rossignol, qui parfois jette si admirablement ses trilles infatigables à la pleine lune montant dans les bosquets.

Attachée par les liens indissolubles de l'attraction à la Terre de laquelle elle est issue, la Lune gravite autour de nous comme un satellite fidèle. Au moment de sa plus grande clarté, lorsqu'elle est arrivée à la phase de sa plénitude, elle trouve en se levant l'heure de l'apparition des étoiles, et, suivant sensiblement leur cours de l'orient à l'occident, elle semble leur guide céleste.

Cependant, comme elle fait le tour du globe d'occident en orient en vingt-sept jours environ, on remarque bientôt qu'elle retarde chaque jour sur les étoiles qu'elle paraissait conduire, et qu'elle possède un mouvement indépendant de celui de la sphère céleste. En effet, elle est l'astre le plus rapproché, et elle nous appartient à titre de satellite.

La distance de la Terre à la Lune a été mesurée par un procédé analogue à celui que nous avons exposé plus haut pour la mesure des distances des étoiles. Deux astronomes (comme l'ont fait entre autres Lalande et Lacaille, en 1756, à Berlin et au cap de Bonne-Espérance) se placent sur un même méridien, l'un en A, l'autre en B (fig. 91), et mesurent la distance de la Lune à leurs zéniths respectifs, c'est-à-dire les angles ZAL, Z'BL, au moment où l'astre passe à leur méridien. Les suppléments TAL et TBL de ces angles

sont par là même déterminés, et l'angle ATB, qui est la somme
des latitudes, est donné par la position même des observateurs. En
menant la tangente LA′, on a la parallaxe horizontale A′LT et la
distance TL.

Les astronomes cités plus haut avaient trouvé 57′ 40″ pour la
valeur de l'angle sous lequel on voit de la Lune le rayon de la Terre.
Les dernières mesures la fixent à 57′ 2″,7, ce qui porte la distance
moyenne du centre de la Lune au centre de la Terre à un peu plus
de 60 rayons terrestres. Un pont de trente terres y conduirait.

La Lune tourne autour de la Terre en 27 jours 7 heures 43

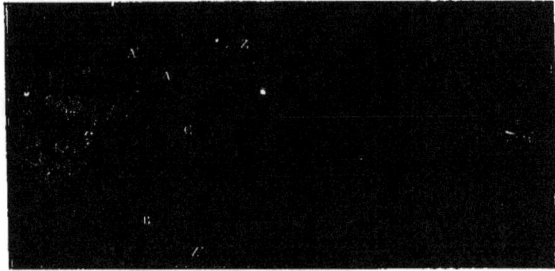

Fig. 91. — Mesure de la distance de la Terre à la Lune.

minutes 11 secondes et demie. C'est ce qu'on appelle sa révolution
sidérale. Supposons-nous au moment de la nouvelle lune : la Lune
se trouve juste entre le Soleil et la Terre. Elle commence sa révolution. Au bout du temps que je viens d'inscrire, elle reviendrait
au même point si la Terre était immobile; et, en fait, elle revient
au même point relativement aux étoiles fixes. Mais, pendant ces
27 jours, la Terre a marché dans son mouvement annuel autour
du Soleil, et le Soleil a changé de place, en sens contraire du mouvement de la Terre. La Terre allant vers la droite, il a rétrogradé
vers la gauche. Pour que la Lune revienne devant lui, il faut
qu'elle marche encore pendant environ 2 jours. Cette révolution
est la principale pour nous, puisque c'est elle qui produit les
phases; on l'appelle synodique, et sa durée est de 29 jours 12 heures
44 minutes 3 secondes.

De tous les astres, la Lune est celui dont la connaissance nous fut la première et le mieux acquise. Dès l'invention des premières lunettes d'approche, en l'an 1608, ces instruments primitifs, dont la puissance était loin d'atteindre les régions stellaires et ne pouvait être efficacement appliquée qu'à cet astre voisin, astronomes, astrologues, alchimistes, tous ceux qui s'occupaient de science se sentirent tourmentés par le plus vif désir de pénétrer par la vue dans les régions de cette terre céleste. Les premières observations de Galilée ne firent pas moins de bruit que la découverte de l'Amérique; un grand nombre voyaient là une découverte nouvelle d'un nouveau monde bien plus mystérieux que l'Amérique, puisqu'il était en dehors de la Terre. C'est un des spectacles les plus curieux de l'histoire d'assister au mouvement prodigieux qui s'opéra à propos du monde de la Lune. Il n'y a que le premier pas qui coûte, dit un vieux proverbe : à l'époque dont je parle, on n'avait attendu que le premier pas de l'optique; à peine fut-il fait, qu'on réclama le second avec avidité, puis le troisième, et, comme les progrès de la science n'arrivaient pas aussi vite que les désirs, comme bien des années se passaient sans qu'on pût arriver à distinguer les royaumes de la Lune et les cités de ses habitants l'imagination exaltée prit les devants et partit sans tarder davantage pour le nouveau monde céleste. On vit paraître alors de fort curieux voyages à la Lune, d'étonnantes excursions, d'impardonnables fantaisies, et les études sérieuses se trouvèrent bientôt largement dépassées par les visions des esprits impatients [1].

Cependant elles marchaient rapidement, les découvertes astronomiques. Encouragé par les premières révélations du télescope, on avait entrepris l'étude complète de la surface lunaire. L'aspect de la Lune vue à l'œil nu, cette esquisse de visage humain que l'on remarque avec un peu de bonne volonté sur son disque pâle, s'était transformé dans le champ des lunettes, et l'on avait observé tout d'abord des parties très brillantes et des parties plus sombres. En examinant plus attentivement, et en amplifiant les grossissements,

1. Les lecteurs curieux de connaître ces voyages pseudo-scientifiques en trouveront la description critique dans notre ouvrage : *les Mondes imaginaires et les Mondes réels.*

on reconnut que l'aspect des détails changeait suivant que le Soleil se trouvait d'un côté ou de l'autre de la Lune; qu'aux jours où le Soleil était à gauche des lignes brillantes, on voyait des lignes sombres à leur droite, tandis que, dans le cas contraire, les lignes sombres paraissaient à gauche. Il fut alors facile de constater que les parties brillantes sont des montagnes, que les parties sombres qui les avoisinent sont des vallons ou des plaines basses et qu'enfin les larges taches grises qui se voient en plaine sont des pays dont le sol réfléchit moins parfaitement la lumière solaire.

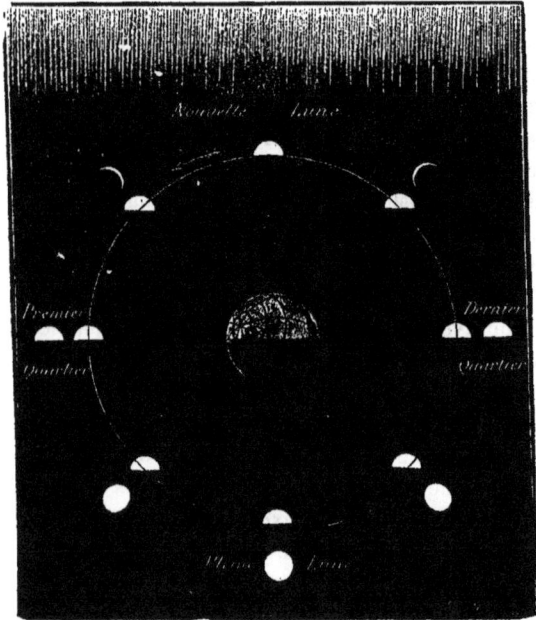

Fig. 92. — Explication des phases de la Lune.

On savait déjà que les phases de la Lune sont produites par l'illumination du Soleil, puisque, lorsque nous voyons entièrement la partie éclairée de notre satellite, à l'époque de la pleine Lune, c'est quand nous nous trouvons entre le Soleil et la Lune et que nous voyons entièrement le côté illuminé; qu'à l'époque de la nouvelle Lune le Soleil se trouve derrière cet astre et éclaire le côté que nous ne voyons pas, et qu'aux deux quartiers nous faisons un angle droit avec la Lune et le Soleil et ne pouvons voir alors que la moitié de la partie

éclairée. Les observations faites au télescope confirmèrent cette
explication en montrant que la marche des ombres à la surface
lunaire se produit à l'inverse de la marche du Soleil. Plus tard,
récemment, elle fut encore confirmée par l'analyse de la lumière
dont nous avons parlé plus haut, car, en analysant les rayons
renvoyés par la Lune, on trouva identiquement les mêmes éléments que dans la lumière directement émise par le Soleil.

On avait donc sous les yeux un globe opaque comme la Terre,
éclairé comme elle par le Soleil, et accidenté comme sa surface de
montagnes et de vallées. C'était plus qu'il n'en fallait pour aiguil-
lonner la curiosité. On s'occupa donc spécialement de notre voisine, et on en dressa la carte géographique, ou, pour mieux dire,
sélénographique, puisque, comme tous nos jeunes lecteurs le
savent, γῆ veut dire Terre, tandis que σελήνη veut dire Lune.

Comme les idées astrologiques sur les influences physiques et
métaphysiques, morales ou immorales de la Lune, étaient en
pleine vigueur, et que l'homme ne peut qu'avec la plus pénible
difficulté s'affranchir de l'erreur, lors même qu'il le veut, ce qui
est malheureusement bien rare, car, comme vous savez,

> L'homme est de glace aux vérités,
> Il est de feu pour le mensonge,

les astrologues continuèrent à interpréter le langage de la Lune
suivant les règles de l'horoscopie, et les astronomes firent une
description qui sentait les opinions régnantes. Aux grandes taches
sombres on donna le nom de mers, aux petites le nom de lacs ou
de marais; puis on baptisa mers, lacs, marais, monts, vallées,
golfes, presqu'îles, etc., de dénominations liées au souvenir des
vertus plus ou moins légitimement attribuées à l'astre des nuits.
C'est ainsi qu'il y eut, et qu'il y a encore présentement sur la
Lune : la Mer de la Fécondité, le Lac des Songes, la Mer de la
Sérénité, le Marais des Brouillards, l'Océan des Tempêtes, le Lac
de la Mort, la Mer des Humeurs, le Marais de la Putréfaction, la
Presqu'île des Rêveries, la Mer de la Tranquillité, etc., et d'autres
noms qui ne sont pas tous, comme vous le voyez par ceux qui
précèdent, d'un goût exquis ni d'un sentiment toujours gracieux.

17

Lorsqu'il s'agit de nommer les montagnes, on eut d'abord l'idée de leur donner le nom des astronomes dont les travaux avaient été les plus utiles à l'avancement de la connaissance de la Lune et avaient le plus brillamment illustré cette beauté de l'espace. Mais une considération de prudence retint Hévélius, l'auteur de *la Sélénographie*. Laquelle? Oh! elle ne doit pas être bien longue à deviner : on craignit d'exciter des sentiments de jalousie. Tel astronome qui n'avait pas en sa possession un coin de terre ici-bas eût été fort honoré de recevoir un petit héritage de ces terres lunaires ; tel autre, riche propriétaire, eût été (comme il arrive toujours chez les gens de cette profession) très fâché de ne pas voir augmenter son bien par quelque coin de Lune. Alors, pour ne froisser personne, on donna tout simplement aux montagnes de la Lune le nom des montagnes de la Terre. Il y eut les Alpes, les Apennins, les Karpathes, etc. ; mais le vocabulaire des montagnes n'ayant pas été suffisant on en revint aux savants, et d'abord aux savants morts : Aristote, Platon, Hipparque, Ptolémée, Copernic, eurent chacun leur propriété dans la Lune. Certains voyageurs imaginaires, comme l'auteur du *Voyage au monde de Descartes*, ont raconté, en visitant ces différents pays lunaires, que les grands hommes dont ils ont reçu arbitrairement le nom en auraient pris possession dans le courant du xviᵉ siècle et y auraient établi leur résidence. Ces âmes immortelles, paraît-il, y continueraient leurs œuvres et leurs systèmes inaugurés sur la Terre. C'est ainsi que sur le mont Aristote serait élevée une véritable cité grecque, peuplée de philosophes péripatéticiens, gardée par des sentinelles armées de Propositions, d'Antithèses, de Sophismes, et que le maître habiterait au centre de la ville, dans un magnifique palais ! C'est ainsi que dans le cirque de Platon habitent les âmes sans cesse occupées à la recherche du prototype des idées ! Etc., etc.

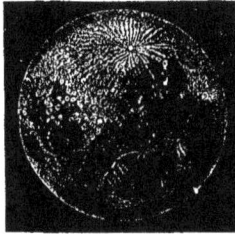

Fig. 93. — Aspect de la pleine Lune. (Gravé d'après une photographie directe.)

Il y a quelques années, on a fait un nouveau partage des propriétés lunaires non dénommées, et l'on en a généreusement enrichi quelques astronomes de nos amis.

Sans nous occuper à présent de savoir si les habitants de la Lune sont les âmes de ceux dont les noms ont servi à qualifier les royaumes de là-bas, nous pouvons continuer notre relation en disant que les connaissances si satisfaisantes que l'on a rapidement acquises sur notre satellite sont dues à sa grande proximité de la Terre et à la facilité avec laquelle nous voyons tout ce qui existe à sa surface. Elle est, en effet, si rapprochée de nous, qu'après les

Fig. 94. — Premier quartier.
(Image renversée.)

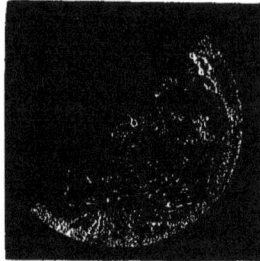

distances célestes auxquelles nous avons dû nous familiariser dans les chapitres précédents, l'éloignement qui nous en sépare n'est qu'une bagatelle. Même pour ceux dont la pensée n'a pas visité les régions ultraterrestres, le chemin d'ici à la Lune n'est pas bien long. Les navigateurs au long cours qui ont fait quatre ou cinq fois le tour du globe ont parcouru une pareille distance, car, pour faire le tour du globe, les irrégularités de la route donnent bien le double de la circonférence géométrique. De l'orbite lunaire un corps qui se laisserait tomber arriverait ici en 4 jours 19 heures 55 mi-

Fig. 95. — Dernier quartier.
(Image renversée.)

nutes. Pour aller d'ici à la Lune on mettrait un peu plus de temps; mais si on avait en main la vitesse de la vapeur, on y arriverait en six mois. A sa distance minimum, elle n'est qu'à 28 fois et demie la largeur de la Terre, ou 362 000 kilomètres environ. On voit que c'est une quantité presque négligeable.

C'est cette proximité sans doute qui a causé la grande réputation de l'astre lunaire parmi nous. Aucun astre, sans excepter le Soleil,

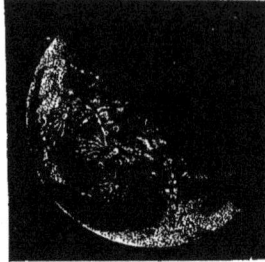

n'eut jamais pareille influence. Le monde entier fut accessible aux influences lunaires, les hommes comme les animaux, les plantes comme les minéraux. J'ai dit plus haut que les opinions astrologiques fournies à l'égard de cet astre étaient des plus singulières. Il faut que je me donne le plaisir de vous en citer quelques-unes ; elles sont vraiment trop curieuses pour être passées sous silence. Choisissons donc deux ou trois bons astrologues savants sur la Lune, et interrogeons-les. Voici d'abord l'action générale du satellite sur la Terre.

Corneille Agrippa, fameux géomancien, s'exprime ainsi [1] :

La lune s'appelle Phœbé, Diane, Lucine, Proserpine, Hécate, qui règle les mois, demi-formée ; qui éclaire les nuits, errante, sans parole, à deux cornes, conservatrice, coureuse de nuit, porte-cornes, la souveraine des divinitez, la reine du ciel, la reine des mânes, qui domine sur tous les éléments, à laquelle répondent les astres, reviennent les temps et obéissent les éléments ; à la discrétion de laquelle soufflent les foudres, germent les semences, croissent les germes ; mère primordiale des fruits, sœur de Phœbus, luisante et brillante, transportant la lumière d'une des planètes à une autre, éclairant par sa lumière toutes les divinités, arrêtan divers commerces des étoiles, distribuant des lumières incertaine à cause des rencontres du Soleil, reine d'une grande beauté, maî tresse des plages et des vents, donatrice des richesses, nourrice de hommes, la gouvernante de tous les États ; bonne et miséricor dieuse ; protégeant les hommes par mer et par terre ; modérant le revers de la fortune ; dispensant avec le destin, nourrissant tout c qui sort de terre, courant par divers bois, arrêtant les insultes de phantômes, tenant les cloîtres de la terre fermés, les hauteurs d ciel lumineuses, les courants salutaires de la mer, et gouvernant sa volonté le déplorable silence des enfers ; réglant le monde, fou lant aux pieds le Tartare, faisant trembler les oiseaux qui vole au ciel, les bêtes sauvages dans les montagnes, les serpents cach sous la terre et les poissons dans la mer. » Ouf ! Quelle cac phonie.... Pauvre Lune !

1. *Philosophie occulte.* Voir les *Curiosités des sciences occultes*, par le biblioph Jacob.

Selon La Martinière : « Cette planète lunaire est humide de soy;
mais, par l'irradiation du Soleil, est de divers tempéraments;

Fig. 96. — Aspect général de la Lune.

comme en son premier quadrat elle est chaude et humide, auquel
temps il fait bon saigner les sanguins; en son second, elle est
chaude et sèche, auquel temps il fait bon saigner les colériques;

en son troisième quadrat, elle est froide et humide, auquel temps
on peut saigner les flegmatiques; et en son quatrième elle est
froide et sèche, auquel temps il est bon de saigner les mélanco-
liques.... C'est une chose entièrement nécessaire à ceux qui se
meslent de la médecine, de connoistre le mouvement de cette planète pour bien discerner les causes des maladies. Et comme souvent la Lune se conjoint avec Saturne, on lui attribue les apo-
plexies, paralysies, épilepsies, jaunisses, hydropisies, léthargies,
catapories, catalepsies, catarrhes, convulsions, tremblements de
membres, distillations catarrhales, pesanteurs de tête, séronnelles,
imbécillité d'estomach, flux diarriques et lientériques, rétentions,
et généralement toutes maladies causées d'humeurs froides. J'ai
remarqué que cette planète a une si grande puissance sur les créatures, que les enfants qui naissent depuis le premier quartier de la
Lune déclinant, sont plus maladifs : tellement que les enfants qui
naissent lorsqu'il n'y a plus de Lune, s'ils vivent sont faibles, maladifs et languissants, ou sont de peu d'esprit ou idiots. Ceux qui sont
nés sous la maison de la Lune, qui est le Cancer, sont d'un tempérament flegmatique. » De pareils horoscopes sont véritablement
terribles, quand on y songe !

La Lune domine, d'après Ètteilla, « sur les comédiens, les joueurs
de gibecière, les bouchers, les chandeliers et ciriers, les cordiers,
les limonadiers, les cabaretiers, les paulmiers, donneurs à jouer de
toute nature, le maître des hautes œuvres, les ménageries d'animaux, et, dans son contraste, sur les joueurs de profession, les
espions, les escrocs, les femmes de débauche, les filoux, les ban-
queroutiers, les faux monnoyeurs, et les petites-maisons : c'est-à-
dire que la Lune domine sur tous ceux qui sont de métier à travailler la nuit, par état, jusqu'au soleil levant, ou à vendre des
denrées pour la nuit; et dans le contraste, elle domine sur tout ce
qu'on auroit honte de commettre en plein jour, au vu de ceux qui
ont des mœurs. Ainsi chaque lecteur, en lisant, doit se rendre facilement compte sous quelle domination il est, etc. Il est bon de
noter que la Lune domine aussi sur tous les petits négociants qui
ne tirent que des ports de la nation ou de la main des accapareurs,
sur les usuriers, les courtiers, les maquignons, les rats du Palais,

hommes sans charges rongeant les clients, et mettant, par leurs
astuces, les honnêtes gens dans le péril de perdre. » — Ainsi, qui
l'eût cru? c'est la Lune qui est cause de toutes ces misères.

Mais les êtres intelligents et les êtres animés n'étaient pas seuls
soumis à ces pernicieuses influences : toute la nature terrestre,
jusqu'aux végétaux et aux minéraux, était sous leur empire :

« Les concombres s'augmentent aux pleines lunes, ainsi que les
raves, les navets, porreaux, lis, raiforts, safran, etc.; mais les
oignons, au contraire, sont beaucoup plus gros et mieux nourris
sur le déclinement et vieillesse de la Lune que sur son croisse-
ment, jeunesse et plénitude... ce qui est cause que les Égyptiens
s'abstenaient d'oignons, à cause de leur antipathie avec la Lune....
Les herbes cueillies pendant que la Lune croîtra, de grande effica-
cité.... Si on taille de nuit les vignes pendant que la Lune logera
dans le signe du Lyon, Sagittaire, Scorpion ou Taureau, on les
sauvera des rats champestres, taulpes, limaçons, mouches et
aultres.... Pline assure que les aulx semez ou transplantez la Lune
estant soubz terre, et cueillis le jour qu'elle sera nouvelle, n'auront
aucune mauvaise odeur, et ne rendront l'aleine de ceux qui en
auront ni puante ni malplaisante. »

Voilà, j'espère, un choix de merveilleuses conjectures astrologiques. Toutes ces ténèbres se sont évanouies à la lumière de
l'astronomie moderne.

Et pourtant il y a encore aujourd'hui des bonnes gens qui s'imaginent que la Lune influe sur les arbres, sur le bois coupé, sur le
vin « qu'il ne faut pas mettre en bouteille au dernier quartier »,
sur la coupe des cheveux, et sur cent autres choses aussi étrangères à la Lune que Pharamond.

IV

CONSTITUTION PHYSIQUE DE LA LUNE

Je salue ta froide et vaporeuse lumière, ô pâle
pèlerin du ciel troublé, je te salue à travers
la brume qui t'inonde et qui donne à ton front
son teint sombre! Comment ton œil pur et
paisible peut-il assister sans trouble à nos
scènes d'en bas, et comment un regard sans
larmes peut-il envoyer sa lumière sur un
monde de guerre et de douleur?

WATLER SCOTT, *Rokeby.*

Il y a, en effet, un grand contraste, non seulement apparent,
mais réel, entre la sereine tranquillité du disque lunaire et les
grands mouvements qui s'opèrent sans cesse à la surface de notre
monde. En approchant de la Lune, on ne remarque aucune des
causes physiques qui font de la Terre un vaste laboratoire où mille
éléments se combattent ou s'unissent. Point de ces tempêtes tumultueuses qui fondent parfois sur nos plaines inondées, point de ces
ouragans qui descendent en trombe s'engloutir dans la profondeur
des mers! Nul vent ne souffle, aucun nuage ne s'élève dans le
ciel. On n'y voit pas ces traînées blanches de vapeurs nuageuses,
ni ces amoncellements plombés de lourdes cohortes : jamais la
pluie n'y tombe, jamais la neige, ni la grêle, ni aucun des phénomènes météorologiques, ne s'y manifestent. Nul globe céleste n'est
plus serein ni plus pur.

Mais aussi on n'y voit pas non plus ces teintes magnifiques qui
colorent notre ciel de l'aurore ou du crépuscule; on n'y voit pas
ces rayonnements de l'atmosphère embrasée; si les vents et les

tempêtes ne soufflent jamais, il en est de même de la brise embaumée
des coteaux boisés et des prairies en fleurs. Dans ce royaume
d'immobilité souveraine, le plus léger zéphir ne vient jamais
caresser la tête des collines; le ciel reste éternellement endormi
dans un calme incomparablement plus complet que celui de nos
chaudes journées où pas une feuille ne s'agite dans les airs.

C'est qu'à la surface de ce monde étrange il n'y a pas d'atmosphère, ou, du moins, extrêmement peu. De cette privation résulte
un système essentiellement différent de l'organisation vitale terrestre. En premier lieu, l'absence d'air implique par là même
l'absence d'eau et de tout liquide, car l'eau et les liquides
ne peuvent exister que sous la pression atmosphérique; si l'on
enlève cette pression, ils s'évaporent et laissent leur lit à sec.
Ainsi, par exemple, si vous placez un vase rempli d'eau sous le
récipient d'une machine pneumatique, et que, pompant l'air qui
se trouve dans ce récipient, vous y fassiez le vide, vous verrez
bientôt l'eau qui s'y trouve bouillir, quand même on gèlerait du
froid le plus rigoureux dans l'endroit où vous faites l'expérience,
puis l'ébullition dégager des vapeurs et enfin l'eau s'évaporer. Or,
supposez qu'en une certaine période de son existence passée la
Lune ait eu, comme la Terre, des mers et des fleuves, et qu'à
l'aide d'un appareil quelconque on ait soutiré tout l'air qui l'environnait, ses mers et ses fleuves se seraient mis à bouillir et à
s'évaporer; en continuant l'opération assez longtemps, on aurait
mis la Lune complètement à sec. C'est quelque chose de ce genre
qui lui est arrivé. Depuis l'époque lointaine de sa formation à
l'état fluide, elle a perdu tous ses liquides et toutes ses vapeurs,
et aujourd'hui même une linotte pourrait sans doute mourir de soif
au milieu des mers lunaires.

Ces mers n'ont pas une goutte d'eau. Ce sont là, dira-t-on, de
singulières mers. Et, en effet, nul ne soutiendra que leur dénomination soit logique. Mais, nous l'avons vu, on les a nommées à
une époque où l'on ne connaissait pas encore suffisamment la
nature lunaire pour deviner qu'elle existe sans atmosphère et
sans eau. De l'absence d'air résulte un autre fait bien curieux :
c'est l'absence de ciel. A la surface de la Lune, lorsqu'on lève

les yeux au ciel, on n'en voit point. Une immensité sans profondeur se laisse traverser par la vue, sans l'arrêter sur aucune
espèce de forme, et de jour comme de nuit on voit les étoiles, les
planètes, les comètes et tous les astres de notre univers. Le soleil
passe devant eux sans les effacer, comme il le fait pour nous. Non

Fig. 97. — Une montagne lunaire. Le mont Copernic.

seulement on ne jouit plus de cette diversité perpétuelle que les
mouvements des météores engendrent sur notre monde, mais on
n'y contemple même plus cette voûte azurée qui couronne la
Terre d'un dôme si magnifique. Un abîme noir, et perpétuellement
noir, s'étend dans l'espace.

Tandis qu'en haut règne l'obscurité, en bas règne le silence.
Jamais le moindre bruit ne s'y fait entendre. Ni le soupir du vent

dans les bois, ni le bruissement du feuillage, ni le chant de l'alouette matinale ou l'harmonieuse cadence du rossignol, n'éveillent les échos éternellement muets de ce monde. Nulle voix, nulle parole n'a jamais troublé la solitude immense qui l'ensevelit. Là règne en souverain l'immobile silence.

De hautes montagnes escarpées déchirent sa surface. Çà et là, on voit des crêtes dénudées s'élever vers le ciel, des rochers blancs entassés comme les ruines de quelque révolution disparue, des crevasses traverser le sol comme sur les terres desséchées par les longs jours d'été. Ce qui rend le spectacle plus étrange, c'est que, l'absence de vapeurs entraînant l'absence de perspective aussi bien que l'absence de toute teinte, on ne voit que du blanc et du noir, selon que les objets sont au soleil ou à l'ombre, se succéder jusqu'à l'horizon sans perdre leur éclat ni la netteté de leurs contours.

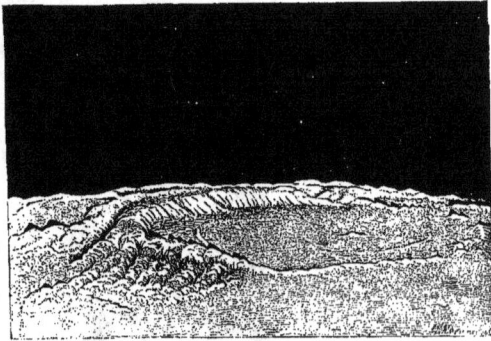

Fig. 98. — Cratère enseveli sur les rives de l'Océan des Tempêtes.

Dans le voisinage du pôle austral, c'est-à-dire du bas de la Lune vue à l'œil nu, on trouve les plus hautes montagnes du satellite : Dœrfel, dont le sommet atteint 7 600 mètres de hauteur au-dessus du niveau de la plaine avoisinante; Casatus et Curtius, de 6 956 à 6 769 mètres; Newton, de 7 264 mètres de profondeur : ce mot *profondeur* peut surprendre à juste titre lorsqu'il s'agit de l'élévation d'une montagne; c'est, en effet, un si singulier monde que la Lune, que ses montagnes peuvent se mesurer aussi bien comme profondeur que comme hauteur. Voilà un paradoxe difficile à comprendre, n'est-ce pas? — Mais non; les montagnes de la Lune ne sont pas comme celles de la Terre : elles sont creuses. Lorsqu'on arrive au sommet, on trouve un anneau, dont l'intérieur descend souvent fort au-dessous de la plaine avoisinante ; de sorte que si l'on ne veut pas faire le tour des talus, qui mesurent parfois jusqu'à 500 kilomètres (Ptolémée) et même jusqu'à 680 kilomètres de circonférence (comme le cirque de Clavius), on est obligé de descendre cinq, six ou sept mille mètres, de traverser le fond du cratère, et ensuite de remonter à la partie opposée de l'anneau pour revenir enfin dans la plaine.

Le dessin du mont Copernic (fig. 97) montre le type d'une montagne lunaire, telle que nous les voyons au télescope. La figure 98 montre un cratère plein de sable, fort curieux. Nous verrons aussi plus loin (fig. 99) un paysage lunaire, relevé en perspective, comme si nous étions transportés à la surface de la Lune.

Parmi les montagnes annulaires, on peut citer celle d'Aristillus située dans la mer des Pluies, non loin du Caucase, entre les marais des Brouillards et de la Putréfaction. C'est un fait curieux de savoir que la surface de l'hémisphère lunaire a été connue avant la surface de notre propre terre, et que l'on avait pu mesurer la hauteur de ses montagnes avant d'avoir pu le faire de la plupart des nôtres. Le volcan d'Aristillus, en particulier, fut l'un des premiers et des mieux connus. Il se compose d'un cratère d'environ 40 kilomètres de diamètre, du milieu duquel s'élèvent deux cônes, dont le plus élevé atteint à peu près 900 mètres de hauteur : le tout est environné d'un rempart circulaire dont le plus haut sommet est de 3 300 mètres. Lorsqu'on examine le fond du cratère avec une forte lunette et dans des circonstances favorables, on y remarque une foule d'aspérités qui semblent indiquer des laves durcies et des blocs de rochers entassés. De cette montagne, prise pour centre, partent cinq ou six lignes de ramifications rocheuses dirigées vers l'est et vers le sud. Ce sont ces ramifications qui donnent lieu au rayonnement d'Aristillus. Elles sont garnies d'une énorme quantité d'aiguilles ou de colonnes basaltiques qui s'élèvent de leurs sommets et les font ressembler de loin à cette multitude de clochetons que l'on voit sur quelques cathédrales gothiques. Le fragment de la chaîne des Apennins lunaires représenté dans la figure 100 donne une idée exacte de l'aspect de ces régions vues dans un puissant télescope.

On a réussi, depuis quelques années surtout, à obtenir de magnifiques photographies de la surface lunaire. Nous reproduisons ici l'un des clichés de l'Observatoire de Paris, qui montre bien ces cirques si curieux et cette topographie d'aspect volcanique. Dans cette photographie (directe et sans retouche) le grand cirque qui occupe la moitié supérieure du dessin est le cirque de Ptolémée ; celui qui lui est adjacent au-dessous, petit et très noir dans sa partie non éclairée, est Herschel ; celui que l'on remarque en bas, plus grand et moins profond, est Flammarion. Le premier mesure 160 kilomètres de diamètre, le second 39 kilomètres (et 2 880 mètres de profondeur), le troisième 90 kilomètres. Les plus petits objets bien reconnaissables sur ces photographies ont 1 500 mètres de diamètre [1].

La Lune serait certainement fort inhospitalière pour nous. Le sens de la parole comme le sens de l'ouïe ne sauraient y jouer aucun rôle, et par conséquent ne sauraient y exister. A la privation de ces deux sens, peut-être faudrait-il encore joindre une infériorité dans les jouissances que la vue nous procure, attendu que partout où le regard s'abaisse, il ne rencontre que des montagnes blanches escarpées et stériles, que des crêtes sourcilleuses et dénudées. Ses campagnes solitaires et desséchées donnent raison à Alfred de Musset :

> Va, Lune moribonde,
> Le beau corps de Phœbé
>   La blonde
> Dans la mer est tombé.

> Tu n'en es que la face,
> Et, déjà tout ridé,
>   S'efface
> Ton front dépossédé.

Cette figure me rappelle ce que disait Fontenelle à propos des changements survenus à la surface de cet astre, causés non par

---

[1]. Nous ne pouvons entrer ici dans aucun détail. Voir notre *Astronomie populaire*, les *Terres du Ciel*, le Bulletin de la Société Astronomique de France, nos *Annuaires Astronomiques* de chaque année, etc.

des mouvements vitaux comme ceux qui régissent la nature terrestre, mais par de simples éboulements de terrain. « Tout est en branle perpétuel, dit-il, il n'y a pas jusqu'à une certaine demoiselle que l'on a vue dans la Lune avec des lunettes, il y a peut-être quarante ans, qui ne soit considérablement vieillie. Elle avait un assez beau visage ; ses joues se sont enfoncées, son nez s'est allongé, son front et son menton se sont avancés ; de sorte que tous ses agréments se sont évanouis, et que l'on craint même pour ses jours.

« — Que me comptez-vous là ? interrompt la marquise.

« — Ce n'est point une plaisanterie, reprend l'auteur. On apercevait dans la Lune une figure particulière qui avait l'air d'une tête de femme qui sortait d'entre les rochers, et il est arrivé des changements dans cet endroit-là. Il est tombé quelques morceaux de montagnes, et ils ont laissé à découvert trois points qui ne peuvent plus servir qu'à composer un front, un nez et un menton de vieille. »

Le visage dont parle l'ingénieux écrivain existe un peu, il est vrai, en un certain paysage lunaire, mais les changements, même causés par de simples éboulements, sont extrêmement rares. Cependant, comme je l'ai exposé dans un autre ouvrage plus spécial, il est hautement probable qu'un changement s'est produit récemment dans la mer de la Sérénité, à la région nommée *Linné*. Au commencement du siècle, on crut observer parfois des volcans en ignition, mais on a reconnu depuis que très probablement ce que l'on avait pris pour des volcans n'est autre chose que la crête blanche de certaines montagnes, dont la forme ou la structure sont plus favorablement agencées pour réfléchir la lumière. Malgré ces rares apparences de mouvement dans le sol lunaire, on peut toujours dire que, muet et silencieux, il roule dans le ciel comme un astre délaissé. Pourquoi cette destinée triste et solitaire ? pourquoi cette privation de mouvement et de vie ? C'est la question que lui posait le poète anglais Shelley :

Es-tu pâle de lassitude,
Fatiguée d'escalader les cieux et de contempler la terre ;
Errant sans compagnon
Parmi les astres de familles différentes,
Et toujours changeante, comme un œil sans gaieté
Qui ne trouve aucun objet digne de sa fidélité ?

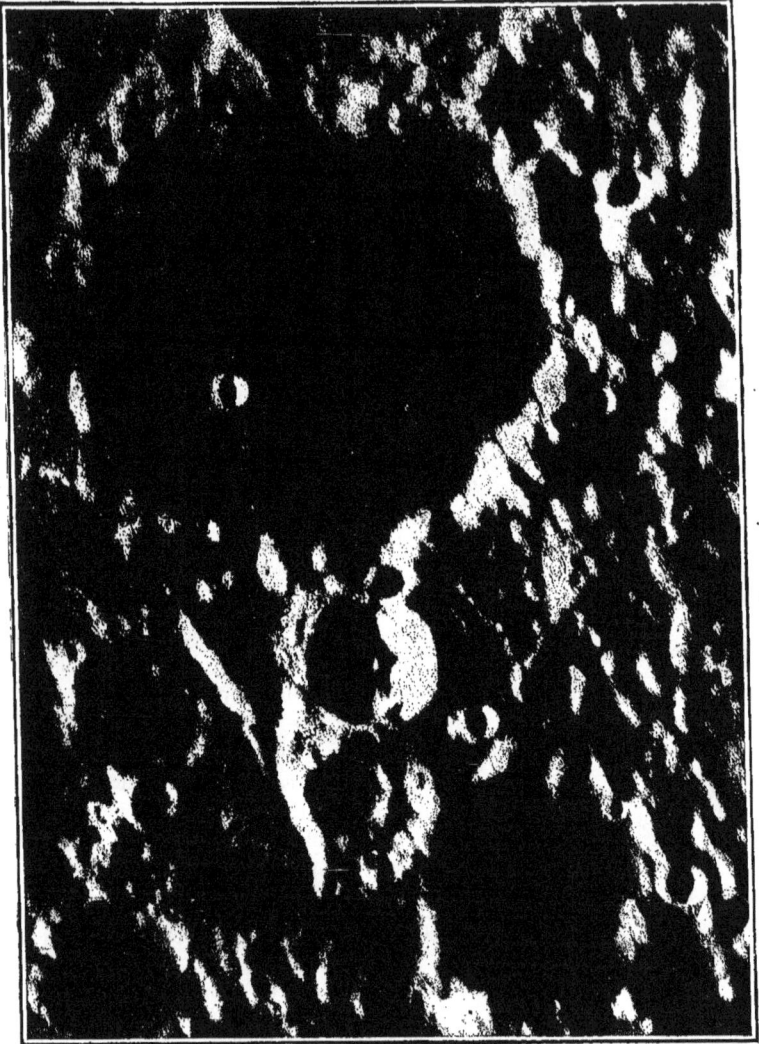

Fig. 99. — LES CIRQUES LUNAIRES DE PTOLÉMÉE, HERSCHEL, FLAMMARION.
Photographie directe faite à l'Observatoire de Paris.

Maintenant que je vous ai exposé comment la Lune est un monde inhospitalier, pauvre et déshérité des dons de la nature, il faut que je revienne sur mes pas et que j'arrive à vous montrer en lui un monde magnifique, digne de toute notre admiration et de toute notre estime. Ce n'est pas que je veuille contredire mes paroles précédentes, à Dieu ne plaise! mais, pour ne pas laisser une mauvaise impression à l'égard de notre fidèle amie, je veux rappeler que la Nature, lors même qu'elle paraît disgracier quelques-unes de ses œuvres à certains points de vue, les favorise sous d'autres aspects de richesses très désirables.

Pour un astronome, la Lune serait un magnifique observatoire. Pendant le jour on peut observer les étoiles en plein midi et reconnaître ainsi sans effort qu'elles demeurent éternellement dans le ciel. Chez nous, au contraire, parmi les anciens, on en voit un grand nombre qui s'imaginaient qu'elles s'allumaient le soir pour s'éteindre le matin. Si donc on fait des études astronomiques sur la Lune, le Soleil n'est pas un tyran qui vient dominer le ciel dans sa souveraineté absolue, il laisse paisiblement les étoiles trôner avec lui dans l'espace; et les études commencées pendant la nuit peuvent être sans difficulté poursuivies pendant le jour jusqu'à la nuit suivante. Sur notre satellite, les nuits sont de 15 fois 24 heures, et les jours de la même durée; mais il y a une différence essentielle à remarquer entre les nuits de l'hémisphère lunaire qui nous regarde et celles de l'hémisphère que nous ne voyons pas.

Vous n'avez pas été sans remarquer, en effet, que la Lune nous présente toujours la même face. Depuis le commencement du monde, elle ne nous a jamais montré que ce côté-là. Nous lisons dans Plutarque, qui écrivait il y a près de deux mille ans, diverses conjectures relatives à cette face de la Lune éternellement tournée vers nous. Les uns disaient que c'était un grand miroir, bien poli et excellent, qui nous renvoyait de loin l'image de la Terre; les parties sombres représentaient l'Océan et les mers; les parties brillantes représentaient les continents. D'autres croyaient que les taches étaient des forêts où quelques-uns plaçaient les chasses de Diane, et que les parties plus brillantes étaient les pays en plaine.

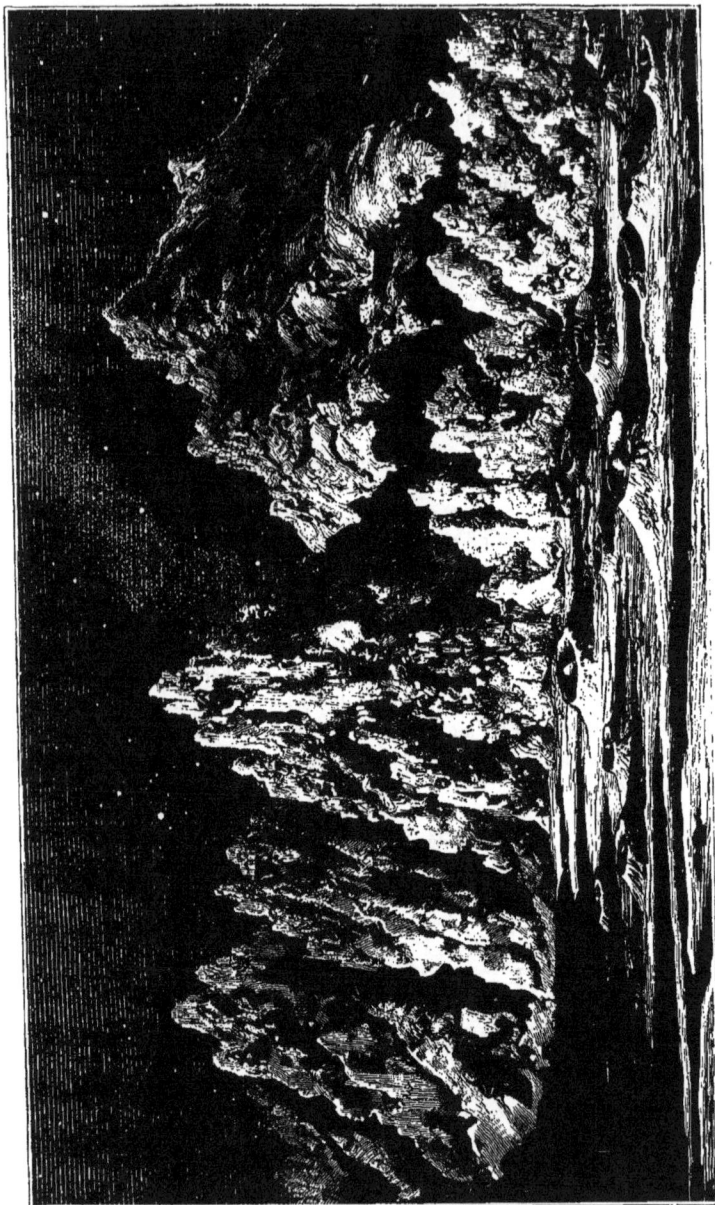

Fig. 100. — Vue prise dans la chaîne des Apennins lunaires.

18

D'autres voyaient encore en elle une terre céleste très légère, assez semblable à notre vif-argent ; ils disaient que ses habitants devaient prendre en pitié la Terre qui se trouve au-dessous d'eux et qui n'est qu'un amas de boue. D'autres encore, et leur opinion singulière fut très répandue, ajoutaient que les êtres qui la peuplaient étaient quinze fois plus grands que ceux de notre monde, et qu'à côté des arbres lunaires nos chênes n'étaient que de petits buissons. Tout cela pour expliquer la nature de la face lunaire éternellement tournée vers nous.

Or, si nous ne voyons jamais qu'un côté de la Lune, réciproquement il n'y a jamais qu'un côté de cet astre qui nous voit, de sorte que la moitié de la Lune a une lune qui est notre Terre, et que l'autre moitié en est privée. S'il y a des habitants sur l'hémisphère qui nous est opposé, ils ne se doutent pas de ce que c'est qu'un astre préposé à l'illumination des nuits, et ils doivent s'étonner lorsque le récit des voyageurs leur rapporte l'existence de notre Terre dans le ciel. Pour peu que les voyageurs de là-bas ressemblent à ceux d'ici, quels contes ne doit-on pas débiter à notre propos ! Mais aussi, combien la Terre est utile aux nuits lunaires, et comme nous sommes beaux... de loin ! Représentez-vous treize lunes comme celle qui nous éclaire, ou, pour parler plus exactement, une lune treize fois plus étendue en surface, et vous aurez une idée du spectacle de la Terre vue de la Lune. Tantôt elle n'offre qu'un croissant effilé, quelques jours après la nouvelle Terre ; tantôt elle offre un premier quartier ; tantôt elle resplendit dans un disque plein répandant à grands flots sa lumière argentée. Ce qu'il y a de mieux, c'est qu'elle s'allume précisément le soir, qu'elle brille de son plus vif éclat, de son disque plein précisément à minuit, et qu'elle s'éteint le matin, au moment où l'on compte 15 fois 24 heures chez nos voisins les Sélénites. Aussi combien les habitants sont-ils plus fondés que nous de croire que la Terre a été créée et mise au monde tout exprès pour eux et que nous ne sommes que leurs très humbles serviteurs !

Sous certains aspects, la Lune paraît donc mieux favorisée que la Terre. Cependant, comme importance planétaire, elle

Fig. 101. — La Terre dans le ciel, telle qu'on la voit de la Lune.

ne mesure guère que le quart du diamètre de la Terre : 3 476 kilomètres ; sa surface mesure 38 millions de kilomètres carrés, c'est-à-dire à peu près la treizième partie de la surface terrestre ; son volume est le quarante-neuvième du volume du globe terrestre. Cela n'empêche probablement pas que ses habitants (si elle en a) ne se croient supérieurs à nous et ne nous croient leurs domestiques plutôt que leurs maîtres, car on sait que, généralement, les gens ont d'autant plus de vanité qu'ils sont plus petits....

Les habitants de l'hémisphère invisible ont les plus belles nuits qui soient au monde, et ceux qui vivent sur l'hémisphère visible l'une des plus belles lunes qu'on ait jamais vues. Tout au plus les habitants des premières lunes de Jupiter et de Saturne pourraient-ils leur revendiquer la supériorité de leurs planètes réciproques. Jamais aucun nuage, jamais aucune tempête, ne viennent troubler ces nuits longues et silencieuses ; le calme profond, la paix inaltérable habitent en ces lieux. De plus, tandis que nous ne connaissons qu'une partie de leur monde, le nôtre, tournant en vingt-quatre heures sur lui-même, se dévoile entièrement à eux, de sorte qu'avec de bons yeux ou à l'aide d'instruments d'optique ils peuvent contempler de là-bas notre terre roulant sur leurs têtes et leur présentant tour à tour les diverses contrées de notre séjour. Là, le nouveau monde qu'ensanglantent de cruelles batailles [1] ; plus loin, les îles ténébreuses où l'on sacrifie des têtes humaines au serpent Vaudoux ; ici, la Russie étouffant la Pologne, et à gauche, un petit point verdoyant où trente-huit millions de Français cherchent enfin sérieusement à se passer de maître et à se gouverner eux-mêmes.

Mais ce petit monde aux longs jours et aux longues nuits, dont l'atmosphère ne peut être que très raréfiée, et à la surface

---

1. Cette ligne était écrite en 1865. La guerre d'Amérique est terminée, après avoir couché dans la mort près d'un million de combattants et dépensé pour cela vingt-huit milliards.

Je ne puis m'empêcher d'ajouter, en relisant ce livre pour l'édition de 1872, que ces dernières années n'ont pas été faites pour donner une meilleure idée de l'humanité. Il suffit d'un criminel comme Bismarck ou de Moltke pour déchaîner toutes les mauvaises passions et abrutir l'Europe pendant un demi-siècle. (Note de la 4ᵉ édition, 1872.)

duquel l'eau n'existe sans doute plus qu'en infiniment petite
quantité, ce petit globe lunaire, dis-je, peut-il être habité? Les
observations les plus minutieuses n'y constatent point, comme
sur Mars et sur Jupiter, des variations incessantes, et, au contraire, laissent l'impression d'un monde mort, immobile, désert,
silencieux. En réalité, comme les plus puissants instruments ne
rapprochent encore la Lune qu'à une centaine de kilomètres, c'est
encore trop loin pour bien discerner les détails, et nous ne pouvons rien affirmer ni pour, ni contre son habitation. Peut-être est-
elle peuplée d'êtres vivant dans ses bas-fonds, ses grottes et ses
cavernes, organisés
tout autrement que
les habitants de la
Terre.

Lorsque nous con-
templons la Lune
pensive dans la sé-
rénité des nuits, nous
espérons que ses peu-
ples et ceux des au-
tres mondes sont
plus unis que notre
famille. Oui, lumière
bien-aimée des nuits

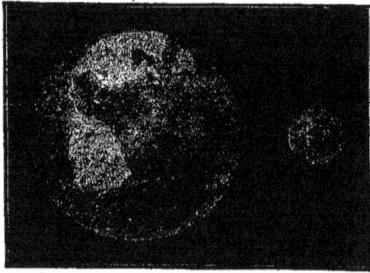

Fig. 102. — Dimensions comparées de la Terre
et de la Lune.

solitaires, nous pensons que la nature t'a donné quelque compensation pour les choses dont elle t'a privée, et que les richesses
inconnues de ton séjour surprendraient étrangement ceux qui pour
toi s'évaderaient de notre monde. Nous avons vu que tu manques
d'air et que tu n'as pas une goutte d'eau pour étancher ta soif; mais
cela n'empêche pas que nous revenions à notre ancienne sympathie pour ta beauté. Si tu n'as pas les éléments qui nous convien-
nent, si l'eau et la terre, l'air et le feu ne résident pas dans ton
sein, ta nature est différente, et tu n'es pas moins complète dans
ta création. Reste dans le ciel de nos rêveries, renouvelle ces
phases qui font nos mois, verse la rosée de lumière dans l'air
limpide ; le voyageur aimera toujours te choisir pour guide aux

heures nocturnes dans les sentiers de la mer ou des campagnes
désertes.

> T'aimera le pilote
> Dans son grand bâtiment
>   Qui flotte
> Sous le clair firmament.

> T'aimera le vieux pâtre
> Seul, tandis qu'à ton front
>   D'albâtre
> Ses dogues aboieront.

> Et, toujours rajeunie,
> Tu seras des passants
>   Bénie,
> Pleine lune ou croissant.

V

LES ÉCLIPSES

Autrefois, les éclipses étaient regardées
comme des phénomènes surnaturels. Aujourd'hui, la prédiction des éclipses n'est
qu'une affaire de calcul.

NEWTON.

Dans la circonférence qu'elle décrit autour de la Terre, la Lune passe tous les quinze jours entre le Soleil et nous — c'est l'époque de la nouvelle Lune, — et tous les quinze jours à l'opposé du Soleil (la Terre se trouvant entre elle et lui) — c'est l'époque de la pleine Lune. Or il arrive parfois qu'elle passe justement devant le Soleil, au lieu de passer un peu au-dessus ou un peu au-dessous, comme dans la majorité des cas. Lorsque ce passage arrive, la lumière de l'astre radieux se trouve naturellement arrêtée, en partie ou tout à fait, selon que le disque lunaire nous cache une partie ou la totalité du disque solaire. Il y a alors *éclipse de Soleil*, partielle ou totale. Ainsi, quand elle passe devant la Terre, dans la direction du Soleil, cet astre est éclipsé par elle.

A l'opposé, il arrive aussi que la Lune, passant derrière la Terre, arrive juste dans l'ombre qui reste toujours derrière elle, comme derrière tout objet éclairé. Lorsqu'elle se trouve dans cette ombre, elle ne reçoit plus la lumière du Soleil, et comme elle ne brille que par cet éclairement, elle perd son éclat. Son disque plein voit complètement s'évanouir sa lumière, s'il se trouve entièrement compris dans le cône d'ombre de la Terre; il reste moitié éclairé si, passant au bord du cône, il n'y entre que d'une moitié. C'est en ces circonstances qu'il y a *éclipse de Lune*, totale ou partielle.

Ainsi, rien n'est si simple qu'une éclipse. Lorsque vous avez devant vous une lampe au globe radieux, si vous passez la main devant vos yeux, vous interceptez momentanément la lumière qui vous éclaire; il y a pour vous éclipse de la lampe par votre main. C'est le même fait qui se produit lorsqu'il y a pour la Terre éclipse de Soleil par la Lune. Si maintenant vous vous retournez, laissant alors la lampe derrière vous, et que vous passiez de nouveau votre main éclairée devant votre visage, cette main se trouvera momentanément dans l'ombre. C'est ici l'image de l'éclipse de Lune passant dans l'ombre de la Terre.

Si le mouvement de la Lune s'opérait justement dans un plan dont le prolongement passât par le Soleil, il y aurait éclipse de Soleil à toutes les nouvelles lunes, et éclipse de Lune à toutes les pleines lunes. Mais le cercle dans lequel elle se meut est un peu penché sur ce plan, et oscille de part et d'autre, de sorte que les éclipses sont très variables dans leur nombre et dans leur grandeur. Cependant, cette variété a ses limites. Il ne peut y avoir moins de deux éclipses par an, ni plus de sept. Lorsqu'il n'y en a que deux, ce sont des éclipses de Soleil. — Ces phénomènes reviennent à peu près dans le même ordre au bout de dix-huit ans et dix jours : période connue chez les Grecs sous le nom de Cycle de Méton, et dont les Chinois eux-mêmes se servaient il y a plus de trois mille ans pour la prédiction de leurs éclipses.

Quelque simple que soit la cause de ce phénomène, aujourd'hui qu'on la connaît — et les causes connues sont toujours si simples qu'on se demande comment on ne les a pas devinées plus tôt, — quelque facile que cette explication paraisse à trouver, longtemps l'humanité s'étonna de l'absence passagère de la lumière du Soleil pendant le jour; longtemps elle se sentit pleine de crainte et d'inquiétude devant cette merveille inexpliquée. La lumière du jour s'affaiblissait rapidement, et arrivait à disparaître soudain sans que le ciel fût obscurci d'aucun nuage, les ténèbres succédant à cette lumière, les étoiles s'allumant dans le ciel, la nature entière paraissant surprise et consternée : la réunion de ces événements

insolites est plus que suffisante pour expliquer la terreur momen-
tanée dont les hommes et les peuples se sont laissé emparer en ces
instants solennels. En raison de la rapi-
dité du mouvement de la Lune, jamais
l'éclipse totale du Soleil ne dure plus de
six minutes; mais cette faible durée est
suffisante pour permettre à mille sentiments de se succéder dans l'esprit craintif.
La disparition de la lumière de la Lune
causa parfois elle-même de grands troubles
chez les esprits peu avancés : combien à
plus forte raison la disparition de celle de
l'astre du jour peut-elle faire naître d'in-
quiétudes et de craintes !

L'histoire est pleine des exemples de
l'effroi causé par les éclipses et des dan-
gers que produisent l'ignorance et la superstition. Nicias avait résolu de quitter
la Sicile avec son armée : effrayé par
une éclipse de Lune et voulant tem-
poriser plusieurs jours, pour s'assurer
si l'astre n'avait rien perdu après cet
événement, il manqua ainsi l'occasion
de la retraite : son armée fut détruite,
Nicias périt, et ce malheur commença la
ruine d'Athènes.

Souvent on a vu des hommes adroits
tirer parti de la frayeur du peuple pendant
les éclipses, soit de Soleil, soit de Lune,
pour l'amener à leurs desseins. Christophe
Colomb, réduit à faire subsister ses soldats des dons volontaires d'une nation
sauvage et indigente, était prêt à voir
manquer cette ressource et à périr de

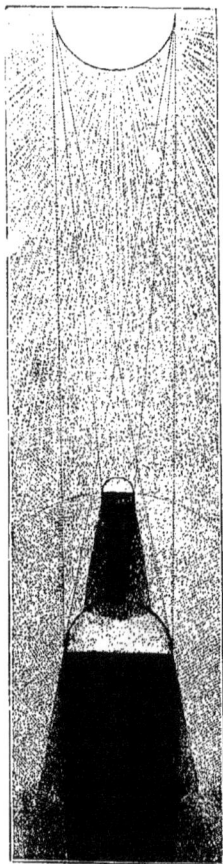

Fig. 103. — Éclipses de
Soleil et de Lune.

faim : il annonce qu'il va priver le monde de la lumière de la
Lune. L'éclipse commence, et la terreur s'empare des Indiens,

qui reviennent apporter aux pieds de Colomb les tributs accou-
tumés.

Drusus apaisa une sédition dans son armée en prédisant une
éclipse de Lune; et, selon Tite Live, Sulpicius Gallus, dans la
guerre de Paul Émile contre Persée, usa du même stratagème.
Périclès, Agathocle, roi de Syracuse, Dion, roi de Sicile, ont failli
être victimes de l'ignorance de leurs soldats. Alexandre, près
d'Arbelles, est réduit à user de toute son adresse pour calmer la
terreur qu'une éclipse avait jetée parmi ses troupes. C'est ainsi
que les hommes supérieurs, plutôt que de plier sous les circonstances qui les maîtrisent, mettent leur art à les faire tourner à
leur profit.

Combien de fables établies d'après l'opinion que les éclipses sont
l'effet du courroux céleste, qui se venge des iniquités de l'homme
en le privant de la lumière! Tantôt Diane va trouver Endymion
dans les montagnes de Carie; tantôt les magiciennes de Thessalie
font descendre la Lune sur les herbes qu'elles destinent aux
enchantements. Ici c'est un dragon qui dévore l'astre et qu'on
cherche à épouvanter par des cris; là, Dieu tient le soleil enfermé
dans un tuyau, et nous ôte ou nous rend la vue de cet astre avec un
volet,... etc. Le progrès des sciences a fait reconnaître le ridicule
de ces opinions et de ces craintes, depuis qu'on a vu qu'il était
possible de calculer par les tables astronomiques et de prévoir
longtemps d'avance l'instant où la colère du ciel devait éclater.
Cependant, lors de l'éclipse totale de 1706, l'épouvante a encore
causé des revers dans l'armée de Louis XIV, près de Barcelone,
et la devise de ce monarque : *Nec pluribus impar*, a prêté aux
allusions injurieuses!

Les voyageurs rencontrent encore souvent aujourd'hui des
usages manifestant ces impressions et ces paniques. Ainsi, par
exemple, on peut voir dans *le Tour du Monde* de 1879, le récit du
Dr Harmand, visitant le Laos et l'Indo-Chine, et surpris pendant
la nuit du 1er mars 1877, par un épouvantable vacarme de cris et
de coups de fusil : c'étaient les indigènes qui pendant une éclipse
de Lune tiraient sur l'astre des nuits pour le délivrer du Dragon
noir. Le dessin de la page 285 rappelle cet épisode; nous n'y

remarquons pas le cercle de l'ombre de la Terre sur la lune, qui est beaucoup trop petit.

J.-B. Biot nous donne, dans ses *Études sur l'astronomie indienne et chinoise*, de fort curieux détails sur les rites qui présidaient, et qui président encore, à la réception des éclipses dans le Céleste Empire.

L'empereur est considéré comme le fils du ciel, et, à ce titre, son gouvernement doit offrir l'image de l'ordre immuable qui régit les mouvements célestes. Quand les deux grands luminaires, le Soleil et la Lune, au lieu de suivre des routes séparées, viennent à se croiser dans leur cours, la régularité de l'ordre du ciel

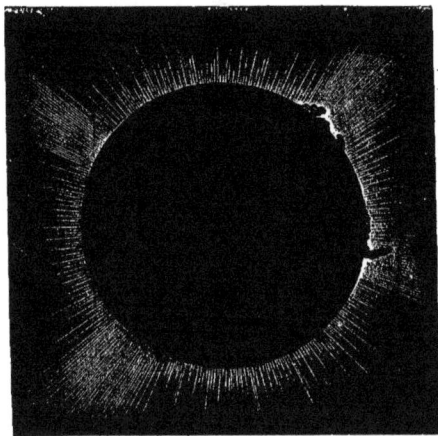

Fig. 104. — L'Éclipse totale de Soleil du 18 juillet 1860.

semble dérangée ; et cette perturbation doit avoir sa cause dans les désordres du gouvernement de l'empereur. Une éclipse de Soleil paraissait donc un avertissement donné par le ciel à l'empereur d'améliorer son gouvernement.

Lorsque ce phénomène avait été annoncé d'avance par l'astronome en titre, l'empereur et les grands de sa cour s'y préparaient par le jeûne, et en revêtant des habits de la plus grande simplicité. Au jour marqué, les mandarins se rendaient au palais avec l'arc et la flèche. Quand l'éclipse commençait, l'empereur lui-même battait

sur le tambour du tonnerre le roulement du prodige, pour donner
l'alarme ; et, en même temps, les mandarins décochaient leurs
flèches vers le ciel *pour secourir l'astre éclipsé*. Gauhil mentionne
ces particularités d'après les anciens livres des rites, et les principales sont énoncées dans le *Tchéou-li*. D'après cela, on peut se
figurer le mécontentement que devait causer une éclipse de Soleil
qui ne se réalisait pas après avoir été prédite, et pareillement celle
qui apparaissait tout à coup sans avoir été prévue. Dans le premier cas, tout le cérémonial se trouvait avoir été inutilement préparé ; et les efforts désespérés qui, par suite du manque de préparatifs, se faisaient dans le second cas, produisaient inévitablement
une scène de désordre compromettante pour la majesté impériale.
De telles erreurs, pourtant si faciles, mettaient les pauvres astronomes en danger de perdre leurs biens, leur charge, leur honneur,
quelquefois leur vie. En l'an 2136 avant notre ère, sous le règne
de l'empereur Tchoug-Kang, les directeurs du Bureau astronomique, Hi et Ho, furent condamnés à mort pour ne pas avoir
prédit l'éclipse de Soleil de cette année-là. Par suite d'une dis-
grâce pareille, arrivée en l'an 721 de notre ère, l'empereur
Hiouen-Tseng fit venir à sa cour un bonze chinois appelé Y-Hang,
renommé pour ses connaissances en astronomie. Après s'y être
montré effectivement fort habile, il eut le malheur d'annoncer
d'avance deux éclipses de Soleil, qu'on ordonna d'observer dans
tout l'empire. Mais on ne vit, ces jours-là, nulle part aucune trace
d'éclipse, quoique le ciel se montrât presque partout serein. Pour
se disculper, il publia un écrit dans lequel il prétendit que son
calcul était juste, mais que le ciel avait changé les règles de ses
mouvements, sans doute en considération des hautes vertus de
l'empereur. Grâce à sa réputation, d'ailleurs méritée, peut-être
aussi à ses flatteries, on lui pardonna.

Les mêmes idées sur l'importance et la signification des éclipses
de Lune et de Soleil, qui existaient chez les Chinois il y a plus de
quatre mille ans et subsistent encore aujourd'hui, sont aussi fortes,
et elles engendrent les mêmes exigences, devenues seulement
moins périlleuses pour les astronomes, puisque ces phénomènes
sont maintenant prévus plusieurs années d'avance, avec une certi-

Fig. 105. — Une éclipse de Lune dans le Laos, en 1877,

tude mathématique, dans les grandes éphémérides d'Europe et d'Amérique, qu'ils peuvent aisément se procurer.

M. Stanislas Julien a trouvé dans le *Recueil des lois de Chine* la description complète des cérémonies prescrites et pratiquées encore aujourd'hui à cette occasion. En voici un spécimen :

« Toutes les fois qu'il arrive une éclipse de Soleil, on attache des pièces de soie à la porte du ministère des rites appelée *I-men* : et dans la grande salle on place une table pour brûler des parfums du haut de la tour appelée *Lou-thaï* (tour de la Rosée). La garde impériale place vingt-quatre tambours des deux côtés, à l'intérieur de la porte *I-men* : le *Kiao-fang-see* place les musiciens au bas de la tour *Louthoï*. Il place chaque magistrat au bout de cette tour, à l'endroit où ils doivent s'incliner pour saluer. Tous sont tournés du côté du Soleil ; quand le président de l'astronomie a annoncé que le Soleil commence à être entamé, tous les magistrats, en habit de cour, se rangent et se tiennent debout. A un signal donné, ils se mettent à genoux, et alors la musique commence à se faire entendre.

« Chaque magistrat fait trois prosternations et neuf révérences, après quoi la musique s'arrête. Quand les magistrats du tribunal des rites ont fini d'offrir des parfums, tous les autres s'agenouillent. Le Kiao-Kouan s'avance avec un tambour et la baguette du tambour ; ensuite il frappe le tambour pour *délivrer le Soleil*. Le président du ministère des rites frappe trois coups de tambour, et alors on frappe tous les tambours ensemble. Quand le président du bureau des longitudes a annoncé que l'astre a recouvré sa forme arrondie, les tambours s'arrêtent. Chaque magistrat s'agenouille trois fois et frappe neuf fois la terre de son front. La musique recommence ; enfin, les cérémonies finies, la musique s'arrête. Puis tous les magistrats se retirent chacun de leur côté.

« Quand la Lune est éclipsée, on se réunit dans le bureau des *Taë-tch'ang* (présidents des cérémonies) et l'on observe les mêmes rites pour délivrer l'astre. »

Actuellement encore, l'astronomie, et même l'astrologie, régissent en Chine tous les usages officiels. Ainsi, par exemple, le jeune empereur de Chine devait se marier au printemps de 1872. Les astronomes ayant déclaré que la configuration des planètes n'était pas favorable, le mariage a été remis à l'automne de la même année.

Pendant l'éclipse du 15 mars 1877, les Turcs avaient fait une véritable émeute, malgré leurs préparatifs de guerre avec la Russie, et tiraient des coups de fusil au Soleil pour le délivrer des serres du dragon. Les journaux illustrés ont même représenté d'après nature cette scène, fort curieuse pour notre époque.

En France et dans les pays de progrès, il n'en est pas ainsi : on

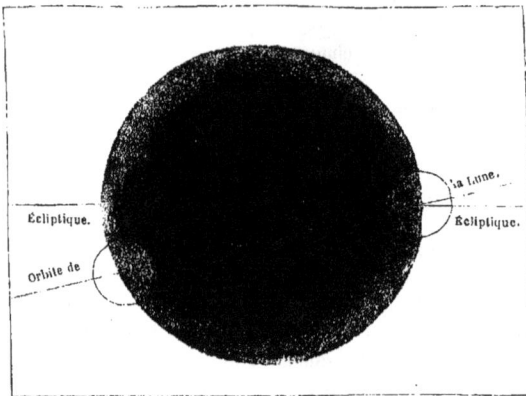

Fig. 106. — Éclipse totale de Lune.

ne redoute plus l'arrivée des éclipses, on ne craint plus qu'une éternelle nuit s'étende sur la Terre. On sait que ce sont là des faits naturels, étudiés et connus comme tant d'autres, résultant de mouvements étudiés et déterminés d'avance. Dès lors, elles perdent entièrement leur caractère surnaturel et rentrent dans l'ordre purement physique. On prédit aujourd'hui les éclipses de Soleil et de Lune de la même manière qu'on retrouve par le calcul des éclipses passées et qu'on assigne ainsi plus rigoureusement certaines dates à l'histoire. La marche de l'ombre de la Lune à la surface du globe est déterminée et tracée d'avance sur les cartes. Notre figure 107 donne une idée exacte de cette marche : elle représente l'éclipse totale de Soleil du 18 juillet 1860, qui a commencé au lever du Soleil, sur les États-Unis, a traversé l'Océan Atlantique et est passée sur l'Espagne, l'Algérie et la Tunisie. Elle a été très forte à Paris (85 centièmes).

Pas une éclipse de Soleil ne sera totale en France d'ici à la fin du siècle; mais on en aura une très belle dans le midi de la France le 28 mai 1900, dernière année de ce siècle. Elle sera totale en Espagne et en Algérie. Du reste, pour peu que nos inventions de vapeur et d'électricité continuent et que d'autres leur viennent en aide, la Terre ne sera bientôt plus qu'un seul pays, et l'on voyagera d'ici à Pékin comme on allait au siècle dernier de Paris à Saint-Cloud.

Il y a fort longtemps que nous n'avons eu en France de belle éclipse, pas plus, d'ailleurs, que de belle comète. La plus prochaine grande éclipse de Soleil visible à Paris n'arrivera qu'en 1912 : encore ne sera-t-elle pas tout à fait totale. Nous n'en aurons pas de *totale* visible en France avant l'an 2026. La dernière est arrivée en 1842 : elle a été totale pour le Midi de la France.

En disant que les éclipses de Soleil et de Lune ne sont plus un objet de terreur pour nous, je ne veux pas dire qu'elles ne nous causent plus aucune impression. Non, les impressions soudaines causées par le spectacle des phénomènes les plus rares de la nature sont indépendantes de notre réflexion, et l'absence subite de la lumière solaire au milieu de la journée cause à tous les êtres une émotion dont ils ne peuvent s'affranchir. La relation de l'effet produit par les éclipses sur l'homme et même sur les animaux est trop intéressante pour que je ne vous l'offre pas en conclusion de ce chapitre. Je choisirai pour rapporteur un témoin oculaire de l'éclipse totale de juillet 1842, dont le talent de narrateur est trop bien connu pour qu'on en fasse l'éloge : c'est François Arago lui-même qui va nous communiquer ses impressions, enrichies encore d'autres témoignages auxquels il attribue une assez haute valeur pour les réunir aux siens.

Riccioli rapporte qu'au moment de l'éclipse totale de 1415 on vit, en Bohême, des oiseaux tomber morts de frayeur. La même chose

est rapportée de l'éclipse de 1560. « Les oiseaux, chose merveilleuse
(disent les témoins oculaires), saisis d'horreur, tombaient à terre. »

En 1706, à Montpellier, disent les observateurs, les chauves-
souris voltigeaient comme à l'entrée de la nuit. Les poules, les
pigeons coururent précipitamment se renfermer. Les petits oiseaux
qui chantaient dans les cages se turent et mirent la tête sous l'aile.

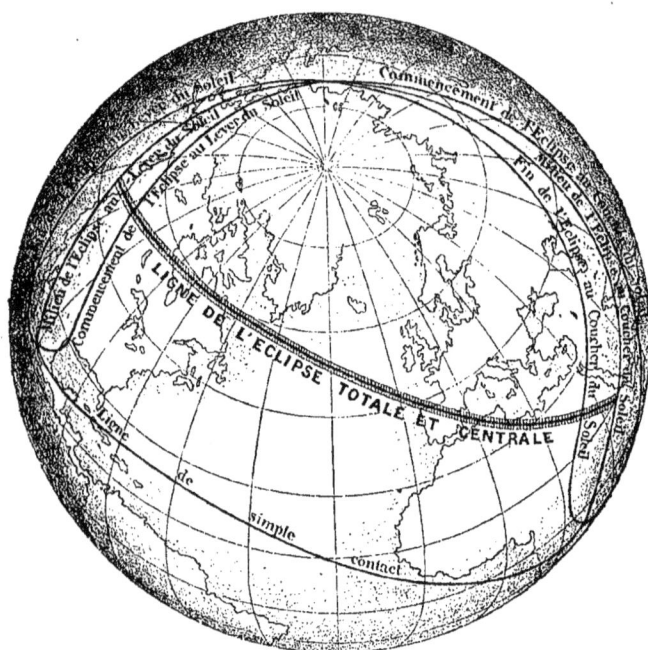

Fig. 107. — Tracé d'une éclipse totale de Soleil.

Les bêtes qui étaient au labour s'arrêtèrent. La frayeur produite
chez les bêtes de somme par le passage subit du jour à la nuit est
constatée aussi dans le mémoire de Liouville relatif à l'éclipse de
1715. « Les chevaux, y est-il dit, qui labouraient ou marchaient
sur les grandes routes, se couchèrent; ils refusèrent d'avancer. »

Fontenelle rapporte qu'en l'année 1654, sur la simple annonce
d'une éclipse totale, une multitude d'habitants de Paris allèrent se
cacher au fond des caves.

Grâce au progrès des sciences, l'éclipse totale de 1842 a trouvé le public dans des dispositions bien différentes de celles qu'il avait manifestées en 1654. Une vive et légitime curiosité avait remplacé des craintes puériles.

Les populations des plus pauvres villages des Pyrénées et des Alpes se transportèrent en masse sur les points culminants d'où le phénomène devait être le mieux aperçu; elles ne doutaient pas, sauf quelques rares exceptions, que l'éclipse n'eût été exactement annoncée; elles la rangeaient parmi les événements naturels, réguliers, calculables, dont le bon sens commandait de ne point s'inquiéter.

A Perpignan, les personnes gravement malades étaient seules restées dans leurs chambres. La population couvrait dès le grand matin les terrasses, les remparts de la ville, tous les monticules extérieurs d'où l'on pouvait espérer voir le lever du Soleil. A la citadelle, les astronomes du Bureau des longitudes avaient sous les yeux, outre des groupes nombreux de citoyens établis sur les glacis, les soldats qui, dans une vaste cour, allaient être passés en revue.

L'heure du commencement de l'éclipse approchait. Près de vingt mille personnes, des verres enfumés à la main, examinaient le globe radieux se projetant sur un ciel d'azur. « A peine, armés de nos fortes lunettes, dit Arago, commencions-nous à apercevoir la petite échancrure du bord occidental du Soleil, qu'un cri immense, mélangé de vingt mille cris différents, vint nous avertir que nous avions devancé seulement de quelques secondes l'observation faite à l'œil nu par vingt mille astronomes improvisés dont c'était le coup d'essai. Une vive curiosité, l'émulation, le désir de ne pas être prévenu, semblaient avoir eu le privilège de donner à la vue naturelle une pénétration, une puissance inusitées.

« Entre ce moment et ceux qui précédèrent de très peu la disparition totale de l'astre, nous ne remarquâmes dans la contenance de tant de spectateurs rien qui mérite d'être rapporté. Mais lorsque le Soleil, réduit à un étroit filet, commença à ne plus jeter sur notre horizon qu'une lumière plus affaiblie, une sorte d'inquiétude s'empara de tout le monde; chacun sentit le besoin de communi-

quer ses impressions à ceux dont il était entouré : de là un mugis-
sement sourd, semblable à celui d'une mer lointaine après la tempête. La rumeur devenait de plus en plus forte à mesure que le
croissant solaire s'affaiblissait. Le croissant disparut enfin ; les
ténèbres succédèrent subitement à la clarté, et un silence absolu
marqua cette phase de l'éclipse, tout aussi nettement que l'avait
fait la pendule de notre horloge astronomique. Le phénomène,
dans sa magnificence, venait de triompher de la pétulance de la
jeunesse, de la légèreté que certains hommes prennent pour un
signe de supériorité, de l'indifférence bruyante dont les soldats font
ordinairement profession. Un calme profond régna dans l'air ; les
oiseaux ne chantaient plus.

« Après une attente solennelle d'environ deux minutes, des
transports de joie, des applaudissements frénétiques, saluèrent
avec le même accord, la même spontanéité, la réapparition des
premiers rayons solaires. Au recueillement mélancolique produit
par des sentiments indéfinissables venait de succéder une satisfaction vive et franche, dont personne ne songeait à contenir, à
modérer les élans. Pour la majorité du public, le phénomène était
à son terme. Les autres phases de l'éclipse n'eurent guère de spectateurs attentifs, en dehors des personnes vouées aux études de
l'astronomie.

« Ceux-là mêmes qui, au moment de la disparition subite du
Soleil, s'étaient montrés le plus vivement émus, s'égayèrent le
lendemain, et ce me semble outre mesure, au récit des frayeurs
que bon nombre de campagnards avaient éprouvées, et dont, au
reste, ils ne cherchaient pas à faire mystère. Pour moi, je trouvai
tout naturel que des hommes illettrés, à qui personne n'avait dit
qu'une éclipse devait avoir lieu, eussent montré une grande inquiétude en voyant les ténèbres succéder si brusquement à la lumière.
Qu'on ne s'y trompe point, l'idée d'une convulsion de la nature,
l'idée que le moment de la fin du monde venait d'arriver, n'est pas
ce qui bouleversa le plus généralement ces hommes incultes et
neufs. Lorsque je les questionnais sur la cause réelle de leur
désespoir, ils me répondaient sur-le-champ : « Le ciel était serein,
« et cependant la clarté du jour diminuait, et les objets s'assom-

« brissaient, et tout à coup nous nous trouvâmes dans les ténèbres :
« nous crûmes être devenus aveugles. »

Un pauvre enfant de la commune des Sièges gardait un troupeau. Ignorant complètement l'événement qui se préparait, il voit avec inquiétude le Soleil s'obscurcir par degrés, car aucun nuage, aucune vapeur ne lui donnait l'explication de ce phénomène. Lorsque la lumière disparut tout à coup, le pauvre enfant, au comble de la frayeur, se mit à pleurer et à appeler : *Au secours!...* Ses larmes coulaient encore lorsque le Soleil donna ses premiers rayons. Rassuré à cet aspect, l'enfant leva les bras en s'écriant : *O beou souleou!* (O beau soleil!)

Un habitant de Perpignan priva, à dessein, son chien de nourriture à partir de la veille. Le lendemain matin, au moment où l'éclipse totale devait avoir lieu, il jeta un morceau de pain au pauvre animal, qui commençait à le dévorer, lorsque les derniers rayons du Soleil disparurent. Aussitôt le chien laissa tomber le pain ; il ne le reprit qu'au bout de deux minutes, après la fin de l'obscurité totale, et le mangea alors avec une grande avidité.

Un autre chien se réfugia entre les jambes de son maître au moment où le Soleil s'éclipsa.

Dans une campagne, des poules, au moment de l'éclipse totale, abandonnèrent subitement le millet qu'on venait de leur donner et se réfugièrent dans une étable. Ailleurs, se trouvant loin de toute habitation, elles allèrent se grouper sous le ventre d'un cheval. Une poule entourée de poussins s'empressa de les appeler et de les couvrir de ses ailes.

Des canards qui nageaient dans une mare ne se dirigèrent pas, au moment de la disparition du Soleil, vers la métairie assez éloignée d'où ils étaient sortis deux heures auparavant; ils se massèrent et se blottirent dans un coin.

A la Tour, chef-lieu de canton dans les Pyrénées-Orientales, un habitant avait trois linottes. Le 8 juillet, de grand matin, en suspendant à la fenêtre de son salon la cage qui renfermait les trois petits oiseaux, il remarqua qu'ils paraissaient très bien portants; après l'éclipse, un d'entre eux était mort. Faut-il croire que la linotte se tua en heurtant avec force, dans un moment de frayeur, les barreaux de sa cage. Quelques faits observés ailleurs rendent cette supposition probable.

Enfin, il n'est pas jusqu'aux insectes qui n'aient ressenti une pareille impression. Un observateur de Perpignan raconte qu'il était assis devant un petit sentier, tracé par des fourmis que le hasard lui fit rencontrer. Elles travaillaient avec leur vivacité accoutumée; toutefois, à mesure que le jour diminuait, leur marche se ralentissait; elles paraissaient éprouver de l'hésitation. A l'instant où le Soleil disparut entièrement, les fourmis s'arrêtèrent, mais sans abandonner les fardeaux qu'elles traînaient. Leur immobilité cessa dès que la lumière eut repris une certaine force, et bientôt elles se remirent en route.

Des chauves-souris, croyant la nuit venue, quittèrent leurs retraites; un hibou, sorti d'une tour de Saint-Pierre, traversa en volant la place du Peyrou; les hirondelles disparurent; les poules rentrèrent; des bœufs qui paissaient librement se rangèrent en cercle, adossés les uns aux autres, les cornes en avant comme pour résister à une attaque.

Des observateurs de Crémone assurent qu'il tomba à terre une immense quantité d'oiseaux. Un autre observateur, qui était sous un arbre près de Lodi, remarqua que les oiseaux cessèrent de chanter au moment de l'obscurité, mais aucun d'eux ne tomba.

· Dans la relation que mon savant ami l'abbé Zantedeschi adressa de Venise à Arago, on lit qu'au moment de l'obscurité totale « des oiseaux voulant s'enfuir et n'y voyant pas, allèrent se heurter contre les cheminées des maisons ou contre les murs, et qu'étourdis du coup ils tombèrent sur les toits, dans les rues ou dans les lagunes. Parmi les oiseaux qui éprouvèrent de ces accidents on peut citer des hirondelles et un pigeon. Des hirondelles furent prises dans les rues, l'épouvante qui les avait saisies leur ayant à peine laissé la faculté de voleter (svolazzare). »

Des abeilles qui avaient quitté leurs ruches en grand nombre au lever du soleil, y rentrèrent même avant le moment de l'éclipse totale, et attendirent, pour en sortir de nouveau, que l'astre éclipsé eût repris tout son éclat.

Ces relations donnent une idée suffisante de l'effet produit par des phénomènes insolites sur les facultés de l'homme et des animaux. La nécessité de l'ordre est si profondément attachée à notre conception de la création, qu'une apparence de trouble nous jette hors de notre sécurité normale et nous remplit de crainte.

Les résultats scientifiques des observations d'éclipses ont surtout porté sur l'élucidation du grand problème de la constitution physique du Soleil. Nous en avons parlé au chapitre relatif à cet astre. Les dernières grandes éclipses totales ont été très précieuses pour la science.

ASPECT PHILOSOPHIQUE

DE LA CRÉATION

I

PLURALITÉ DES MONDES HABITÉS

> Mais à ce cercle étroit de la terre où nous sommes
> Garde-toi de borner tant de bienfaits divers,
> Et de ne voir en toi que le Seigneur des hommes,
> Quand tu créas mille univers.
>
> POPE, *Universal Prayer.*

Les vérités astronomiques qui viennent de faire l'objet de nos conversations manifestent sans doute la haute valeur de l'esprit humain, qui s'est élevé jusqu'à elles, et qui, scrutant les lois organisatrices de l'univers, est parvenu à déterminer les causes qui président à l'harmonie du monde et à sa perpétuité. Sans doute, il est beau pour l'homme, cet atome spirituel habitant d'un atome matériel, d'avoir pénétré les mystères de la création et de s'être élevé à la connaissance de ces sublimes grandeurs dont la seule contemplation nous atterre et nous anéantit. Mais si l'univers ne restait pour l'homme qu'un grand mécanisme matériel mû par les forces physiques, si la nature n'était à ses yeux qu'un gigantesque laboratoire où les éléments s'associeraient aveuglément sous les formes fortuites les plus variées ; en un mot, si cette admirable et magnifique science du ciel bornait éternellement les efforts de l'esprit humain à la géométrie des corps célestes, la science n'atteindrait pas son but véritable, et elle s'arrêterait au moment de recueillir le fruit de ses immenses travaux. Elle resterait souverainement incomplète si l'univers n'était jamais pour elle qu'un assemblage de corps inertes flottant dans l'espace sous l'action des forces matérielles.

Le philosophe doit aller plus loin. Il ne doit pas se borner à voir sous une forme plus ou moins distincte le grand corps de la nature ; mais, étendant la main, il doit sentir sous l'enveloppe matérielle le cœur qui bat, et, pénétrant à travers l'organisme, il doit deviner la vie qui circule à grands flots. L'empire de Dieu n'est pas l'empire de la mort : c'est l'empire de la vie.

Nous habitons sur un monde qui ne fait point exception parmi les astres et qui n'a pas reçu le moindre privilège. Il est le troisième des corps célestes qui circulent autour du Soleil et l'un des plus petits d'entre eux ; sans sortir de notre système, d'autres planètes sont beaucoup plus importantes que lui : Jupiter, par exemple, est 1 200 fois plus volumineux, et Saturne 700 fois. Tandis qu'il nous paraît le plus important de l'univers, il est en réalité perdu dans l'immensité des mondes qui peuplent le ciel, et la création tout entière ne se doute même pas de son existence. Des planètes de notre propre système, il n'y en a que quatre d'où la Terre soit bien visible : ce sont Mercure, Vénus, Mars et Jupiter ; encore, pour ce dernier, notre planète est-elle la plupart du temps invisible dans l'auréole solaire. Or, tandis que notre petit globe est ainsi perdu parmi des mondes plus importants que lui, d'autres mondes sont dans les mêmes conditions d'habitabilité que les nôtres, et parfois en de meilleures. Sur ces planètes comme sur la nôtre, les rayons générateurs du même Soleil versent la chaleur et la lumière, à des degrés divers ; sur elles comme ici, les années, les mois et les jours se succèdent, entraînant à leur suite la marche des saisons qui, de période en période, entretiennent les conditions de l'existence ; sur elles comme ici, une atmosphère transparente enveloppe d'un climat protecteur la surface habitée, donne naissance aux mouvements météoriques, et développe ces beautés ravissantes qui célèbrent l'aurore des jours et le crépuscule des nuits. Sur elles comme ici, des nuées vaporeuses s'élèvent de l'Océan, et, sous différentes formes, versent la fertilité aux campagnes altérées. Ce grand mouvement de vie qui circule sur la Terre n'est pas confiné à notre petite planète : les mêmes causes développent là-bas les mêmes effets ; et sur beaucoup d'entre ces mondes étrangers, loin de remarquer une privation des richesses dont la Terre est revêtue, on observe une abondance de biens dont notre séjour ne possède que les prémices. A côté de certains astres, la Terre est un monde inférieur sous des rapports essentiels, depuis les conditions de stabilité géologique, qui nous sont fort mal assurées par l'état d'incandescence du sphéroïde terrestre dont la surface n'est qu'une mince pellicule, jusqu'à la déplorable météorologie qui trouble notre atmosphère et jusqu'aux lois fatales qui régissent la vie sur cette terre, où la Mort règne en souveraine.

Si, d'un côté, les autres mondes ont des conditions d'habitabilité tout aussi puissantes — si ce n'est davantage — que les conditions terrestres, d'un autre côté, la Terre, envisagée en elle-même, nous paraît semblable à une coupe trop pleine d'où la vie déborde de toutes parts. En notre seul séjour, nous avons l'infini dans la vie. Il semble que créer soit si nécessaire à l'ordre de la nature, que le plus petit espace de matière réunissant les conditions suffisantes ne reste pas sans servir de demeure à des êtres vivants. Tandis que le télescope ouvrait dans les cieux de nouveaux champs à la création, le microscope ouvrait au-dessous du visible le champ de la vie invisible, et montrait que, non contente de répandre la vie partout où il y a matière pour la recevoir, depuis les époques primitives où ce globe sortait à peine de son berceau brûlant jusqu'à nos jours, la nature entasse encore l'existence au détriment de l'existence elle-même. Les feuilles des plantes sont des prairies de troupeaux microscopiques dont certaines espèces, quoique invisibles à l'œil nu, sont de véritables éléphants à côté d'autres êtres dont la petitesse extrême n'a pas interdit un système admirable d'organisation pour l'entretien de leur vie éphémère. Les animaux eux-mêmes servent de séjour à des races de parasites qui, à leur tour, sont elles-mêmes la demeure de parasites plus petits encore. Sous un autre aspect, l'infinité de la vie offre un caractère corrélatif dans sa diversité. La force est si énergique, que nul élément ne semble capable de lutter avec avantage contre la vie, tendant à se répandre en tous lieux, et qu'aucune cause ne peut interdire son action. Depuis les hautes régions de l'air, où les vents charrient des germes, jusque dans les profondeurs océaniques où l'on subit la pression de plusieurs centaines d'atmosphères, où la nuit la plus complète étend son éternelle souveraineté; depuis les climats brûlants de la ligne équatoriale et les sources chaudes des terrains volcaniques, jusqu'aux régions glacées du pôle, jusqu'aux mers solides du cercle polaire, la Vie a étendu son empire comme un réseau immense, enveloppant notre planète entière, se jouant de tous les obstacles et comblant les abîmes, afin qu'il n'y eût au monde aucun district qui pût se prétendre en dehors de son absolue souveraineté.

C'est par des études établies sur cette double considération, l'insignifiance de la Terre dans la création sidérale, et l'abondance de la vie à sa surface, que l'on a pu s'élever aux premiers principes véritables sur lesquels la démonstration de l'habitation — actuelle, passée ou future — des astres devait être fondée. Pendant longtemps, l'homme put se borner à l'étude des phénomènes, pendant longtemps même il dut s'astreindre à l'observation directe et unique des apparences physiques, afin que la science acquît la précision rigoureuse qui constitue sa valeur. Mais, aujourd'hui, ce vestibule de la vérité peut être franchi, et la pensée, traversant la matière, peut et doit atteindre la notion des choses intellectuelles. Dans le sein de ces mondes lointains, elle sent la vie universelle plonger ses racines immenses; à leur surface, elle voit cette vie s'épanouir et l'intelligence y établir son trône.

Fondées sur la base astronomique, seule fondation possible, les recherches faites dans le domaine des sciences physiques, depuis la mécanique céleste jusqu'à la biologie, et dans celui des sciences philosophiques, depuis l'ontologie jusqu'à la morale, ont permis d'élever au rang d'une doctrine l'idée antique de la pluralité des mondes. L'évidence de cette vérité s'est révélée aux yeux de tous ceux qui se sont impartialement et librement adonnés à l'étude de la nature. Il n'entre pas dans le cadre de ces dernières pages des *Merveilles célestes* de nous étendre longuement sur cet aspect phi-

losophique de la création; mais si je considère cet aspect comme
la conclusion logique des études astronomiques, je dois au moins
à mes lecteurs de leur offrir comme une modeste péroraison des
causeries qu'ils ont bien voulu suivre jusqu'ici les principaux
résultats auxquels nous sommes arrivés sur cette grande et belle
question de l'existence de la vie à la surface des astres.

Voici d'abord une première considération, établie sur le caractère astronomique des Mondes et sur leur histoire :

« Que le lecteur suive la marche philosophique de l'astronomie
moderne, il reconnaîtra que, du moment où le mouvement de la
Terre et le volume du Soleil furent connus, les astronomes et les
philosophes trouvèrent étrange qu'un astre aussi magnifique fût
uniquement employé à éclairer et à échauffer un petit monde
imperceptible, rangé en compagnie d'un grand nombre d'autres
sous sa domination suprême. L'absurdité d'une telle opinion fut
plus éclatante encore, lorsqu'on trouva que Vénus est une planète
de mêmes dimensions que la Terre, avec des montagnes et des
plaines, des saisons et des années, des jours et des nuits analogues
aux nôtres; on étendit cette analogie à la conclusion suivante, que,
semblables par leur conformation, ces deux mondes l'étaient aussi
par leur rôle dans l'univers; si Vénus était sans population, la
Terre devait l'être également; et réciproquement, si la Terre était
peuplée, Vénus devait l'être aussi. Mais lorsque ensuite on observa
les mondes gigantesques de Jupiter et de Saturne, entourés de
leurs splendides cortèges, on fut invinciblement conduit à refuser
des êtres vivants aux petites planètes précédentes, si l'on n'en
dotait celles-ci, et par contre à donner à Jupiter et à Saturne des
êtres bien supérieurs à ceux de Vénus et de la Terre. Et, en
effet, n'est-il pas évident que l'absurdité de l'immobilité de la Terre
s'est perpétuée, mille fois plus extravagante, dans cette causalité
finale mal entendue dont la prétention est de placer notre globe
au premier rang des corps célestes? n'est-il pas évident que ce
monde est jeté sans aucune distinction dans l'amas planétaire, et
qu'il n'est pas mieux établi que les autres pour être le siège exclusif
de la vie et de l'intelligence?... Combien peu fondé est le sentiment
qui nous anime lorsque nous pensons que l'univers aurait été créé

pour nous, pauvres minuscules perdus sur un petit globe, et que si
nous disparaissions de la scène, ce vaste univers serait décoloré,
comme un assemblage de corps inertes et privés de lumière! Si
demain nul de nous ne se réveillait, et si la nuit qui, dans une
période diurne, fait le tour du monde, scellait pour l'éternité les
paupières closes des êtres vivants, croit-on que désormais le Soleil
n'enverrait plus ses rayons et sa chaleur, et que les forces de la
nature cesseraient leur mouvement éternel? Non : ces Mondes
lointains que nous venons de passer en revue continueraient le
cycle de leur existence, bercés sur les forces permanentes de la
gravitation, et baignés dans l'auréole lumineuse que l'astre du
jour engendre autour de son brillant foyer. La Terre que nous
habitons n'est qu'un des plus petits astres groupés autour de ce
foyer, et son degré d'habitation n'a rien qui la distingue parmi ses
compagnons... Éloignez-vous un instant par la pensée, lecteur, en
un lieu de l'espace d'où l'on puisse embrasser l'ensemble du système
solaire, et supposez que la planète où vous avez reçu le jour vous
soit inconnue. Soyez bien convaincu que, pour vous livrer librement
à l'étude présente, vous ne devez plus considérer la Terre comme
votre patrie ni la préférer aux autres séjours, et contemplez maintenant sans prévention et d'un œil ultra-terrestre les Mondes planétaires qui circulent autour du foyer de la vie! Si vous soupçonnez
les phénomènes de l'existence, si vous imaginez que certaines planètes sont habitées, si l'on vient vous apprendre que la vie a fait
choix de certains Mondes pour y déposer les germes de ses productions, songerez-vous, de bonne foi, à peupler ce globe infime de la
Terre avant d'avoir établi dans les mondes supérieurs les merveilles
de la création vivante? Ou si vous formez le dessein de vous fixer
sur un astre d'où l'on puisse embrasser la splendeur des cieux et
sur lequel on puisse jouir des bienfaits d'une nature riche et féconde,
choisirez-vous pour séjour cette terre chétive qui est éclipsée par
tant de sphères resplendissantes?... Pour toute réponse, et c'est la
moindre comme la plus rigoureuse conclusion que nous puissions
tirer des considérations précédentes, nous établissons, avec l'autorité du fait, que « la Terre n'a aucune prééminence marquée dans
le système solaire de manière à être seul monde habité, et que,

astronomiquement parlant, les autres planètes sont disposées aussi bien qu'elle au séjour de la vie ».

Une seconde considération, fondée sur la diversité des êtres qui respirent à la surface du globe terrestre, sur la puissance infinie de la nature, qu'aucun obstacle n'a jamais arrêtée, et sur le spectacle éloquent de l'infinité de la vie elle-même dans le monde terrestre, conduit l'argumentation dans un nouvel ordre d'idées.

« La Nature connaît le secret de toutes choses, met en action les forces les plus infimes comme les plus puissantes, rend toutes ses créatures solidaires, et constitue les êtres suivant le monde et suivant les âges, sans que la variété des conditions puisse mettre obstacle à la manifestation de sa puissance. Il suit de là que l'habitabilité et l'habitation des planètes sont un complément néces-saire de leur existence, et que, de toutes les conditions énumérées, aucune ne saurait arrêter la manifestation de la vie sur chacun de ces Mondes.... Mais ajoutons une observation particulière qui com-plétera les précédentes : parlons un instant de notre ignorance forcée, dans cette petite île du grand archipel où la destinée nous a relégués, et de la difficulté où nous sommes d'approfondir les secrets et la puissance de la Nature. Constatons que d'un côté nous ne connaissons pas toutes les causes qui ont pu influer et qui influent encore aujourd'hui sur les manifestations de la vie, sur son entretien et sa propagation à la surface de cette terre ; et que, d'un autre côté, nous sommes bien plus loin encore de connaître tous les principes d'existence qui propagent sur les autres mondes des créations très dissemblables. C'est à peine si nous avons pénétré celles qui président aux fonctions journalières de la vie ; c'est à peine si nous avons pu étudier les propriétés physiques des milieux, l'action de la lumière et de l'électricité, les effets de la chaleur et du magnétisme.... Il en existe d'autres qui agissent constamment sous nos yeux et que l'on n'a pas encore pu étudier ni même seulement découvrir. Combien donc serait-il vain de vouloir opposer aux existences planétaires les principes superficiels et bornés de ce que nous appelons notre science ? Quelle cause pourrait lutter avec avantage contre le pouvoir effectif de la Nature et mettre obstacle à l'existence des êtres sur tous ces globes magnifiques qui circulent autour de notre foyer? Quelle extravagance de regarder le petit monde où nous avons reçu le jour comme le temple unique ou comme le modèle de la nature!... »

Animées par la valeur du dessein providentiel de la création, ces considérations deviennent plus impérieuses encore. « Que notre planète ait été faite pour être habitée, cela est d'une évidence incontestée, non seulement parce que les êtres qui la peuplent sont là sous nos yeux, mais encore parce que la connexion qui existe entre ces êtres et les régions où ils vivent amène pour conclusion inévitable que *l'idée d'habitation se lie immédiatement à l'idée d'habitabilité*. Or ce fait est un argument rigoureux en notre faveur; sous peine de considérer la Puissance créatrice comme illogique avec elle-même, comme inconséquente avec sa propre manière d'agir, il faut reconnaître que l'habitabilité des planètes réclame impérieusement leur habitation. Dans quel but auraient-elles donc reçu des années, des saisons, des mois, des jours, et pourquoi la vie n'éclôrait-elle pas à la surface de ces Mondes qui jouissent comme le nôtre des bienfaits de la nature et qui reçoivent comme lui les rayons féconds du même Soleil! Pourquoi ces neiges de Mars qui fondent à chaque printemps et descendent arroser ses campagnes? pourquoi ces nuages de Jupiter qui répandent l'ombre et la fraîcheur dans ses plaines immenses? pourquoi cette atmosphère de Vénus qui baigne ses vallées et ses montagnes? O Mondes splendides qui voguez loin de nous dans les cieux, serait-il possible que la froide Stérilité fût à jamais l'immuable souveraine de vos campagnes désolées? serait-il possible que cette magnificence, qui semble être votre apanage, fût donnée à des régions solitaires et nues, où les seuls rochers se regarderaient éternellement dans un morne silence? Spectacle affreux dans son immense immutabilité, et plus incompréhensible que si la Mort en furie venant à passer sur la Terre fauchait d'un seul coup la population vivante qui rayonne à sa surface, enveloppant ainsi dans une même ruine tous les enfants de la vie, et laissant la Terre rouler dans l'espace comme un cadavre dans une tombe éternelle! »

C'est ainsi que, sous quelque aspect qu'on ait envisagé la création, la doctrine de la Pluralité des Mondes s'est formée et s'est présentée comme la seule explication du but final, comme la justification de l'existence des formes matérielles, comme le couronnement des vérités astronomiques. Les conclusions sommaires que nous venons de citer se sont trouvées établies, logiquement et sans effort, par le spectacle même des faits observés, et lorsque, ayant contemplé l'univers sous ses différents aspects, l'esprit s'étonne de n'avoir pas conçu plus tôt cette vérité vivante, il sent en lui-même que la démonstration d'une telle évidence n'est plus nécessaire, et qu'il devrait l'accepter lors même qu'elle n'aurait d'autres raisons en sa faveur que l'état comparatif de l'atome terrestre avec le reste de l'immense univers. Subjugué par le spectacle, il ne peut plus que proclamer d'instinct la vérité lumineuse, en dédaignant pour ainsi dire la démonstration scientifique matérielle.

« ... Ah ! si notre vue était assez perçante pour découvrir, là où nous ne voyons que des points brillants sur le fond noir du ciel, les soleils resplendissants qui gravitent dans l'étendue, et les mondes habités qui les suivent dans leur cours, s'il nous était donné d'embrasser sous un coup d'œil général ces myriades de systèmes solidaires, et si, nous avançant avec la vitesse de la lumière, nous traversions pendant des siècles de siècles ce nombre illimité de soleils et de sphères, sans jamais rencontrer nul terme à cette immensité prodigieuse où Dieu fit germer les mondes et les êtres : retournant nos regards en arrière, mais ne sachant plus dans quel point de l'infini retrouver ce grain de poussière que l'on nomme la Terre, nous nous arrêterions fascinés et confondus par un tel spectacle, et unissant notre voix au concert de la nature universelle, nous dirions du fond de notre âme : Dieu tout-puissant ! que nous étions insensés de croire qu'il n'y avait rien au delà de la Terre, et que notre pauvre séjour avait seul le privilège de refléter ta grandeur et ta puissance[1] ! »

1. Camille Flammarion, la Pluralité des Mondes habités.

II

LA CONTEMPLATION DES CIEUX

La nuit montait, pensive, au trône obscur des soirs
Et déployait ses voiles sombres,
Le soleil, descendu sous l'empire des ombres,
Était mort pour les coteaux noirs.

Du couchant assombri les lueurs empourprées
Avaient éteint leurs derniers feux ;
La lune, lampe immense, illuminait des cieux
Les vastes plaines éthérées.

Aux constellations dont le ciel rayonnait
J'élevai mes yeux en silence :
Et, tout tremblant, je vis, au fond du ciel immense,
L'œil de Dieu qui me regardait !

. . . . 1859.

C'est par la contemplation de la nature que nous pouvons entrer parfois en communication avec la vérité absolue, et sentir exactement la beauté comme la grandeur de la création. Qu'elle est belle, qu'elle est digne de l'esprit humain, cette contemplation des splendeurs visibles de l'œuvre créée ! Combien ces études sont supérieures aux préoccupations vulgaires qui occupent nos jours et emportent nos années ! combien elles élèvent l'âme vers les véritables grandeurs ! Pour le monde artificiel que nous nous sommes formé par nos habitudes citadines, nous sommes devenus tellement étrangers à la nature que, lorsque nous revenons à elle, il semble que nous entrions dans un nouveau monde. Nous avons perdu le sentiment de sa valeur, et nous nous sommes ainsi privés des jouissances les plus pures. En nous affranchissant de la vie tumultueuse, en revenant à la paix, nous ressentons une impression inconnue, comme si la sphère d'harmonie dans laquelle nous entrons était toujours restée loin des voyages de notre pensée.

Les études de la nature offrent ce caractère précieux qu'étant appliquées à la vérité, elles nous rappellent à notre origine, à notre berceau maternel. La vie mondaine est un véritable exil pour l'âme. Insensiblement, on s'accoutume à se contenter d'apparences, à ne plus chercher le fond et la substance des choses; insensiblement, on perd sa réelle valeur intellectuelle en se laissant bercer à la surface de cet océan agité sur lequel flottent les barques humaines. Les objets qui nous entourent frappent seuls nos regards, et nous oublions le passé comme l'avenir. Mais il est des heures de solitude où l'âme, faisant un retour sur elle-même, sent le vide de toutes ces apparences, où elle reconnaît combien peu elles peuvent la satisfaire, où elle cherche avec anxiété et revient avec amour aux véritables grandeurs, seules capables de donner à son repos une terre ferme au lieu des fluctuations qui l'ont ballottée. Alors l'âme a la nostalgie de son pays natal; elle demande le vrai, elle veut le beau, et donne un regard d'adieu aux vanités passagères. Qu'il lui soit permis, en ces heures de réflexion, de contempler les beautés de la nature; qu'il lui soit donné d'admirer et de comprendre les merveilles de la création; s'adonnant tout entière à la contemplation qui la séduit, se laissant suspendre au charme des splendeurs étudiées, elle se livrera sans réserve au spectacle qui l'absorbe, oublieuse des fausses jouissances de la terre, avide des véritables et profondes jouissances que la Nature, cette jeune mère dont l'âge est immobile, sait verser dans le cœur des enfants qui la chérissent. Les beautés du ciel la captiveront sous leur charme; elle demandera que cette contemplation ne finisse jamais; que la nuit lui révèle merveilles sur merveilles, et qu'il lui soit permis de ne point quitter cette scène avant que son admiration soit satisfaite; comme aux plus douces heures de la vie, elle sera portée à s'écrier avec le poëte :

O temps, suspends ton vol! et vous, heures propices,
    Suspendez votre cours!
Laissez-moi savourer les rapides délices
    Des plus beaux de nos jours!
Mais je demande en vain quelques moments encore,
    Le temps m'échappe et fuit;
Je dis à cette nuit : Sois plus lente, et l'aurore
    Va dissiper la nuit....

Lorsqu'on se livre à ces hautes et magnifiques études, on sent bientôt la grande harmonie, l'unité admirable en laquelle toutes choses sont confondues; on sent que la création est *une*, que nous sommes incorporés dans ses parties constitutives, et qu'une vie immense, à peine soupçonnée, nous enveloppe. Tous les phénomènes prennent leur place dans le concert universel. L'étoile d'or qui brille dans la profondeur des cieux, et le petit grain de sable cristallisé qui reflète le rayon solaire, unissent leur lumière; la sphère planétaire qui roule avec majesté sur l'orbite gigantesque et le petit oiseau qui chante sous les feuilles; la nébuleuse immense qui dispose ses systèmes de soleils dans la vaste étendue, et la ruche qui reçoit les rhomboèdres d'une république en éternel accord; la gravitation universelle qui emporte dans l'espace ces globes formidables et ces systèmes de mondes, et l'humble zéphyr qui transporte d'une fleur à l'autre des parfums aimés : les grands phénomènes et les actions insensibles s'unissent dans le mouvement général, l'infiniment grand et l'infiniment petit s'embrassent. Car l'univers est l'œuvre permanente d'une seule pensée.

Nulle parole humaine, nul ouvrage formé de la main des hommes, ne sauraient rivaliser avec l'harmonie de la nature, avec l'œuvre de la création. Comparez un instant le plus admirable des chefs-d'œuvre parmi les merveilles de l'art aux plus simples d'entre les productions de la nature. Comme l'exprimait déjà une parole antique, comparez les richesses des ornements royaux, le tissu oriental des vêtements de Salomon dans sa gloire, les larmes d'or de son temple, les mosaïques de ses palais, à la blancheur des lis, à l'incarnat des roses; et cherchez si la comparaison peut un seul instant se soutenir. Le grand caractère qui sépare à jamais ces œuvres, c'est que dans l'une une puissance bornée y marque le terme de sa faculté, tandis que dans l'autre l'empreinte d'une puissance infinie reste toujours. Amplifiez le pouvoir de nos sens, prenez cette lentille étonnante qui fait dresser des géants là où se cachaient invisibles les êtres les plus infimes : à son foyer, le plus fin tissu, l'œuvre la plus délicate de l'art humain se traduit en un objet informe et grossier; au contraire, le plus modeste tissu formé par les mains de la nature révèle des richesses cachées à mesure que le pouvoir amplificateur augmente. Essayez maintenant de mettre en regard nos appareils les plus merveilleux, depuis nos machines formidables dont le sein renferme ces foyers puissants dont l'homme s'est rendu maître, jusqu'à ces instruments de précision si élégants, si sensibles — avec les forces indomptables dont la matière est animée, avec ces lois rigoureuses qui régissent dans une perfection incompréhensible les mouvements harmonieux des sphères étoilées dans le concert du ciel, et appréciez combien l'art est en tout et toujours surpassé par la nature....

Car l'œuvre de la nature est admirable dans l'infiniment petit comme dans l'infiniment grand. Les spectacles sublimes que la contemplation des cieux nous dévoile sont sans doute les plus frappants, et ceux dont la magnificence s'impose le plus souverainement à notre pensée émerveillée ; mais si nous savons examiner les petites choses, notre imagination restera confondue devant elles comme devant les plus grandes. Sur ce pauvre petit papillon blanc qui, né d'hier, sera en poussière avant que le jour de demain soit éteint, l'œil analysateur du microscope nous montrera de magnifiques plumes d'un blanc de neige ou d'un jaune mat, symétriquement rangées, avec autant de soin que celles de l'aigle appelé à franchir les airs ; pourtant à l'œil nu il n'y a sur ces ailes qu'une poussière impalpable qui reste adhérente au doigt. Sur son front vous compterez vingt mille yeux ! Que les fines gouttelettes de rosée suspendues par l'aurore aux feuilles des branches abaissées tombent sous la secousse d'un oiseau qui passe, et vous verrez se peindre au passage de cette pluie fine un arc-en-ciel non moins riche que l'arche gigantesque élevée à la fin d'un orage dans l'étendue de l'atmosphère, ravissant petit arc-en-ciel, formé pour une vie de quelques dixièmes de seconde, et disparu comme il était né ! Examinez ces humbles fleurs des champs aux pétales colorés : l'émeraude et le rubis s'y succèdent, l'or et le saphir y marient leurs tendres nuances : c'est en petit les magnificences de couleurs qui resplendissent dans les étoiles doubles, etc., etc. Nous pourrions continuer sans terme ces appréciations comparatives, qui nous montreraient sans cesse, dans l'un et dans l'autre sens, l'infini de la puissance créatrice.

Cependant nous n'y songeons pas, cependant nous passons indifférents à côté de ces merveilles. Si, la nuit étant privée d'étoiles, disait un philosophe, il y avait ici-bas un lieu unique d'où les constellations et les astres fussent visibles, les pèlerinages à ce lieu ne cesseraient pas, et chacun voudrait admirer ces merveilles. Or ce qui nous entoure journellement perd sa valeur, l'habitude assoupit l'attention, et l'on oublie la nature, pour des attractions infiniment moins dignes de notre pensée.

Si parfois on se laisse un instant exalter par ces merveilles de de la science du ciel, on revient vite aux choses du monde pour ne plus songer à nos grandes questions. La terre a le don de nous captiver si fort, qu'on oublie volontiers le ciel pour elle. Combien de personnes ont dit en prose cette ode de Lebrun *à un convive astronome* :

> Ami, laisse rouler la Terre
> Autour de l'astre des saisons ;
> Ris et bois : j'aime mieux ce verre
> Que l'astrolabe des Newtons.
> Qu'importe qu'au centre du monde
> Le Soleil fixe ses destins,
> Pourvu que sa chaleur féconde
> Mûrisse toujours nos raisins !
> Tout son plaisir, toute sa gloire,
> C'est de colorer ce doux jus ;
> Le nôtre, ami, c'est de le boire :
> Boire, aimer, que faut-il de plus ?
> Crois-moi, sous l'ombre de la treille
> Goûte le charme des beaux jours :
> Chaque heure en fuyant nous conseille
> De ravir des moments si courts....

Ce sont là sans doute de charmantes pensées ; mais doit-on ne vivre que pour elles, et l'âme ne se sent-elle pas quelquefois le désir supérieur de s'élever au-dessus des fonctions ordinaires de la vie ? Que tout le plaisir et toute la gloire du Soleil soient de colorer le raisin, c'est ce qui est fort contestable ; mais que notre principal bonheur soit de le boire, c'est ce qui est de plus un peu trop matériel. Faisons donc sa part à chaque chose, embellissons l'existence par les fleurs de la contemplation, et prenons pour but de nous rendre de plus en plus *spirituels*.

Songeons, rêvons, pensons quelquefois à la belle nature. Laissons-nous entraîner par ces rêveries délicieuses qui nous éloignent des bruits terrestres pour nous envelopper de calme et de silence. Remontons à la source limpide et jamais troublée d'où descendent toute consolation dans la douleur, tout rafraîchissement dans la fatigue des jours, toute paix dans l'inquiétude; quand nos lèvres sont desséchées par les vents du monde, retrempons-les à cette source candide, demandons un baiser aux lèvres de la Nature, — et que cette aspiration d'une liqueur si pure nous garde des coupes empoisonnées.

> Heures de poésie, heures trop tôt passées,
> Que l'étoile du soir m'apporte avec la nuit,
> Oh! ne me quittez pas sans porter quelque fruit,
> Sans éveiller en moi quelques nobles pensées[1].

« La plénitude et le comble du bonheur pour l'homme, disait Sénèque le Philosophe, c'est de fouler aux pieds tout mauvais désir, de s'élancer dans les cieux, et de pénétrer les replis les plus cachés de la nature. Avec quelle satisfaction, du milieu de ces astres où vole sa pensée, il se rit des mosaïques de nos riches, et de notre terre avec tout son or! Pour dédaigner ces portiques, ces plafonds éclatants d'ivoire, ces fleuves contraints de traverser des palais, il faut avoir embrassé le cercle de l'univers, et laissé tomber d'en haut un regard sur ce globe étroit, en partie submergé, tandis que ce qui surnage est au loin sauvage, brûlant ou glacé. Voilà donc, se dit le sage, le point que tant de nations se partagent, le fer et la flamme à la main! Voilà les mortels avec leurs risibles frontières! Si l'on donnait aux fourmis l'intelligence de l'homme, ne partageraient-elles pas aussi un carré de jardin en plusieurs provinces? Quand tu te seras élevé aux objets vraiment grands dont je parle, chaque fois que tu verras des armées marcher enseignes levées, et comme si tout cela était chose sérieuse, des cavaliers tantôt voler à la découverte, tantôt se développer sur les ailes, tu seras tenté de dire : « Ce sont des évolutions de fourmis, grands mouvements sur peu d'espace ». — Oh! que l'homme est petit s'il

---

1. KLOPSTOCK, trad. par J.-J. Ampère.

ne s'élève pas au-dessus des choses terrestres! Il est là-haut des
régions sans bornes, que notre âme est admise à posséder, pourvu
qu'elle n'emporte avec elle que le moins possible de ce qui est
matière, et, que, purifiée de toute souillure, libre d'entraves, elle
soit digne de voler jusque-là. Dès qu'elle y touche, elle s'y nourrit
et s'y développe : elle est comme délivrée de ses fers et rendue à
son origine ; elle se reconnaît fille du ciel au charme qu'elle trouve
dans les choses célestes ; elle y entre, non comme étrangère, mais
comme chez elle. Avide spectatrice, il n'est rien qu'elle ne sonde
et n'interroge. Eh! qui l'en empêcherait? Ne sait-elle pas que
l'univers est son domaine? »

L'homme ne vit pas seulement de l'élément matériel : il lui faut
la pensée. C'est en s'élevant à ces nobles contemplations qu'il est
digne de son rang ; c'est en occupant son esprit de ces beaux et
féconds sujets d'étude que son front gardera l'empreinte divine de
sa destinée et s'éclairera de plus en plus. N'oublions pas les ensei-
gnements de la nuit, et venons quelquefois méditer sous son
ombre silencieuse. Au lieu d'une rêverie flottante, maintenant que
nous avons levé une partie du voile qui nous cachait les mystères
célestes, notre pensée aura pour objet un spectacle mieux compris ;
nous connaîtrons ce que nous admirons, et nous apprécierons
mieux ces créations lointaines. Les heures nocturnes auront un
double prix à nos yeux, puisqu'elles nous mettront désormais en
communication avec des mondes dont la nature ne nous est plus
inconnue. Et c'est avec une effusion plus intime encore que nous
adressons à la Nuit cette salutation, par laquelle nous avons ouvert
notre entrevue avec le ciel :

> O Nuit! que ton langage est sublime pour moi,
> Lorsque, seul et pensif, aussi calme que toi,
> Contemplant les soleils dont ta robe est parée,
> J'erre et médite en paix sous ton ombre sacrée!

TABLE DES GRAVURES

TABLE DES MATIÈRES

LA TERRE

ASPECT PHILOSOPHIQUE DE LA CRÉATION

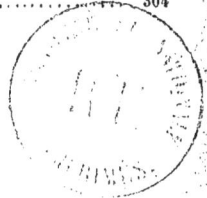

Coulommiers. — Imp. PAUL BRODARD. — 254-97.

7561-97. — Corbeil. Imprimerie Crété.